JN103691

数理科学特集一覧

SGCライブラリ-163

例題形式で探求する
集合・位相

連続写像の織りなすトポロジーの世界

丹下 基生 著

サイエンス社

まえがき

理系の大学1年生の微積分では ϵ-δ 論法を用いて連続関数の定義を学習する．しかし，連続関数など至極普通に存在する対象であるにも関わらず，連続関数のその定義には，どうしても腑に落ちないことが多い．微積分の計算の明快さと比べれば，連続関数の定義を理解することは全く別次元の問題だからである．実際，連続性の'本質'を理解するには集合論という高度に抽象化された道具を用いる必要がある．ϵ-δ 論法とはその性質を単に，実数上の実数値関数の場合に当てはめて書き下したものなのである．

関数，そしてもっと一般に写像の連続性の本質に辿り着いたとき，その定義には，その空間上に，ある「(局所的に) 広がりのある部分集合」の存在が前提とされていることに気が付く．それを開集合とよぶ．空間の間の写像に連続性を表出させていたのは，この開集合の存在に依るものなのである．発展させて考えれば，ある集合に，開集合となる部分集合族を定めることでその間の写像の連続性について議論することができるのではないか．そう考えたのは19世紀の数学者ゲオルク・カントールであり，位相空間論を創始したとされる．

こうして「集合」という肉体に「開集合」という魂が吹き込まれ，「位相空間」という命が宿る．各々の位相空間は個性をもち，幾多もある位相的性質の中で躍動し，光り輝く．集合と位相を学習することで，その素晴らしい世界の住人になり，その風景について，正確にそして自由に論じあい，鑑賞しあうことができるようになる．もちろん先人の数学者たちが苦労して耕し，整備してきた道のりと歴史も忘れてはならない．こうした蓄積を堪能できることは，集合と位相を学んで得られる一番の醍醐味ではないだろうか*1)．

これらの世界の知識獲得のために特に遵守して欲しいことは以下の3点である．

(1)　証明における論理の道筋を一つ一つ丁寧に埋めること．

(2)　あまた存在する位相的性質の間の関係性に気を配ること．

(3)　一人よがりのイメージで扱わず，必ず定義に戻り，正確に定理を使うこと．

(1), (2) については本書において特に配慮して書いたつもりである．(3) に関して，「そういうものだから．」「このようなイメージであるから．」「そのように見えるから．」などは全く証明にはなっていないことに注意して欲しい．これらは位相空間論の初学者が陥りやすい間違った証明になる．「〜の定義により〜」や「〜の定理に当てはめることで〜」などが意味のある使い方である．

最後に，拙文を，月刊誌「数理科学」に連載していた頃から毎回丁寧に読み，編集してくださったサイエンス社の平勢耕介氏，大溝良平氏及び編集部の方々に大変感謝いたします．また連載および本書を書き進めるにあたって多くの意見や指摘をして下さった筑波大学の同僚である川村一宏先生，竹内耕太先生にも改めて感謝申し上げます．

2020年9月

丹下 基生

---

*1)　そして，もしかしたら自分もその整備士の一員に加われるとしたら….

目　次

第 1 章
集合論

1.1　集合と写像

本書では，集合や位相の最低限の定義から始め，位相空間のいくつかの基本的な性質や，やや発展的な話題までを習得することを目指す．例や例題を通して学んでいくことで，位相空間の抽象的な概念がイメージしやすくなるはずである．要するに難解な概念ほど『習うより慣れろ』が役に立つのである．

位相空間を理解するためには，位相空間の下部構造である集合の基礎をいくつか学ぶ必要がある．本節では，集合の表記法，写像，いくつかの集合の等式，写像の性質について扱う．

1.1.1　集合

この小節では，集合の表し方や，その論理記号の使い方など集合の基本的な扱い方を学ぶ．集合とは，もの（主に，数学的対象）の集まりのことを指す．これを**素朴集合論**という．しかし，集合や数学的対象とはそもそも何かということを定義することはそれほど簡単ではなく，本当はいろいろとナイーブな事情*1)が存在する．ここでは，そのような困難な集合論の部分は一旦素通りすることにして，一般に集合として認められているもの，例えば，実数や，座標平面，関数などをそのまま集合と認めて話を進める．

ここで，以下登場する数の集合を，次の記号として表すことにする．

$$\mathbb{N}\,(\text{自然数}),\ \mathbb{Z}\,(\text{整数}),\ \mathbb{Q}\,(\text{有理数}),\ \mathbb{R}\,(\text{実数}),\ \mathbb{C}\,(\text{複素数}),\ \mathbb{H}\,(\text{四元数}).$$

ここでは，0 は自然数に含めないことにする．

ある x が集合 S に入ることを，$x \in S$ によって表し，x は S に**含まれる**という．また，そうでないとき，$x \notin S$ と表す．また，$x \in S$ である x のことを，S

---

*1)　単にものの集まりを集合と定義した素朴集合論では，有名なラッセルのパラドックスのような矛盾した対象を含んでしまう．

の元（要素）であるともいう．

1.1.1.1　集合の表し方

集合 S を定めるには含まれる元をすべて確定しておけばよい．簡単な方法は，$x \in S$ となる x をすべて列挙しておけばよい．例えば，集合 S を

$$\{0, 1, 2, 3, 4, 5\}$$

のように表すことで，5 以下の非負整数からなる集合を定義したことになる．

注 1.1　1 つの集合を定義するには，ある“もの”がその集合に含まれるかどうかが問題なので，このように集合の元を列挙したとき，列挙する順番にはよらない．また，重複して同じ元を書いても 1 つ書いたものと同じである．

この例のように有限個の元からなる集合を**有限集合**といい，そうでないものを**無限集合**という．無限集合はすべての元を列挙することは不可能である．そのため，次のような，集める元の条件を命題の形で明記しておく表記法もある．

$$\{x \in X | P(x)\}.$$

この集合は，x は X の元であり，命題 $P(x)$ が真であるようなもの全体からなる集合ということである．$x \in X$ の $\in X$ の部分は書かないときもある．また，命題とは，その真偽が確定できる文のこととする．

例 1.1　(1) $\{x \in \mathbb{R} | x > 0\}$ として，正の実数全体を表す．(2) $\{2a + 3b \in \mathbb{R} | a, b \in \mathbb{Z}\}$．この書き方は厳密には上の表記法に従っていないが，$\{x \in \mathbb{R} | x = 2a + 3b, a, b \in \mathbb{Z}\}$ を簡略化して書いたものと捉える．

1.1.1.2　論理記号

ある命題を書き表すのに，いくつかの論理記号を用いる．その表記法をまとめておく．A, B, P, Q はある命題とする．

$\forall$（任意の）．$\exists$（存在する）．$A \vee B$（A または B）．$A \wedge B$（A かつ B）．

$P \Rightarrow Q$（P ならば Q）．$P \Leftrightarrow Q$（P と Q は同値である）．

$\neg A$（A ではない）．

例 1.2　$\forall x \in X(P(x))$ と書いて，「任意の $x \in X$ が命題 $P(x)$ を満たす」ことを意味する．また，$\exists x \in X(P(x))$ と書いて，「ある $x \in X$ が存在して，命題 $P(x)$ を満たす」ことを意味する．

例 1.3　次の命題を論理記号を用いて表す．

(1)　任意の実数 x に対して $x^2 > 0$ が成り立つ．

(2)　ある実数 x が存在して $x^2 - 1 < 0$ を満たす．

(3-1)　$x < -1$ または $x > 0$，**(3-2)** $x < 2$ かつ $x > 1$．

(4)　$x > 0$ ならば $x^2 > 0$ である．

(5)　$x^2 + x > 0$ であることは，$x < -1$ または $x > 0$ と同値である．

(6)　ある実数 x は $x < 0$ ではない．

(1) $\forall x \in \mathbb{R}\ (x^2 > 0)$．(2) $\exists x \in \mathbb{R}\ (x^2 - 1 < 0)$．(3-1) $(x < -1) \vee (x > 0)$．(3-2) $(x < 2) \wedge (x > 1)$．(4) $x > 0 \Rightarrow x^2 > 0$．(5) $x^2 + x > 0 \Leftrightarrow ((x < -1) \vee (x > 0))$．(6) $\exists x \in \mathbb{R}\ (\neg x < 0)$．

1.1.1.3　集合どうしの包含

集合に話を戻そう．集合 S, T に対して，$\forall a \in S \Rightarrow a \in T$ であるとき

$$S \subset T \text{ もしくは } T \supset S$$

と表し，S は T に**包まれる**，または，S は T の**部分集合**であるという．この否定 $\exists a \in S (a \notin T)$ を，$S \not\subset T$ などと表す．

上で与えられた数の体系において以下のような自然な包含関係

$$\mathbb{N} \subset \mathbb{Z} \subset \mathbb{Q} \subset \mathbb{R} \subset \mathbb{C} \subset \mathbb{H}$$

が存在し，この各包含は仮定なく使う．ここで，記号 $\in$ と $\subset$ の記述の練習をしておく．

例題 1.1　以下に記述された事柄を $\in$ もしくは $\subset$ を用いて表せ．

(1)　$1, 2, 3$ は自然数である．

(2)　任意の整数は有理数でもある．

(解答)　(1) $\in$ を使って表すなら $1, 2, 3 \in \mathbb{N}$ *2) であり，$\subset$ を使って表すなら $\{1, 2, 3\} \subset \mathbb{N}$ である．(2) $\in$ を使うなら $\forall n \in \mathbb{Z} \Rightarrow n \in \mathbb{Q}$．$\subset$ を使って表すなら，$\mathbb{Z} \subset \mathbb{Q}$ である．　□

注 1.2　$\in$ はある集合に含まれる要素を意味し，$\subset$ はある集合に含まれる集合である．よって，(2) において整数全体 $\mathbb{Z}$ は，有理数全体 $\mathbb{Q}$ の要素ではないので，決して $\mathbb{Z} \in \mathbb{Q}$ のように記号を混同して書いてはならない．

例 1.4　n を整数とし，n の整数倍全体の集合を $n\mathbb{Z}$ とする．$n\mathbb{Z}$ の任意の元は整数でもあるので，$n\mathbb{Z} \subset \mathbb{Z}$ と書くことができる．

例 1.1 (2) の集合を S とする．$b = 0$ とおいたものは，任意の偶数全体であり，$a = 0$ とおいたものは，3 の倍数全体である．つまり，$2\mathbb{Z} \subset S$ かつ $3\mathbb{Z} \subset S$

*2)　カンマ（,）は，$(1 \in \mathbb{N}) \wedge (2 \in \mathbb{N}) \wedge (3 \in \mathbb{N})$ を短縮して書いたものとして使われる．

が得られる．

1.1.1.4 集合としての等式

集合とは，“もの” が，その集合に含まれるかどうかという情報のみにより確定された．したがって，たとえ構成方法が異なっても，含まれる要素が互いに相等しい 2 つの集合は等しい．そのような 2 つの集合 A, B は，$=$ を用いて $A = B$ のように表すことにする．

含まれる要素が相等しい，つまり 2 つの集合が等しいことを包含の記号を用いて，定義し直せば次のようになる．

定義 1.1 2 つの集合 A, B が，$A = B$ であるとは，

$$A \subset B \text{ かつ } B \subset A \tag{1.1}$$

であることである．

今後，$A \subset B$ を示すのに $\forall a \in A \Rightarrow a \in B$ を用いることに注意しておく．つまり集合のイコールを示すには，この議論を逆向きも合わせて 2 回行うことになる．

例題 1.2 S を例 1.1 (2) で定義したものとする．$S = \mathbb{Z}$ であることを証明せよ．

(解答) $S \subset \mathbb{Z}$ を示す．$\forall x \in S$ は，ある整数 a, b を用いて $x = 2a + 3b$ とかける．整数どうしの和，積は再び整数なので，$x \in \mathbb{Z}$ である．次に $\mathbb{Z} \subset S$ を示す．$1 = 2 \cdot (-1) + 3 \cdot 1$ であるので，$1 \in S$ である．ゆえに，$\forall n \in \mathbb{Z}$ に対して，$n = 2 \cdot (-n) + 3 \cdot n$ とかけるので，$n \in S$ である．$\mathbb{Z} \subset S$ が成り立つ．ゆえに，$S = \mathbb{Z}$ であることがわかる． □

1.1.1.5 空集合

次に空集合を定義する．

定義 1.2 (空集合) 全く元を含まないという性質をもつ集合を**空集合**とよび，通常 $\emptyset$ と表す．つまり，$\forall x (x \notin \emptyset)$ を満たす集合である．

この性質と，集合の等式の意味から，空集合はただ 1 つである．
ここで，空集合に関する次の例題を解いてみよう．

例題 1.3 次の記述は正しいか？ 正しければ証明を書き，正しくなければ理由を記せ．

(1) $\emptyset = \{\emptyset\}$. (2) $\emptyset \subset \{1, 2\}$.

(解答) (1) 正しくない．$x \in \emptyset$ となる x は存在しないが，$\{\emptyset\}$ は $\emptyset \in \{\emptyset\}$ であ

る．(2) 正しい．命題$x \in \emptyset \Rightarrow x \in \{1,2\}$が真であるかどうかであるが，$x \in \emptyset$がいつでも偽であるので，命題は真となる． □

注 1.3 (2) の命題の成立は$\{1,2\}$に限る必要はなく，空集合はあらゆる集合の部分集合となる．

1.1.2 集合の演算

本節では集合の演算について述べる．

1.1.2.1 和集合と共通集合

まずは和集合と共通集合を定義する．

定義 1.3（和集合と共通集合） A, Bを集合とする．集合$\{a|a \in A \vee a \in B\}$を$A \cup B$と書き，$A$と$B$の**和集合**という．また，集合$\{a|a \in A \wedge a \in B\}$を$A \cap B$と書き，$A$と$B$の**共通集合**という．

この演算$\cup, \cap$は，2つの集合に対して定義されたが，3つ以上の集合についても，その順番に関係なく定義される．つまり，

(a) $A \cup (B \cup C) = (A \cup B) \cup C = \{a|a \in A \vee a \in B \vee a \in C\}$,

(b) $A \cap (B \cap C) = (A \cap B) \cap C = \{a|a \in A \wedge a \in B \wedge a \in C\}$

が成り立つことは問題なく諒解されるだろう．また，無限個の和集合や無限個の共通部分についても同じように定義される．Λを任意の集合として，$\lambda \in \Lambda$に対して定義される集合U_λが存在したとき，

$$\bigcup_{\lambda \in \Lambda} U_\lambda = \{a|\exists\lambda \in \Lambda(a \in U_\lambda)\} \qquad \bigcap_{\lambda \in \Lambda} U_\lambda = \{a|\forall\lambda \in \Lambda(a \in U_\lambda)\}$$

のように問題なく定義される．ここで次の例題を解いてみよう．

例題 1.4（集合の演算の分配法則） A, B, Cを集合とする．このとき，次の関係式を証明せよ．

(1) $A \cup (B \cap C) = (A \cup B) \cap (A \cup C)$.

(2) $A \cap (B \cup C) = (A \cap B) \cup (A \cap C)$.

(1.1) から，$=$の両辺において，一方がもう一方に互いに相包まれることを証明すればよい．

（解答） (1) $a \in A \cup (B \cap C)$とする．つまり，$(a \in A) \vee (a \in B \cap C)$である．$(a \in B \cap C \Leftrightarrow a \in B \wedge a \in C)$であることから，$a \in A \vee a \in B$かつ，$a \in A \vee a \in C$である．ゆえに，$a \in (A \cup B) \cap (A \cup B)$が成り立つ．

逆に，$a \in (A \cup B) \cap (A \cup C)$であるとする．このとき，$(a \in A \cup B) \wedge (a \in A \cup C) \Leftrightarrow (a \in A \vee a \in B) \wedge (a \in A \vee a \in C)$である．ゆえに，$\wedge$の左右で

それぞれの可能性を場合分けすることで，$(a \in A \cap A) \vee (a \in A \cap C) \vee (a \in B \cap A) \vee (a \in B \cap C)$ である．ここで，$A \cap A = A$ や $A \cap C, B \cap A \subset A$ などを用いて整理すると，$(a \in A) \vee (a \in B \cap C)$ が成り立つ．ゆえに，$a \in A \cup (B \cap C)$ が成り立つ．ゆえに，$A \cup (B \cap C) = (A \cup B) \cap (A \cup C)$ がいえる．

(2) の証明は読者に任せる． □

この分配法則は，無限個の集合においても成り立ち，

$$\left(\bigcap_{\mu \in M} A_\mu\right) \cup \left(\bigcap_{\lambda \in L} B_\lambda\right) = \bigcap_{\lambda \in L}\left(\left(\bigcap_{\mu \in M} A_\mu\right) \cup B_\lambda\right) = \bigcap_{\mu \in M, \lambda \in L} (A_\mu \cup B_\lambda)$$

$$\left(\bigcup_{\mu \in M} A_\mu\right) \cap \left(\bigcup_{\lambda \in L} B_\lambda\right) = \bigcup_{\lambda \in L}\left(\left(\bigcup_{\mu \in M} A_\mu\right) \cap B_\lambda\right) = \bigcup_{\mu \in M, \lambda \in L} (A_\mu \cap B_\lambda)$$

が同じように証明できる．次に，補集合と差集合を定義しておく．

定義 1.4（補集合・差集合） X を集合とし，$A \subset X$ をとる．このとき，$\{x \in X | x \notin A\}$ を A の**補集合**といい，A^c と表す．よって，$(A^c)^c = A$ である．また，A, B を集合とし，A から B の元を除いたもの $\{x \in A | x \notin B\}$ を A から B を引いた**差集合**といい，$A \setminus B$ と表す．

次に，ド・モルガンの法則を証明する．

例題 1.5（ド・モルガンの法則） A, B を X の部分集合とする．このとき，以下が成り立つことを示せ．

$$A^c \cup B^c = (A \cap B)^c.$$
$$A^c \cap B^c = (A \cup B)^c.$$

（解答） 前半の等式を示す．まず，$x \in A^c \cup B^c \Leftrightarrow x \in A^c \vee x \in B^c$ である．ここで $x \in A \cap B$ と仮定すれば，$x \in A \wedge x \in B$ であるので，$x \in A^c$ と $x \in B^c$ のどちらにも否定され，矛盾が生じる．ゆえに，$x \in (A \cap B)^c$ である．逆に，$\forall x \in (A \cap B)^c$ であるとすると，$x \notin A \cap B$ である．もし，$x \in A$ なら $x \notin B \Leftrightarrow x \in B^c$ であるので，$x \in A^c \cup B^c$ が成り立つ．ゆえに，1 つ目のイコールが示された．後半の等式も同様に示されるので，読者に任せる． □

さて，両端が a, b であるような実数上の区間を以下のように定義する．

$$(a, b) = \{x \in \mathbb{R} | a < x < b\}, \quad [a, b] = \{x \in \mathbb{R} | a \leq x \leq b\},$$
$$(a, b] = \{x \in \mathbb{R} | a < x \leq b\}, \quad [a, b) = \{x \in \mathbb{R} | a \leq x < b\}.$$

前半 2 つはそれぞれ**開区間**，**閉区間**という．後半の 2 つは**半開区間**という．これらの区間において，$a = -\infty$ もしくは $b = \infty$ を許す．例えば，$(-\infty, a) =$

$\{x \in \mathbb{R} | x < a\}$ や，$[a, \infty) = \{x \in \mathbb{R} | x \geq a\}$ を意味する．

集合の等式に慣れてきたところで，以下の例題を解こう．

例題 1.6 開区間 $(-1/n, 1/n)$ に対して，

$$\bigcap_{n \in \mathbb{N}} (-1/n, 1/n) = \{0\}$$

であることを示せ．

（解答）$\forall n$ に対して $0 \in (-1/n, 1/n)$ であるから，$\{0\} \subset \bigcap_{n \in \mathbb{N}} (-1/n, 1/n)$ である．

逆に，$\forall x \in \bigcap_{n \in \mathbb{N}} (-1/n, 1/n)$ とする．このとき，$x \neq 0$ であると仮定すると，実数の性質*3) から，$1/|x| < n$ となる $n \in \mathbb{N}$ が存在する．ゆえに，$1/n < |x|$ が成り立つ．すなわち，そのような n に対して，$x \notin (-1/n, 1/n)$ となり，x の最初の仮定に反する．ゆえに，$\bigcap_{n \in \mathbb{N}} (-1/n, 1/n) \subset \{0\}$ がいえる．これらのことと，集合が等しいための条件 (1.1) から，上記の等式が証明できた． □

注 1.4 この問題に，数列の極限 $\lim_{n \to \infty} 1/n = 0$ を用いて $\bigcap_{n \in \mathbb{N}} (-1/n, 1/n) = \lim_{n \to \infty} (-1/n, 1/n) = \{0\}$ となるなどと安易に解答してはいけない．

注 1.5 例題 1.6 の等式の補集合をとり，ド・モルガンの法則を適用して，$x \geq 0$ の部分をとると以下の等式も得られる．

$$\bigcup_{n \in \mathbb{N}} [1/n, \infty) = (0, \infty).$$

1.1.2.2 べき集合

次にべき集合を定義しよう．

定義 1.5 集合 X の部分集合全体からなる集合を**べき集合**といい，$\mathcal{P}(X)$ と表す．

例題 1.7 $X = \{0, 1, 2\}$ とするとき，べき集合 $\mathcal{P}(X)$ を求めよ．

（解答）$0, 1, 2$ をそれぞれ取るか取らないかに従って X の部分集合を構成することで，$\mathcal{P}(X)$ として次の 8 個の集合からなるべき集合を得る．

$$\mathcal{P}(X) = \{\emptyset, \{0\}, \{1\}, \{2\}, \{0, 1\}, \{0, 2\}, \{1, 2\}, X\}.$$

□

*3) アルキメデスの原理という（例題 2.64）．

1.1.2.3 直積集合

A, B を集合とする．A と B の**直積集合** $A \times B$ を $a \in A$ と $b \in B$ の順序対 (a, b) 全体からなる集合とする．ここで，(a, b) が順序対の元であるとは，(a, b) と並べて書かれるもので，元どうしの等式は $(a, b) = (c, d) \Leftrightarrow (a = c \wedge b = d)$ として定義される．

$A \times (B \times C) = (A \times B) \times C$ など結合法則は自然に分かるので，通常，かっこは外してもよい．また，同じ集合の n 個の直積は，$A \times A \times A \cdots \times A = A^n$ などのようにまとめて書く．ここで，直積と和集合の間の分配法則を示す．

例題 1.8 A, B, C を集合とする．このとき，$A \times (B \cup C) = (A \times B) \cup (A \times C)$ を示せ．

（解答） $\forall (a, x) \in A \times (B \cup C)$ とする．条件から，$x \in B \cup C$ である．よって，$(a, x) \in (A \times B) \vee (A \times C)$ である．また，$(a, x) \in (A \times B) \cup (A \times C) \Leftrightarrow (a, x) \in (A \times B) \vee (A \times C)$ であり，どちらの場合も，$a \in A$ であり，$x \in B \cup C$ である．ゆえに，(1.1) から，求める等式が成り立つ． □

1.1.3 写像

最後に写像について述べよう．

1.1.3.1 写像の定義と性質

まずは写像の定義と性質を述べていく．

定義 1.6（写像） A, B を集合とする．このとき，$f : A \to B$ が A から B への**写像**であるとは，A の任意の元に対して，ある B の元をただ 1 つを与える対応のことである．このとき，$a \in A$ に対して，与える B の元を $f(a)$ と書く．また，この対応関係を $a \mapsto f(a)$ と書く．

A のことを f の**始域**といい，B のことを f の**終域**という．

特に，終域が数（例えば $\mathbb{R}$ など）である写像を**関数**ということもある．

注 1.6 写像についてもう一度以下の 2 点を注意しておく．

(I) 始域 A のすべての元を写さなければならない．

例えば，$\forall x \in \mathbb{R}$ に，$1/x \in \mathbb{R}$ を対応させる方法は，$x \neq 0$ なる条件が必要であるので，$\mathbb{R}$ からの写像 $\mathbb{R} \to \mathbb{R}$ とはいえない．

(II) ただ 1 つの終域の元を定めなければならない．

例えば，開区間 $(0, \infty)$ の任意の元に対して，その平方根をとる操作は，$\mathbb{R}$ への写像とはならない，実際，$a \in (0, \infty)$ に対して，平方根は $\pm\sqrt{a}$ となり，いつでも 2 つずつ存在する．

$f : A \to B$ を写像とし，部分集合 $A' \subset A$ に対して $\{f(a) | a \in A'\}$ を A' の f によ

る**像**といい，$f(A')$ と書く．また，部分集合 $B' \subset B$ に対して $\{a \in A | f(a) \in B'\}$ を B' の f による**逆像**といい，$f^{-1}(B')$ と書く．

例題 1.9　$f : X \to Y$ を写像とし，X の部分集合 A, B とし，Y の部分集合 C, D とする．$A \subset B$, $C \subset D$ が満たされるとき，$f(A) \subset f(B)$, $f^{-1}(C) \subset f^{-1}(D)$ が成り立つことを示せ．

（解答）　$x \in f(A)$ であるとすると，$x = f(a)$ となる $a \in A$ が存在する．条件から $a \in B$ であるので，$x = f(a) \in f(B)$ である．$x \in f^{-1}(C)$ とすると，$f(x) \in C$ である．条件から，$f(x) \in D$ であるので，$x \in f^{-1}(D)$ である．□

ここで，次の関係を証明しよう．

例題 1.10　$f : X \to Y$ を写像とし，A, B を X の部分集合とする．このとき次が成り立つことを示せ．
(1) $f(A \cup B) = f(A) \cup f(B)$.　(2) $f(A \cap B) \subset f(A) \cap f(B)$.

（解答）　(1) $x \in f(A \cup B)$ とする．このとき，$x = f(y)$ となる $y \in A \cup B$ が存在する．ゆえに，$(y \in A \Rightarrow x \in f(A)) \vee (y \in B \Rightarrow x \in f(B))$ が成り立ち，$x \in f(A) \cup f(B)$ がいえる．逆に，例題 1.9 を使うことで，$f(A), f(B) \subset f(A \cup B)$ であるから，$f(A) \cup f(B) \subset f(A \cup B)$ がわかる．

(2) $A \cap B \subset A, B$ であるので，例題 1.9 を使うことで，$f(A \cap B) \subset f(A), f(B)$ が成り立つから，$f(A \cap B) \subset f(A) \cap f(B)$ がいえる．□

例 1.5　例題 1.10 (2) の逆の包含は一般には成り立たない．例えば，$f : \mathbb{R} \to \mathbb{R}$ を $f(x) = |x|$ とし，$A = \{1\}$ かつ $B = \{-1\}$ とすると，$A \cap B = \emptyset$ であるが，$f(A) \cap f(B) = \{1\} \cap \{1\} = \{1\}$ となる．

定義 1.7（合成写像）　A, B, C を集合とし，$f : A \to B$ と $g : B \to C$ を写像とする．このとき，$\forall a \in A$ に対して，$a \mapsto g(f(a))$ なる対応により，写像 $A \to C$ を作ることができる．それを，f, g の**合成写像**といい，$g \circ f$ と表す．

定義 1.8（恒等写像）　A を集合とする．写像 $f : A \to A$ が $\forall a \in A(f(a) = a)$ を満たすとき，f は**恒等写像**といい，id_A などで表す．

1.1.3.2　単射・全射

写像 $f : A \to B$ が異なる元を異なる元に写すとき，つまり $\forall x, y \in A(x \neq y \Rightarrow f(x) \neq f(y))$ が成り立つとき，f は**単射**という．この条件の対偶は，$f(x) = f(y) \Rightarrow x = y$ であり，この条件を単射の定義にしてもよい．また，f の像が B と一致する場合，つまり $f(A) = B$ が成り立つとき，f は**全射**という．単射かつ全射である写像を**全単射**といい，そのような場合，逆写像 $f^{-1} : B \to A$

($b \in B$ を $f(a) = b$ となる a に写す対応が写像となり，それを**逆写像**といい f^{-1} と表す）がただ1つ存在し，f^{-1} も全単射になる．また，それらの合成写像 $f^{-1} \circ f$, $f \circ f^{-1}$ は恒等写像 id_A, id_B になる．$f : A \to B$, $g : B \to C$ が全単射であるとすると，$g \circ f$ も全単射であり，その逆写像は $f^{-1} \circ g^{-1}$ である．

例 1.6　写像 $f : \mathbb{Z} \to \mathbb{Z}$ を $f(x) = |x|$ とすると，$f(1) = f(-1)$ であるので，f は単射ではない．また，この写像は，$f(x) = -1$ となる $x \in \mathbb{Z}$ は存在しないので，全射でもない．

例題 1.11　写像 $f : A \to B$ と $g : B \to C$ に対して，以下を示せ．
(1)　$g \circ f$ が単射であれば，f は単射である．
(2)　$g \circ f$ が全射であれば，g は全射である．

（解答）　(1) $g \circ f$ が単射とする．$f(x) = f(y)$ とすると，$g(f(x)) = g(f(y))$ であり，$g \circ f$ は単射であるから，$x = y$ である．ゆえに，f は単射である．(2) $g \circ f$ が全射であるとする．このとき，$\forall y \in C$ に対して，$y = g(f(x))$ となる $x \in A$ が存在する．ゆえに，g は全射である．

1.2　濃度の大小と順序集合

本節では，集合の大きさを比較するものとしての濃度の大小や順序集合について扱う．

1.2.1　写像と濃度

1.2.1.1　集合の大きさを比較することと全単射

集合 S, T に対して，どちらがより多くの元を含んでいるのだろうか？ S, T の元の個数を比べるということは，2つの集合の間に対応関係を構成することである．もし，2つの集合に含まれる元の個数が同じであれば，その間に重複やもれのないペアを作ることができることになる．このことは，運動会の玉入れの勝敗を決するときにも用いられる手法である．数学的には S, T の間に全単射を構成することに他ならない．一般に，2つの集合 A, B の間に全単射 $A \to B$ が存在するとき，A と B は**対等**といい，$A \approx B$ と表す．

$\mathbb{N}_0 = \mathbb{N} \cup \{0\}$ とおく．$\forall n \in \mathbb{N}_0$ に対して，$n > 0$ の場合 $\langle n \rangle = \{1, 2, \cdots, n\}$ とし，$\langle 0 \rangle = \emptyset$ と定義する．前節で有限集合とは，集合の元をすべて並べられるものと定義した．ここで，S が有限集合であるとは，$\exists n \in \mathbb{N}_0 (S \approx \langle n \rangle)$ を満たすことと定義し直しておく．次の例題を解こう．

例題 1.12　$\forall n, m \in \mathbb{N}_0$ に対して，$\langle n \rangle \approx \langle m \rangle \Leftrightarrow n = m$ を示せ．

(解答) ($\Leftarrow$) $\langle n\rangle$ と $\langle m\rangle$ の間の恒等写像をとればよい[*4]. ($\Rightarrow$) $\varphi : \langle n\rangle \to \langle m\rangle$ を全単射とする．必要があれば n, m を入れかえることで $n \leq m$ としてよい．1 と $\varphi(1)$ を入れかえ，その他を動かさない写像を $\phi_1 : \langle m\rangle \to \langle m\rangle$ とする．$i = 2, \cdots, n$ に対して $\phi_{i-1} \circ \cdots \circ \phi_1 \circ \varphi(i)$ と i を入れかえ，その他を動かさない写像を $\phi_i : \langle m\rangle \to \langle m\rangle$ とする．$\phi := \phi_n \circ \cdots \circ \phi_1 \circ \varphi : \langle n\rangle \to \langle m\rangle$ は $i = 1, \cdots, n$ に対して $\phi(i) = i$ となる全単射である．もし $n < m$ であるなら $\phi(i) = n + 1$ となる i は存在しない．これは矛盾である．よって $n = m$ がわかる[*5]. □

注 1.7 つまり，有限集合 S と対等になる $\langle n\rangle$ はただ一つだけということになる．

単射 $f : X \to Y$ が存在するとき，f の終域を像に縮めた写像 $X \to f(X)$ は全単射であるから，$X \approx f(X)$ がわかる．つまり Y は少なくとも X と同じくらいの元は含むことになる．

1.2.1.2 単射と濃度の大小

ここで，2 つの集合の大小を比較するために濃度の大小の概念を定義する．

定義 1.9 (濃度の等式と大小関係) X, Y を集合とする．単射 $X \to Y$ が存在するとき，Y の濃度は X の濃度以上であるといい，$|X| \leq |Y|$ と書く．さらに，$X \approx Y$ であるとき Y の濃度は X の濃度と等しいといい，$|X| = |Y|$ と書く．また，$|X| \leq |Y|$ かつ $|X| \neq |Y|$ であるとき，Y の濃度は X の濃度より大きいといい，$|X| < |Y|$ と書く．

ここで，$|X|$ が何かということは次節以降で考え，まず大小だけ定義する．また，濃度の大小関係は，次節で述べる順序関係の一例となる．

例 1.7 (包含写像) 部分集合 $A \subset X$ に対して，$\forall a \in A$ に対して $a \in X$ を対応させる写像を**包含写像**といい，$i : A \hookrightarrow X$ と書く．包含写像は単射であり，i の終域を像に縮めた写像 $A \to i(A) = A$ は恒等写像である．前節の注 1.3 の記述より，任意の集合 Y に対して $\emptyset \subset Y$ であるから，単射 $\emptyset \to Y$ が存在する．しかし，$Y \neq \emptyset$ なら $Y \to \emptyset$ なる対応は写像でないことに注意しておく．

例 1.8 2 つの単射の合成も単射であるので $|X| \leq |Y|$ かつ $|Y| \leq |Z|$ なら $|X| \leq |Z|$ である．

注 1.7 で主張したように，$\langle n\rangle$ にいくつか数を追加して $\langle m\rangle$ を作れば濃度が大きくなる．しかし，無限集合の場合は違う．

---

*4) 恒等写像は全単射を与えるので，すべての集合 X はそれ自身と対等である．

*5) n, m のどちらかが 0 のとき，$n \neq 0$ なら $\langle n\rangle \to \langle 0\rangle$ は写像にならないし，$m \neq 0$ なら $\langle 0\rangle \to \langle m\rangle$ は全単射にならない．

例題 1.13 $\mathbb{N}_0$ と $\mathbb{N}$ は対等であることを示せ.

(解答) 写像 $f : \mathbb{N}_0 \to \mathbb{N}$ を $f(n) = n + 1$ として定義すると f は全単射である. ゆえに, $|\mathbb{N}| = |\mathbb{N}_0|$ であるので $\mathbb{N} \approx \mathbb{N}_0$ である. □

注 1.8 自然数によって番号づけられた満室ホテルに, もう 1 人の客が来ても, 宿泊されているすべての客を一斉に隣の部屋にずらせばちょうど 1 人分の客室が空くというのと同じである. この考え方を**ヒルベルトホテル**という. 同じように考えれば, 有限人くらいの客が来ても大丈夫である. 本当は次の例題が示すように $\mathbb{N}$ 人分くらい来ても大丈夫である.

例題 1.14 $\mathbb{Z} \approx \mathbb{N}$ であることを示せ.

(解答) $\mathbb{Z} \to \mathbb{N}$ を $\forall n \in \mathbb{Z}$ に対して $n > 0$ なら $n \mapsto 2n$, $n \leqslant 0$ なら $n \mapsto -2n + 1$ とすると全単射が構成できる. □

これらの例題で言いたいことはある写像が単射でないからといって, 単射が全く存在しないことにはならないということである. さて, 次の例題を解こう.

例題 1.15 $X \neq \emptyset$ とする. 単射 $f : X \to Y$ が存在することと, 全射 $g : Y \to X$ が存在することは同値であることを示せ[*6].

(解答) f が単射であるとすると, $X \approx f(X)$ であるので, 逆写像 $g_1 : f(X) \to X$ も全単射である. 特に g_1 は $f(X)$ 上で全射である. 次に, $\forall y \in Y \setminus f(X)$ に, X のある元を対応させる. この対応はどんなものでもよい. この写像を $g_2 : Y \setminus f(X) \to X$ と書き, g_1, g_2 を使って, $g : Y \to X$ を作ることができた[*7]. g_1 が全射であったことから g も全射である.

逆に全射 $g : Y \to X$ が存在したとする. このとき, $\forall x \in X$ に対して, $g^{-1}(x) = Y_x$ は空集合ではないので $y_x \in Y_x$ を 1 つ選ぶ. この対応 $x \mapsto y_x$ は写像 $f : X \to Y$ を定める. f は単射である. なぜなら $x_1 \neq x_2$ であるなら, $Y_{x_1} \cap Y_{x_2} = \emptyset$ である. ゆえに, 選ぶ元も当然異なり, $y_{x_1} \neq y_{x_2}$ がいえる. □

この例題から集合の濃度の大小を逆向きの射の全射として言いかえることができる. ではどのような条件があれば, X と Y は対等になるだろうか? 次にベルンシュタインの定理を紹介する.

定理 1.1 (ベルンシュタインの定理) X, Y を集合とする, 単射 $X \to Y$, および単射 $Y \to X$ が存在するなら, $X \approx Y$ である.

この定理を見ていこう. 単射をそれぞれ, $f : X \to Y$ と $g : Y \to X$ とおく. ど

*6) 下の解答には, 厳密には "選択公理" を用いている. 選択公理は後の節で取り上げる.
*7) $X \neq \emptyset$ であることから, $Y \neq \emptyset$ より, g は写像である.

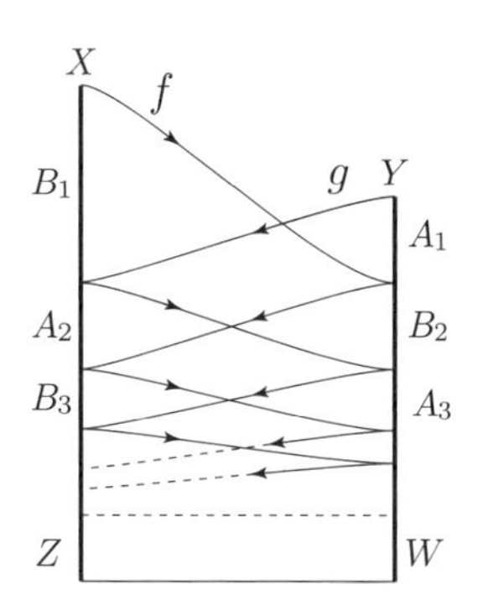

図 1.1　集合 X, Y はそれぞれの縦の太線で表されている．f, g をこの矢印に沿って向かう対応とする．A_i, B_i は X, Y の中で区切られた，対応する区間で表されている．

ちらか一方が全射であれば，既に全単射が構成されているので $X \approx Y$ である．ゆえに，どちらも全射でないと仮定してよい．$A_1 = Y \setminus f(X)$ とおく．A_1 は g によって，X に単射に写されるはずだから，それを，A_2 と書く．A_2 の f による像を A_3 と書く．帰納的に，$A_{2n+1} = f(A_{2n})$, $A_{2n} = g(A_{2n-1})$ とする．また，同じように，$B_1 = X \setminus g(Y)$ とし，$B_{2n} = f(B_{2n-1})$, $B_{2n+1} = g(B_{2n})$ と定義する．X, Y, A_n, B_n は模式的に図 1.1 のように書き表される．また，Z, W を以下のように定義をする．

$$Z = X \setminus \bigcup_{n=1}^{\infty}(A_{2n} \cup B_{2n-1}), \quad W = Y \setminus \bigcup_{n=1}^{\infty}(A_{2n-1} \cup B_{2n}).$$

例題 1.16　この状況を用いて，ベルンシュタインの定理を証明せよ．

(解答)　X の中の $B_1, A_2, B_3, A_4, \cdots, Z$ と Y の中の $A_1, B_2, A_3, \cdots, W$ は，お互いに共通部分はなく，以下のように分割できる*8)．

$$X = Z \bigsqcup_{n=1}^{\infty}(A_{2n} \sqcup B_{2n-1}), \quad Y = W \bigsqcup_{n=1}^{\infty}(A_{2n-1} \sqcup B_{2n}).$$

集合 $\{A_n\}$ はすべて対等であり，$\{B_n\}$ もすべて対等であるので，全単射 $A_{2n} \to A_{2n-1}$ と $B_{2n-1} \to B_{2n}$ を用いれば，Z, W 以外の部分には全単射が作れた．最後に $Z \approx W$ であることを示す．f により $A_{2n} \to A_{2n+1}$，$B_{2n-1} \to B_{2n}$ がそれぞれ全単射として写されるから，f の Z への制限は $f : Z \to W$ を与え*9) $W \subset f(X)$ であり W には f により，Z 以外から写らないので，$f : Z \to W$ は全射である．単射 f の始域を Z に縮めても単射であるから，$f : Z \to W$ は

*8)　どの 2 つも共通部分がない集合族 $\{U_\lambda | \lambda \in \Lambda\}$ を**互いに交わらない**といい，そのような和集合を $\bigsqcup_{\lambda \in \Lambda} U_\lambda$ と表す．集合 X をこのような交わらない部分集合の和集合として書けるとき X の分割という．6 章では分割を違う意味で用いるので注意する．

*9)　f の始域を Z に縮めた写像も再び f と書いている．

全単射である． □

注 1.9 ベルンシュタインの定理は，$(|X| \leq |Y|) \wedge (|Y| \leq |X|) \Rightarrow |X| = |Y|$ を主張している．また，例題 1.15 を組み合わせることで次がいえる．「単射 $f : X \to Y$ と，全射 $g : X \to Y$ が存在すれば，全単射 $h : X \to Y$ が存在する」

ここで，次の例題を解こう．

例題 1.17 次の 4 つの集合の間の濃度の大小を決定せよ．ただし，$n \in \mathbb{N}_0$ であり，a, b は $a < b$ となる実数とする．

$\langle n \rangle$,　　自然数 $\mathbb{N}$,　　開区間 $(0,1)$,　　開区間 (a,b).

(解答) まず，$(0,1)$ と (a,b) は全単射 $x \mapsto a+(b-a)x$ を用いて $|(0,1)| = |(a,b)|$ であることがわかる．また自然な包含 $\langle n \rangle \subset \mathbb{N}$ から $|\langle n \rangle| \leq |\mathbb{N}|$ がわかる．

$\forall n \in \mathbb{N}$ に対して $f(n) = 1/(n+1)$ として，単射 $f : \mathbb{N} \to (0,1)$ が構成できる．実際，$n, m \in \mathbb{N}$, $f(n) = f(m)$ なら，$1/(n+1) = 1/(m+1)$ であり，分母を払うことで $n = m$ が言える．このようにして $|\mathbb{N}| \leq |(0,1)|$ がわかる．

$\mathbb{N} \to \langle n \rangle$ なる単射が存在しないことを示すには，例題 1.15 から全射 $\langle n \rangle \to \mathbb{N}$ が存在しないことを示せば十分である．実際，任意の写像 $g : \langle n \rangle \to \mathbb{N}$ に対して，$M = \max\{g(k) | k \in \langle n \rangle\}$ は有限であり，$M + 1 \in \mathbb{N}$ は，明らかに g の像とならず，g は全射ではない．ゆえに，単射 $\mathbb{N} \to \langle n \rangle$ は存在しない．よって，$|\langle n \rangle| < |\mathbb{N}|$ である．

ゆえに，$|\langle n \rangle| < |\mathbb{N}| \leq |(0,1)| = |(a,b)|$ までいえた．実は，$|\mathbb{N}| < |(0,1)|$ なのだが，この証明は後ほど書くことにする． □

例題 1.18 $\mathbb{Z} \approx \mathbb{Q}$ であることを示せ．

(解答) 自然な埋め込みから $|\mathbb{Z}| \leq |\mathbb{Q}|$ がいえる．また，単射 $\mathbb{Q} \to \mathbb{Z}^2$ を $\mathbb{Q} \ni r \neq 0$ なら $r = p/q$ を既約分数で，$p \in \mathbb{Z}, q \in \mathbb{N}$ を一意的に決めることができる．よって，$r \mapsto (p,q)$ とし，$r = 0$ なら $0 \mapsto (0,0)$ と定義する．単射 $\mathbb{Z}^2 \to \mathbb{Z}$ が構成できれば，$|\mathbb{Q}| \leq |\mathbb{Z}^2| \leq |\mathbb{Z}|$ であるから，ベルンシュタインの定理から $|\mathbb{Z}| = |\mathbb{Q}|$ がわかる．例題 1.14 より $\mathbb{Z} \approx \mathbb{N}$ であることから，$\mathbb{Z}^2 \approx \mathbb{N}^2$ がいえるので，単射 $f : \mathbb{N}^2 \to \mathbb{N}$ が構成できればよい．$f(n,m) = 2^n \cdot 3^m$ とすれば素因数分解の一意性から f が単射であると分かる． □

1.2.1.3 全単射の構成

対等であると分かっても実際全単射を構成することは一見難しいことも多い．

例題 1.19 集合 $[0,1)$ と $[0,1]$ の間に全単射を構成せよ．

(解答) $f : [0,1) \to [0,1]$ を包含写像とし，$g : [0,1] \to [0,1)$ を $g(x) = x/2$

とすると，f, g は両方とも単射である．ベルンシュタインの方法を用いて全単射を作っていく．証明の中の記号をそのまま用いると，$A_1 = \{1\}$, $A_2 = \{\frac{1}{2}\}$, $A_3 = \{\frac{1}{2}\}, \cdots$, $B_1 = (\frac{1}{2}, 1)$, $B_2 = (\frac{1}{2}, 1)$, $B_3 = (\frac{1}{4}, \frac{1}{2}), \cdots$ であり，$Z = W = \{0\}$ となることがわかる．このように $[0, 1]$ と $[0, 1)$ を分割すると，

$$[0,1) = \{0\} \sqcup \cdots \sqcup \{1/4\} \sqcup (1/4, 1/2) \sqcup \{1/2\} \sqcup (1/2, 1),$$
$$[0,1] = \{0\} \sqcup \cdots \sqcup (1/4, 1/2) \sqcup \{1/2\} \sqcup (1/2, 1) \sqcup \{1\}$$

となり，$\{1/2, 1/4, 1/8, \cdots\} \to \{1, 1/2, 1/4, \cdots\}$ を 2 倍写像とし，それ以外は恒等写像とすることで，全単射を作ることができる． □

定義 1.10 集合 X が $\mathbb{N}$ と対等であるとき，X を**可算集合**といい，X が $\mathbb{N}$ と対等でない無限集合であるとき，X を**非可算集合**という．また集合 X が可算集合または有限集合と対等のとき，**高々可算集合**という．

1.2.1.4 対角線論法

例題 1.17 の証明において，$|\mathbb{N}| < |(0, 1)|$ である証明が残っていた．これを述べていこう．

(例題 1.17 の解答の続き) 全単射 $(0, 1) \to \mathbb{N}$ が存在すると仮定する．すると，$(0, 1)$ の中の任意の実数を $x_1, x_2, \cdots$ のように $\mathbb{N}$ の順に一列に並べることができる．また下のように x_i を小数展開しておく．

$$x_1 = 0.a_1^1 a_1^2 a_1^3 \ldots,$$
$$x_2 = 0.a_2^1 a_2^2 a_2^3 \ldots,$$
$$x_3 = 0.a_3^1 a_3^2 a_3^3 \ldots,$$
$$\vdots$$

ここで，a_i^j は x_i の小数第 j 位の値，つまり 0 から 9 までの整数である．$(0, 1)$ のある実数の小数展開 $x = 0.b^1 b^2 b^3 \ldots$ で，$\forall i \in \mathbb{N} (b^i \neq a_i^i, 0, 9)$ を満たすものをとる．この x は上のどの x_i とも一致しない．なぜなら，$\forall i \in \mathbb{N}$ に対して，x と x_i はその小数第 i 位が異なるからである*10)．これは，$(0, 1)$ のすべての元が，$\mathbb{N}$ との間に全単射ができたことに反する．ゆえに，$(0, 1) \not\approx \mathbb{N}$ である． □

ここで用いた証明方法を**対角線論法**という．

1.2.2 順序

集合 X, Y に対して，直積集合 $X \times Y$ の部分集合 ρ を **2 項関係**といい，(x, y) がその部分集合に含まれているとき，その 2 元には**関係** $x \rho y$ **が成り立つ**と

*10) 一般に小数展開は $0.299\ldots = 0.300\ldots$ のように一意ではないので，小数展開だけを見て数の不一致をいうために x の展開係数から 0,9 を除いている．

いう．集合 X 上の関係という場合には，$X=Y$ という状況において考えている．本書で多く出てくる関係はこの場合である．

1.2.2.1　順序集合

実数の大小や集合の濃度の大小なども 2 項関係の一例である．これらの関係は何かしらの順序を与えている．ここで順序を与える関係を定義する．

定義 1.11（順序関係）　集合 A の 2 元 x, y の関係 $x \preceq y$ が以下の性質 (1), (2) を満たすとき，この関係を**擬順序**または擬順序関係という．

(1)　$\forall x \in A(x \preceq x)$　（反射律）．

(2)　$\forall x, y, z \in A((x \preceq y) \wedge (y \preceq z) \Rightarrow x \preceq z)$　（推移律）．

擬順序をもつ集合を**擬順序集合**という．擬順序集合がさらに，

(3)　$\forall x, y \in A((x \preceq y) \wedge (y \preceq x) \Rightarrow x = y)$　（反対称律）．

を満たすとき，擬順序は**順序**または順序関係といい，順序をもつ集合を**順序集合**という．擬順序集合や順序集合を，$(A, \preceq)$ のように書く．

順序集合 $(A, \preceq)$ が $\forall x, y \in A(x \preceq y \vee y \preceq x)$ を満たすとき，$\preceq$ は**全順序**といい，全順序をもつ集合 $(A, \preceq)$ を**全順序集合**という．

注 1.10　一般の順序集合 $(A, \preceq)$ は，任意の (x, y) に対して，$x \preceq y$ もしくは $y \preceq x$ のどちらかが成り立つとは限らない．もし，ある 2 元 x, y に対して $x \preceq y$ もしくは $y \preceq x$ が成り立つ場合，(x, y) は**比較可能**という．すべての元どうしが比較可能とは限らない（つまり全順序であると限らない）順序集合に**半順序集合**という言葉を使うことがある．

順序集合 $(A, \preceq)$ において，$x \preceq y$ かつ $x \neq y$ でないとき，$x \prec y$ のような記号で表すことがある．

例題 1.20　$x, y \in \mathbb{R}$ に対して，関係 $\leq'$ を $x \leq' y \Leftrightarrow |x| \leq |y|$ と定義する．このとき $(\mathbb{R}, \leq')$ は擬順序集合か？ もしくは順序集合であるか？

（解答）　反射律は明らかに満たす．また，$x, y, z \in \mathbb{R}$ に対して，$|x| \leq |y|$ かつ $|y| \leq |z|$ なら $|x| \leq |z|$ であるから，$\leq'$ は擬順序である．しかし順序ではない．なぜなら $1, -1$ に対して $1 \leq' -1$ かつ，$-1 \leq' 1$ であるが，$1 \neq -1$ であり，反対称律を満たさないからである．□

集合どうしの包含も順序関係として理解できる．

例題 1.21（包含関係）　集合 A のべき集合 $\mathcal{P}(A)$ において，$U, V \in \mathcal{P}(A)$ に対して，関係を $U \preceq V \Leftrightarrow U \subset V$ として定義すると，この関係は半順序であるが，一般に全順序ではないことを示せ．

（解答）　$\forall U \in \mathcal{P}(A)$ に対して，$U \subset U$ であるので反射律は成り立つ．U, V, W

$\in \mathcal{P}(A)$ に対して $U \subset V$ かつ $V \subset W$ ならば，$U \subset W$ を満たすので，推移律も満たす．また，前節の集合の等式の性質 (1.1) は反対称律を意味しているので，$(\mathcal{P}(A), \preceq)$ は順序集合である．

$A = \{0,1\}$ とし，$\mathcal{P}(A) = \{\emptyset, \{0\}, \{1\}, A\}$ とする．このとき，$\{0\}$ と $\{1\}$ の間には包含関係はないので，これらは $\mathcal{P}(A)$ において比較可能ではない．ゆえに，$(\mathcal{P}(A), \preceq)$ は全順序集合ではない． □

例 1.9 2 つの集合 A, B に対して，関係 $A \preceq B$ をそれらの濃度に関して $|A| \leq |B|$ として定義する．恒等写像は単射でもあるので，反射律が成り立つ．例 1.8 より推移律も満たし，この順序は擬順序である．しかし，例題 2.2 で扱ったように，$(0,1)$ と $(0,2)$ は対等であるので，$(0,1) \preceq (0,2)$ かつ $(0,2) \preceq (0,1)$ であるが集合として $(0,1) \neq (0,2)$ であるので，反対称律は満たさず，順序ではない．

次に順序同型について考えよう．

定義 1.12（順序同型） $(X_1, \leq_1), (X_2, \leq_2)$ を（擬）順序集合とする．このとき，$\varphi : X_1 \to X_2$ を全単射とし，$\forall a_1, a_2 \in X_1 (a_1 \leq_1 a_2 \Rightarrow \varphi(a_1) \leq_2 \varphi(a_2))$ とする．このとき，$(X_1, \leq_1), (X_2, \leq_2)$ は（擬）順序同型であるという．

例 1.10 順序集合 $(A, \preceq_A)$ と $(B, \preceq_B)$ があり，写像 $f : A \to B$ が

$$a_1 \preceq_A a_2 \Leftrightarrow f(a_1) \preceq_B f(a_2)$$

を満たすとき，f は**順序埋め込み**という．また，A を集合としたとき，写像 $f : A \to B$ が単射かつ B が順序集合 $(B, \preceq_B)$ のとき，A に，$a_1, a_2 \in A$ に対して，$a_1 \preceq_A a_2 \Leftrightarrow f(a_1) \preceq_B f(a_2)$ として，順序を与えることができる．例えば，f として包含写像をとることで，$(B \preceq_B)$ の部分集合を順序集合とみなせる．

例題 1.22 順序埋め込みは単射であることを示せ．

(解答) $f : (A, \preceq_A) \to (B, \preceq_B)$ を順序埋め込みとする．$f(x) = f(y)$ とする．$f(x) \preceq_B f(y)$ かつ $f(y) \preceq_B f(x)$ なので，$x \preceq_A y$ かつ $y \preceq_A x$ なので $x = y$ が成り立つ． □

例 1.11（有限集合上の全順序） $n \in \mathbb{N}_0$ とする，$\langle n \rangle$ 上の全順序は，すべての元を一列に並べる方法の分だけ存在する．また，$\langle n \rangle$ 上の 2 つの全順序の間には，それらを並び替える順序同型が存在する．つまり，$\langle n \rangle$ 上の全順序は順序同型を除いてただ 1 つしかない．$\langle n \rangle$ 上には半順序を入れることもできる*11)．

*11) 例題 1.21 の $\mathcal{P}(\{0,1\})$ は比較可能でない 2 元を含む半順序集合であり，$\mathcal{P}(\{0,1\})$ は 4 元集合なので $\langle 4 \rangle$ に適当に全単射を作っておけば，$\langle 4 \rangle$ に比較不可能な 2 元を含む半順序集合が構成できる．

1.2.2.2 $\mathbb{N}$ 上の順序

次に，$\mathbb{N}$ 上に定義される順序を見ていこう．

例 1.12 $\mathbb{N}$ には数の大小によって自然に全順序 $\leq$ が得られる．また，$\mathbb{N}$ を $2, 1, 4, 3, 6, 5, \ldots, 2n, 2n-1, 2n+2, \ldots$ のように並べた順序を $(\mathbb{N}, \leq')$ とする．$(\mathbb{N}, \leq)$ と $(\mathbb{N}, \leq')$ は順序集合としては異なるが，全単射写像 $\varphi : \mathbb{N} \to \mathbb{N}$ を，$\varphi(2n-1) = 2n$, $\varphi(2n) = 2n-1$ のように定義すると，$\varphi : (\mathbb{N}, \leq) \to (\mathbb{N}, \leq')$ は順序同型である．

$\mathbb{N}$ 上の他の全順序構造を構成する．

> **例題 1.23** $(\mathbb{Z}, \leq)$ と $(\mathbb{Q}, \leq)$ を通常の大小によって定まる全順序集合とする．このとき，これらは順序集合として同型ではないことを示せ．

(解答) 順序同型写像 $\varphi : \mathbb{Q} \to \mathbb{Z}$ が存在したとする．このとき，$\varphi^{-1}(0) < \varphi^{-1}(1)$ が成り立つ．また，$(\varphi^{-1}(0) + \varphi^{-1}(1))/2 \in \mathbb{Q}$ なる元 a の像は 0 と 1 の間に写されなければならない．しかし，$\mathbb{Z}$ には，0 と 1 の間に元はないので，矛盾．ゆえに，そのような順序同型写像は存在しない． □

注 1.11 例題 1.18 で全単射 $f : \mathbb{Q} \to \mathbb{Z}$ が存在することを証明した．しかし，全単射が存在する（濃度が等しい）からといって，順序同型になるとは限らない．

また，$\mathbb{N}, \mathbb{Q}, \mathbb{Z}$ は，お互いに濃度は等しいが，通常の大小からくる順序関係は，どの 2 つも順序同型にはならない．

次の概念を定義する．$(X, \preceq)$ を全順序集合とする．$A \subset X$ とする．$a \in A$ であり，$\forall b \in A(a \preceq b)$ となるもの（または $\forall b \in A(b \preceq a)$ となるもの）を A の**最小元**（または**最大元**）といい，$\min(A)$（または $\max(A)$）と書く．最大元，最小元は存在するとは限らない．

> **例題 1.24** $(X_1, \leq_1), (X_2, \leq_2)$ を同型な順序集合とする．このとき，$(X_1, \leq_1)$ に最小元が存在するなら $(X_2, \leq_2)$ にも最小元が存在することを示せ．

(解答) $\varphi : X_1 \to X_2$ を順序同型写像とする．$a \in X_1$ を最小元とする．$\forall b_2 \in X_2$ に対して，$b_1 = \varphi^{-1}(b_2)$ とおく．このとき，a が X_1 の最小元であることから，$a \leq_1 b_1$ となる．φ が順序同型写像であることから，$\varphi(a) \leq_2 b_2$ である．これは $\varphi(a)$ が X_2 の最小元であることを意味する． □

1.3 整列集合と濃度

本節では，同値関係の定める商集合，また整列集合や順序数などについて扱う．

1.3.1 商集合と不変量

1.3.1.1 同値関係と商集合

同値関係を以下のように定義しよう．

定義 1.13（同値関係） X を集合とする．X の任意の元 x, y, z に対し，X 上の関係 $\sim$ で以下の条件を満たすものを**同値関係**という．

1. $x \sim x$ （反射律）．
2. $x \sim y \Rightarrow y \sim x$ （対称律）．
3. $x \sim y \wedge y \sim z \Rightarrow x \sim z$ （推移律）．

同値関係をもつ集合 $(X, \sim)$ が定まると，$\forall a \in X$ に対して，$C(a) = \{b \in X | a \sim b\}$ なる X の部分集合が定まる．$C(a)$ のことを，a の**同値類**という．次の (I), (II) は，同値類の重要な性質である．

(I) $\forall x \in X$ に対して，$x \in C(a)$ なる同値類 $C(a)$ が存在する．

(II) $C(a) \cap C(b) \neq \emptyset$ なら $C(a) = C(b)$ である．

つまり $\forall x \in X$ はただ一つの同値類 $C(a)$ に属するということである．同値類を集めた集合 $\{C(a) | a \in X\}$ を**商集合**[*12]といい，$X/\sim$ と書く．$a, b \in X$ が $a \sim b$ であれば，$C(a) = C(b)$ であるので，これらは集合の性質から $X/\sim$ において同じ元を表す．つまり，商集合は，同値関係 $\sim$ によって関係をもつ X の元全体を 1 点に潰して集めた集合をイメージすればよい．写像

$$p : X \to X/\sim \quad (a \mapsto C(a))$$

は関係をもつ X の元を商集合の 1 点に潰す写像であり全射である，p を（同値関係による）**自然な射影**という．また，$X/\sim$ のことを，$\sim$ によって**同一視をして得られる商集合**と言うこともある．

例題 1.25 $f : X \to Y$ を写像とする．$x_1, x_2 \in X$ が $f(x_1) = f(x_2)$ を満たすとき関係 $x_1 \sim x_2$ を定義すると，この関係は同値関係であることを示せ．

（解答） 条件において $x_1 = x_2$ の場合も明らかに満たすので反射律が成り立つ．$f(x_1) = f(x_2)$ であることは x_1, x_2 の順番に依らないから対称律を満たす．$f(x_1) = f(x_2) \wedge f(x_2) = f(x_3)$ なら $f(x_1) = f(x_3)$ なので，推移律を満たす． □

$X/\sim$ の任意の元 C に対し，$\forall a \in C$ に対して $C = C(a)$ と書ける．そのとき選ばれた a のことをその同値類 C の**代表元**という．商集合 $X/\sim$ の各同値類

*12） ある集合上の同値関係から商集合をつくることを（その同値関係で）“**割る**”といい，また，得られた商集合のことを（同値関係で）“**割ることで得られる商集合**”という．また，同値関係がある変換による場合，その変換で割ることで得られる集合ともいう．

に含まれる代表元を1つ選び，集めた集合をΛと書こう．つまり，Λは包含写像と自然な射影の合成写像 $\Lambda \overset{i}{\hookrightarrow} X \overset{p}{\to} X/\sim$ が全単射を与える集合ともいえる．このような$\Lambda \subset X$を商集合の**完全代表系**という．Λを用いると，下のようなXの分割を与えることができる．

$$X = \bigsqcup_{a \in \Lambda} C(a)$$

注 1.12 順序集合には順序同型，ベクトル空間にはベクトル空間の同型，群には群同型，本連載中に登場する位相空間には，同相という概念が存在するが，これは，その対象全体（例えば順序集合全体など）における同値関係を与えている．しかしこれらの集合全体は集合にならないこともあるので商集合としては扱えないが．これらの同値関係の同値類のことも**同型類**や**同相類**などと言い表す．

例 1.13 ($\mathbb{Z}/n\mathbb{Z}$) $n \in \mathbb{N}$, $k, l \in \mathbb{Z}$ に対して，$k \sim l \Leftrightarrow k - l \in n\mathbb{Z}$ と定義された$\mathbb{Z}$上の関係$\sim$は同値関係である．この同値関係による商集合のことを$\mathbb{Z}/n\mathbb{Z}$と書く．自然な射影 $\mathbb{Z} \to \mathbb{Z}/n\mathbb{Z}$ によって，$\mathbb{Z}/n\mathbb{Z}$の集合は，$\{[0], [1], \cdots, [n-1]\}$[*13)]なる$n$点からなる集合であり，完全代表系は，$\{0, 1, 2, \cdots, n-1\}$である．$m \in \mathbb{Z}$の属する同値類の代表元とは，$m$を$n$で割って得られた余りに他ならない．

例 1.14 $\mathrm{Im}(z_2/z_1) \neq 0$となる複素数$z_1$, z_2を用いて得られる$\mathbb{C}$の中の2次元格子 $\mathbb{Z}z_1 + \mathbb{Z}z_2 =: L$[*14)]に対して，$\forall z, w \in \mathbb{C}$ に対して $z \sim w \Leftrightarrow z - w \in L$ として同値関係が定義できる．それを$E = \mathbb{C}/L$とおくと，Eは0, z_1, z_2, $z_1 + z_2$によって作られた平行四辺形の対辺を同一視して得られる商集合となり，このようにしてできる商集合を**楕円曲線**という．また，このような集合を**トーラス**ともいう．いわゆるドーナツの表面のような形状である．

1.3.1.2 商集合と不変量

商集合の概念は，数学の特定の対象全体（モジュライという）を考える場面でよく使われる．同値関係をもつ集合$(X, \sim)$に対して，写像$\varphi : X \to S$が$x \sim y \Rightarrow \varphi(x) = \varphi(y)$を満たすとき，$\varphi$をこの同値関係による**不変量**ということがある．不変量とは，商集合からの写像$X/\sim \to S$を誘導する．

例 1.15 Euclid三角形の合同型全体のモジュライ$\mathcal{T}$は，$\mathbb{R}^2$に置かれた三角形全体の集合$\widetilde{\mathcal{T}}$に合同変換で割ることで得られる商集合$\mathcal{T} = \widetilde{\mathcal{T}}/\sim$である．このとき，その面積を与える写像$\widetilde{\mathcal{T}} \ni \Delta \mapsto \mathrm{Area}(\Delta) \in \mathbb{R}$は1つの不変量を与える．

---

*13) 同値類$C(a)$のことを，$[a]$のようなかっこを用いて書くことがある．

*14) $z_1, z_2 \in \mathbb{C}$に対して$\mathbb{Z}z_1 + \mathbb{Z}z_2$とは$\{az_1 + bz_2 \in \mathbb{C} | a, b \in \mathbb{Z}\}$のことである．

例 1.16 楕円曲線の同型類のモジュライ $\mathcal{M}_E$ とは，$\mathbb{C}$ 上の 2 次元格子 L を複素定数倍によって割ることで得られる商集合のことである．一方 j-関数 $j(\tau)$ は複素上半平面 $\{\tau \in \mathbb{C} | \mathrm{Im}(\tau) > 0\}$ から $\mathbb{C}$ へのあるモジュラー関数 ($\begin{pmatrix} a & b \\ c & d \end{pmatrix} \in SL(2,\mathbb{Z})$ に対して $j(\frac{a\tau+b}{c\tau+d}) = j(\tau)$ となる関数のこと) である．写像 $L = \mathbb{Z}z_1 + \mathbb{Z}z_2 \mapsto j(\frac{z_2}{z_1})$ は楕円曲線全体の同型という同値関係による不変量になる．つまり写像 $\mathcal{M}_E \to \mathbb{C}$ を与える．

例 1.17 前節の例題 1.23 は，順序集合に最小元，最大元が存在するかどうかの性質が順序同型という同値関係における不変量であることを意味している．

例題 1.26 $\mathbb{R}_0^2 = \mathbb{R}^2 \setminus \{(0,0)\}$ とする．$\mathbb{R}_0^2$ 上の同値類を $(x,y) \sim (x',y') \Leftrightarrow \exists r \in \mathbb{R}_{>0}((x',y') = (rx, ry))$ *15) と定義する．この関係における不変量を与えよ．また，この商集合の完全代表系は何か？

（解答） $V_1(x,y) = \frac{x}{\sqrt{x^2+y^2}}, V_2(x,y) = \frac{y}{\sqrt{x^2+y^2}}$ は，$\mathbb{R}_0^2$ 上で定義された実数に値をもつ関数である．この関数が同値関係による不変量であることは，$\forall r \in \mathbb{R}_{>0}$ に対して

$$V_1(rx, ry) = \frac{rx}{\sqrt{(rx)^2 + (ry)^2}} = \frac{x}{\sqrt{x^2+y^2}} = V_1(x,y)$$

であることからわかる．V_2 についても同様である．

$\mathbb{S}^1$ を平面上の単位円とする．包含写像と自然な写像の合成 $\mathbb{S}^1 \overset{i}{\hookrightarrow} \mathbb{R}_0^2 \overset{p}{\to} \mathbb{R}_0^2/\sim$ が全単射であることを示す．$p \circ i(\cos\theta, \sin\theta) = [\cos\theta, \sin\theta]$ であり *16)，$[\cos\theta_1, \sin\theta_1] = [\cos\theta_2, \sin\theta_2]$ とすると，$\cos\theta_1 = \cos\theta_2$ かつ $\sin\theta_1 = \sin\theta_2$ がすぐわかる．ゆえに，$p \circ i$ は単射である．また，極座標表示を用いると，$\forall [x,y] \in \mathbb{R}_0^2/\sim$ に対して，$(x,y) = (r\cos\theta, r\sin\theta) \sim (\cos\theta, \sin\theta)$ であるから，$[x,y] = p \circ i(\cos\theta, \sin\theta)$ がわかる．つまり，$p \circ i$ は全射である．ゆえに，$\mathbb{S}^1$ は $\mathbb{R}_0^2/\sim$ の完全代表系を与えている． □

注 1.13 実は，V_1, V_2 をペアにした写像

$$V : \mathbb{R}_0^2/\sim \to \mathbb{R}^2 \ (V(x,y) = (V_1(x,y), V_2(x,y)))$$

は $p \circ i$ の逆写像を与えている．このように $\mathbb{R}_0^2/\sim$ と $\mathbb{S}^1$ は集合として対等だが，位相空間として同相であることが例題 2.61 で示される．

1.3.2 整列集合と順序数

整列集合および順序数について扱う．ここでは主に順序関係として $\preceq$ ではなく $\prec$ の方を用いる．

---

*15) $\mathbb{R}_{>0}$ を正の実数全体の集合とする．
*16) $[\cdots]$ は $\mathbb{R}_0^2/\sim$ の同値類を表す．

1.3.2.1　整列集合

まずは，整列集合を定義しよう．

定義 1.14（整列集合）　全順序集合 $(X, \prec)$[*17] に対して，X の任意の空ではない部分集合に最小元が存在するとき，$(X, \prec)$ を**整列集合**といい，そのような順序を**整列順序**という．

この定義から整列集合には最小元が存在する．

例題 1.27　定義 1.14 において，順序 $\prec$ の比較可能性条件は不要であることを示せ．つまり，任意の空でない部分集合に最小元が存在する順序集合は全順序集合である．

（解答）　$(X, \prec)$ が整列集合で，X の任意の空でない部分集合に最小元が存在すると仮定する．任意の 2 元部分集合 $\{x, y\} \subset X$ をとる．$\prec$ は整列順序であるから，x を最小元とすると，$x \prec y$ となる．つまり，任意の 2 つの元が比較可能であるので，$(X, \prec)$ は全順序集合である．　□

例 1.18　$(\mathbb{Z}, <)$ は最小元が存在しないので整列集合ではない．同じようにいくらでも小さい元が存在する $(\mathbb{Q}, <)$ や $(\mathbb{R}, <)$ も整列集合ではない．

例題 1.28　$(\mathbb{N}, <)$ は整列集合であることを示せ．

（解答）　もし空集合ではない $A \subset \mathbb{N}$ に最小元がないとすると，$\forall a \in A\ \exists a' \in A\ (a' < a)$ が満たされる．この条件を繰り返し使うことで，$A \ni \forall N = a_1 > a_2 > a_3 > \cdots$ のように，A において自然数の無限降下列を作ることができる[*18]．任意の $i \in \mathbb{N}$ において，$a_i - 1 \geq a_{i+1}$ であり，$0 = a_1 - N \geq a_{1+N}$ となるので，矛盾する．ゆえに $(\mathbb{N}, <)$ は整列集合である．　□

$(A, \prec)$ を整列集合とする．A のある元より小さい元全体の集合を**切片**という．$a \in A$ に対して，$\{x \in A | x \prec a\}$ を A の **a-切片**[*19] といい，A_a と書く．

注 1.14　もし整列集合の間に順序同型 $\varphi : A \to B$ があれば，$\varphi(A_a) = B_{\varphi(a)}$ であることは証明なしに述べておき，後で用いる．

例 1.19　$(\mathbb{N}, <)$ の任意の切片とは，ある自然数以下の自然数全体のことである．

ここで例題を 2 つ解こう．順序同型による関係を $\cong$ によって表す．

---

*17)　$\prec$ は $\preceq$ から等号条件を外した非反射的な順序である．

*18)　一般に，ある集合が整列集合であることと，全順序かつ無限降下列を持たない集合であることは同値である．

*19)　A の切片として A 自身は該当しないことに注意しよう．もし含めていう場合は，**始切片**（以下を満たす $A' \subset A$ のこと $(\forall a \in A' \wedge x \prec a \Rightarrow x \in A')$）という．また，$A$ に一致しない始切片は切片である．

例題 1.29 $(A, \prec)$ を整列集合とする．順序単射 $\varphi : A \to A$ があれば，$\forall a \in A(a \preceq \varphi(a))$ であることを示せ．特に，任意の順序同型写像 $A \to A$ は恒等写像であることを示せ．このことを整列集合の**剛性**という．

(解答) $\varphi : A \to A$ が順序単射であるとする．$\exists a \in A\ (\varphi(a) \prec a)$ を満たすとする．そのような a の集合 $B = \{a \in A | \varphi(a) \prec a\}$ は空集合ではないので $b = \min(B)$ が存在する．このとき，$\varphi(b) \prec b$ が成り立ち，φ が順序単射であることから $\varphi^2(b) \prec \varphi(b)$ が成り立ち，$\varphi(b) \in B$ を満たすが，これは $b = \min(B)$ であることに矛盾する．よって，$\forall a \in A(a \preceq \varphi(a))$ が成り立つ．$\varphi : A \to A$ が順序同型写像なら，φ^{-1} も順序同型写像であるので，$a \preceq \varphi^{-1}(a) \Leftrightarrow \varphi(a) \preceq a$ となる．上のことと併せて $\varphi(a) = a$ が成り立つので φ は恒等写像となる．□

例題 1.30 A を整列集合とする．このとき，$\forall a \in A(A \ncong A_a)$ であることを示せ．特に，$a \neq a'$ なら $A_a \ncong A_{a'}$ であることを示せ．

(解答) もし $\exists a \in A$ に対して順序同型 $\varphi : A \to A_a$ が存在するとき，$\varphi(a) \prec a$ であり，例題 1.29 に矛盾する．ゆえに，$\forall a \in A(A \ncong A_a)$ が成り立つ．後半は $a' \prec a$ とすれば $a' \in A$ により $A_{a'} = (A_a)_{a'} \ncong A_a$ となる $(A_a)_{a'} = A_{a'}$ が成り立つことからわかる．□

上の 2 つの例題を用いて以下の整列集合の比較定理を示そう．

例題 1.31（整列集合の比較定理） A, B を整列集合とする．このとき，以下のうち，ただ 1 つが成り立つことを示せ．

(1) A と B は順序同型である．

(2) A は B のある切片 B_b と順序同型である．

(3) B は A のある切片 A_a と順序同型である．

(解答) A, B を任意の整列集合とする．(1), (2), (3) のうちどれか 2 つが同時に起こるとすると，$A \cong A_a$ もしくは $B \cong B_b$ が直ちに導かれ，例題 1.30 に矛盾する．これ以降，(1), (2), (3) のどれかが成り立つことを示す．

A, B の整列順序を $\prec_1, \prec_2$ とする．$A' \subset A$ と $B' \subset B$ を以下

$$A' = \{a \in A | \exists b \in B(A_a \cong B_b)\},\ B' = \{b \in B | \exists a \in A(A_a \cong B_b)\}$$

で定義する．このとき，$a \in A'$ とすると，順序同型 $\varphi : A_a \to B_b$ が存在する．このような $b \in B'$ は一意に決まり，かつそのような同型写像も一意である[*20)]．この対応 $a \mapsto b$ により，順序同型写像 $A' \to B'$ が定まる．そのような同型写像を再び φ と書くことにする．

*20) もし $\exists b' \prec_2 b(A_a \cong B_{b'})$ なら，$B_b \cong B_{b'}$ となりこれは例題 1.30 に矛盾する．また，例題 1.29 に書いた整列集合の剛性から順序同型写像 $A_a \to B_b$ は一意的である．

注 1.14 から，A', B' は A, B の始切片である．しかし，それらが同時に A, B の切片になることはない．もしそうなら，$A_a = A' \cong B' = B_b$ が成り立つ．これは $a \in A'$ を意味するので，$a \prec_1 a$ となり矛盾する．

ゆえに，$A' = A$ かつ $B' = B$ である場合，(1) が成り立ち，$A' = A$ かつ $B' = B_b$ である場合，(2) が成り立つ．また，$A' = A_a$ かつ $B' = B$ である場合，(3) が成り立つ．ゆえに例題が示された． □

1.3.2.2 順序数

さて，順序数について述べていこう．

定義 1.15 整列集合の順序同型による同型類のことを**順序数**という．

順序数とはいわゆる序数（物に順番をつけるときに使う数）の一般概念である．

例 1.20 有限集合上の整列集合 $(\{0, 1, \cdots, n-1\}, <)$ の表す順序数を n と書く．$(\mathbb{N}_0, <)$ と順序同型な順序数を ω と書く．下で見るように，可算集合上の順序数はこれだけではない．

1.3.2.3 順序数の加法・乗法

ここで，順序数の加法，乗法を定義しよう．

定義 1.16（順序数の加法） α, β を整列集合 $(A, \prec_1)$，$(B, \prec_2)$ の表す順序数とする．このとき，$A \sqcup B$ 上の整列順序 $\prec_3$ で以下を満たすものを考える．A どうしもしくは B どうしの順序はそれぞれの $\prec_1, \prec_2$ と同じとし，$\forall a \in A$ と $\forall b \in B$ に対しては，$a \prec_3 b$ とする．このとき，$(A \sqcup B, \prec_3)$ の順序同型類は，α, β にしかよらず，それを，$\alpha + \beta$ と書く．

つまり，順序数の加法とは，1 つ目の順序数の後ろに 2 つ目の順序数を追加して並べてできる順序数のことである．

例題 1.32 定義 1.16 で得られた $(A \sqcup B, \prec_3)$ は整列集合であることを確かめよ．

（解答） $\alpha = (A, \prec_1), \beta = (B, \prec_2)$ とする．S を $A \sqcup B$ の任意の空でない部分集合とする．もし，$S \cap A \neq \emptyset$ なら，$S \cap A$ には $a = \min(S \cap A)$ があり，加法の定義により，$\forall b \in S \cap B (a \prec_3 b)$ が成り立つ．ゆえに，$a = \min(S)$ である．$S \cap A = \emptyset$ であれば，$S \subset B$ であり，S は最小元 b をもつ．この b は $A \sqcup B$ においても最小元である．ゆえに，$\prec_3$ は整列順序である． □

可換性について以下が成り立つ．

例題 1.33 一般に順序数の加法 $\alpha + \beta$ は可換ではないことを示せ．

(解答) 順序数 1 に対して，$1+\omega$ の表す順序集合は，$0', 0, 1, 2, \cdots$ と同型であるが，これは，順番をずらすことで，順序数 ω と同型である[*21]．つまり，$1+\omega=\omega$ である．しかし，$\omega+1$ は，$0, 1, 2, \cdots, \omega$ と同型となる．この整列順序には最大元 ω が存在するが，ω には最大元は存在しないので，同型ではない．ゆえに，$\omega = 1+\omega \neq \omega+1$ である． □

定義 1.17（順序数の乗法） α, β を整列集合 $(A, \prec_1)$，$(B, \prec_2)$ の表す順序数とする．このとき，$B \times A$ 上の整列順序 $\prec_3$ で以下を満たすものを考える．$(b_1, a_1) \prec_3 (b_2, a_2) \Leftrightarrow (b_1 \prec_2 b_2) \vee (b_1 = b_2 \wedge a_1 \prec_1 a_2)$[*22]．このとき，$(B \times A, \prec_3)$ の順序同型類は α, β にしかよらずそれを $\alpha \cdot \beta$ と書く．

順序数の乗法は，例えば，長方形型に整列させた生徒を 1 列ずつ端から順番に退場させたときにできる列の順序をイメージすればよい．また，有限順序数の加法・乗法は通常の数としての加法・乗法と同じである．

例 1.21 $\mathbb{N}_0$ 上に与えられる整列順序 $(1, 3, 5, \cdots, 0, 2, 4, \cdots)$ の同型類は $\omega+\omega$ であり，これを $\{0,1\} \times \omega$ 上の辞書式順序と見ることもでき，$\omega+\omega=\omega \cdot 2$ が成り立つ．

順序数は乗法の可換性も成り立たないことを見よう．

例題 1.34 $2 \cdot \omega = \omega$ であり，$\omega \cdot 2 \neq \omega$ であることを示せ．

(解答) $2 \cdot \omega$ の表す順序集合は $\mathbb{N}_0 \times \{0, 1\}$ 上の辞書式順序，

$$(0,0), (0,1), (1,0), (1,1), (2,0), (2,1), \cdots$$

である．この順に $0, 1, 2, \cdots$ と $\mathbb{N}_0$ の元を対応させれば，$(\mathbb{N}_0, <)$ と順序同型を作ることができる．ゆえに，$2 \cdot \omega = \omega$ である．

例 1.21 で与えられた $\mathbb{N}_0$ 上の $\omega \cdot 2$ と同型な整列順序を $\prec$ とする．φ を順序同型 $\varphi : (\mathbb{N}_0, \prec) \to (\mathbb{N}_0, <)$ と仮定する．例 1.19 の直前に書いた注により，$(\mathbb{N}_0, \prec)$ の 0-切片と $(\mathbb{N}_0, <)$ の $\varphi(0)$-切片は順序同型である．前者は ω と同型であるが，後者は，有限順序数であり矛盾する．ゆえに $\omega \cdot 2 \neq \omega$ である． □

注 1.15 順序数の加法，乗法は可換ではないが，結合法則は満たす．

ここで順序数の大小を定義しよう．順序数 α が順序数 β の切片と順序同型になっているとき，$\alpha < \beta$ と定義する．このとき，整列集合の比較定理から以下の定理が導ける．

---

*21） 前節の例題 1.13 参照．
*22） このような直積集合 $B \times A$ 上の順序を**辞書式順序**という．

定理 1.2 任意の順序数 α, β は $\alpha = \beta$, $\alpha < \beta$, $\beta < \alpha$ のうち，ただ1つが成り立つ．

注 1.16 この定理は，順序数の間の順序が比較可能であることを意味している．

順序数を小さい順に並べると，次のようになる．

$$0, 1, 2, 3, \cdots, \omega, \omega + 1, \omega + 2, \cdots, \omega + \omega = \omega \cdot 2, \omega \cdot 2 + 1, \cdots,$$
$$\omega \cdot \omega = \omega^2, \omega^2 + 1, \cdots, \omega^\omega, \cdots.$$

注 1.17 B から A への写像全体の集合を A^B と書く．順序数の順序数乗 α^β とは，α, β の表す整列集合 A, B に対して，$C = \{f \in A^B |$ 有限個の $x \in B$ 以外 $f(x) = \min(A)\}$ に入る以下で定義される整列集合 $(C, \prec)$ の表す順序数と定義する．

$$f_1 \prec f_2 \Leftrightarrow f_1(x) \neq f_2(x) \text{ となる最大の } x \in B \text{ において } f_1(x) \prec_A f_2(x).$$

つまり，C の順序は B の逆順に A の直積を $\cdots A \times A \times A$ と並べたとき構成される整列辞書式順序と考えれば良い．

1.3.3 集合の濃度

1.3.3.1 濃度

前節において「濃度の大小」,「濃度が等しい」は定義したが，ここでは濃度そのものを定義しよう．

定義 1.18（濃度） 集合全体に，$A \approx B$（対等）によって同値関係を入れたとき，集合 A の同値類のことを $|A|$ と書き，A の**濃度**[*23)] という．

注 1.18 前節で扱った「濃度の大小関係」, $|A| < |B|$ や，$|A| \leq |B|$ は，例 1.9 が示すように集合の間の順序関係を与えてはいないが濃度の間には順序を与えている．前節の例題 1.12 が示すように有限集合の場合，要素の数が異なれば異なる同値類に属するので，それらの濃度は $\mathbb{N}_0$ と対応がある．その場合，濃度の同値類も $|\langle n \rangle| = n$ のように書く．可算集合の濃度は $\aleph_0$ のように書き，アレフゼロとよむ．また，$\aleph_n$ より真に大きい濃度のうちで最小なものを $\aleph_{n+1}$ と書く．濃度全体は，

$$0, 1, 2, 3, \cdots, \aleph_0, \aleph_1, \cdots, \aleph_n, \cdots, \aleph_{\aleph_0}, \cdots$$

のように並べられる．この順序と順序数との類似が見て取れるが，それは選択公理を用いて示される．$|\mathbb{R}|$ を $\mathfrak{c}$ と書き，**連続体濃度**という．

---

*23) 集合をいくつか集めたものや濃度全体は一般には集合ではなく**クラス**とよばれる．ここではクラスにおける同値関係を導入し，同値類をとったものと考えるとよい．

例題 1.35 $|\mathbb{N}^2| = \aleph_0$ であることを示せ．また，$|\{0,1\}^{\mathbb{N}}| \neq \aleph_0$ であることを示せ．

(解答) $N_n = \{(a,b) \in \mathbb{N}^2 | a+b = n+1\}$ と定義する．$\mathbb{N}^2 = \coprod_{k=1}^{\infty} N_k$ と表され，各 N_k は有限であるから，$N_1, N_2, \cdots$ に順に $\mathbb{N}$ の元を割り当てることで，全単射 $\mathbb{N}^2 \to \mathbb{N}$ が得られる*24)．よって，$|\mathbb{N}^2| = \aleph_0$ となる．

次に $\{0,1\}^{\mathbb{N}} \approx \mathcal{P}(\mathbb{N})$ であることを示す．全単射を以下のようにして定義する．

$$\{0,1\}^{\mathbb{N}} \to \mathcal{P}(\mathbb{N}) \quad (f \mapsto f^{-1}(1)).$$

もし $f_1^{-1}(1) = f_2^{-1}(1) = A$ であれば，$f_1^{-1}(0) = f_2^{-1}(0) = A^c$ であり，これは，f_1, f_2 が写像として同じであることを示しているので単射性がわかる．全射であることは，任意の $A \subset X$ から，

$$f(x) = \begin{cases} 1 & (x \in A), \\ 0 & (x \notin A) \end{cases}$$

として $f \in \{0,1\}^{\mathbb{N}}$ を定義すれば，$f \mapsto f^{-1}(1) = A$ であることによる．全単射 $\mathcal{P}(\mathbb{N}) \to \mathbb{N}$ の存在を仮定すると，$A_1, A_2, \cdots$ として，すべての $\mathcal{P}(\mathbb{N})$ の元を並べられる．このとき，$B = \{n \in \mathbb{N} | n \notin A_n\} \in \mathcal{P}(\mathbb{N})$ を定義すると，B は任意の $n \in \mathbb{N}$ において $B \neq A_n$ であり矛盾する．$\{0,1\}^{\mathbb{N}} \not\approx \mathbb{N}$ であったので，$|\{0,1\}^{\mathbb{N}}| \neq \aleph_0$ である． □

注 1.19 この例題の最後に用いられた議論も対角線論法である．

A を集合とすると $A^{\mathbb{N}}$ は A の点列の集合として $\{(a_n) | n \in \mathbb{N}, a_n \in A\}$ と表せることにも注意しておく．また $\mathbb{N}$ の順序の意味も込めて，A^{ω} と書くこともある．

例題 1.36 $\mathfrak{c} = |\{0,1\}^{\mathbb{N}}|$ であることを示せ．

(解答) 2 進法を用いて，$(0,1) \ni x = \sum_{k=1}^{\infty} \frac{a_k}{2^k} \mapsto (a_k) \in \{0,1\}^{\mathbb{N}}$ とすれば，単射が構成できる*25)．また，4 進法を用いて $\{0,1\}^{\mathbb{N}} \ni (b_k) \to \sum_{k=1}^{\infty} \frac{b_k+1}{4^k} \in (0,1)$ とすると，この写像は単射である．ゆえに，$|\{0,1\}^{\mathbb{N}}| \leq \mathfrak{c} \leq |\{0,1\}^{\mathbb{N}}|$ となり，ベルンシュタインの定理により，$|\{0,1\}^{\mathbb{N}}| = \mathfrak{c}$ がわかる． □

注 1.20 これにより，$\aleph_0 < \mathfrak{c}$ であることがわかるが，実際 $\mathfrak{c} = \aleph_1$ であろうという命題を**連続体仮説**という．連続体仮説は，公理化された集合論（公理的集合論という）において独立な命題である*26) ことが示されている．

*24) 例題 1.18 の解答の中で，単射 $\mathbb{N}^2 \to \mathbb{N}$ は構成したが，全単射は具体的に構成していなかった．

*25) 2 進小数展開を $0.1 = 0.0111\cdots$ のように有限展開を無限展開に直しておく．

*26) 公理的集合論に連続体仮説を導入してもその否定を導入しても無矛盾である．

1.4 選択公理

本節は選択公理を取り扱う．選択公理の主張は後に詳述するが，その内容は感覚としては明らかであるが，集合論の範疇でそれを証明することはできない[*27]．しかし，選択公理を認めずに数学の議論をしても，これまでの例でもみてきたように，多くの本質的と思えないところで数学が進めなくなってしまう．従って，選択公理は，集合を扱う上での約束事として認めて進むことも多い．また，選択公理はある種の存在定理であり，場面によっては超越的（とも思える）操作を含んでいることがある．

1.4.1 選択公理といくつかの同値命題

選択公理と，下のいくつかの命題との同値性を例題を通して証明していくことで選択公理とは一体何を主張したい公理なのかの理解を深めていこう．

- 選択公理
- 整列可能定理
- テューキーの補題
- ツォルンの補題

本書では以下に示した箇所でこれらの命題の関係性を示す．

$$\text{選択公理} \underset{\substack{\text{例題 1.39}\\ \text{例題 1.40–1.42}}}{\Leftrightarrow} \text{整列可能定理} \underset{\text{例題 1.43}}{\Rightarrow} \text{テューキーの補題}$$

$$\underset{\text{例題 1.45}}{\Rightarrow} \text{ツォルンの補題} \underset{\text{例題 1.46}}{\Rightarrow} \text{選択公理}$$

1.4.2 直積集合と選択公理

有限個の集合の直積はすでに定義をした．ここでは，無限直積も含めた一般的な形で直積をもう一度定義しよう．$\mathcal{X}$ が**集合族**であるとは集合をいくつか集めた集合のことを指す．例えば，集合 A のべき集合 $\mathcal{P}(A)$ の部分集合は，集合族の一例であるが，これを A の**部分集合族**という．$\mathcal{X}$ を集合族，Λ を集合とし，写像 $\nu : \Lambda \to \mathcal{X}$ $(\nu(\lambda) = X_\lambda)$ を考える．集合族 $\{(\lambda, X_\lambda) \in \Lambda \times \mathcal{X} | \lambda \in \Lambda\}$ は，$\Lambda \times \bigcup \mathcal{X}$ の部分集合族と考えられる[*28]．この集合族のことを **Λ によって添え字づけられた集合族**といい，簡単に $\{X_\lambda | \lambda \in \Lambda\}$ と表すことにしよう．

定義 1.19（選択関数と直積集合） $\mathcal{X}$ を Λ によって添え字づけられた集合族 $\{X_\lambda | \lambda \in \Lambda\}$ とする．写像 $f : \Lambda(\approx \mathcal{X}) \to \bigcup \mathcal{X}$ で，$\forall \lambda \in \Lambda(f(\lambda) \in X_\lambda)$ を満たすものを**選択関数**という．選択関数全体の集合を $\mathcal{X}$ の**直積集合**といい，

---

*27） 現に，選択公理は他の集合の公理系（ツェルメロ–フレンケルの集合論）からは独立であることがゲーデルとコーエンによって証明されている．

*28） 和集合 $\bigcup \mathcal{X}$ とは，$\bigcup_{\lambda \in \Lambda} X_\lambda$ のことである．

$\prod_{\lambda \in \Lambda} X_\lambda$ と書く．

添え字づけられた集合族 $\mathcal{X}$ が**空集合を含む**とは，$\exists \lambda \in \Lambda (X_\lambda = \emptyset)$ を満たすこととする．ここで次の例題を解こう．

例題 1.37 添え字づけられた集合族 $\mathcal{X} = \{X_\lambda | \lambda \in \Lambda\}$ が空集合を含むとき，$\prod_{\lambda \in \Lambda} X_\lambda = \emptyset$ であることを示せ．

(解答) $\prod_{\lambda \in \Lambda} X_\lambda \neq \emptyset$ を仮定すると選択関数 $f : \Lambda \to \bigcup \mathcal{X}$ が存在する．しかし $X_\lambda = \emptyset$ となる $\lambda \in \Lambda$ に対して，$f(\lambda) \in X_\lambda$ とできず矛盾する． □

選択公理とは例題 1.37 の裏命題がいつでも満たされるという公理である．

公理 1.1（選択公理） 空集合を含まない添え字づけられた任意の集合族に対して，選択関数が存在する．

つまり選択公理とは集合族 $\mathcal{X}$ が空集合を含まなければ，$\mathcal{X}$ のそれぞれの集合から 1 つずつ元を選び出せるという主張である．それゆえ，この公理は，選択公理と呼ばれる．この公理は，集合族が有限の場合，集合 A が空でないことの定義 $A \neq \emptyset \Leftrightarrow \exists x \in A$ を有限回繰り返したものであり，いつでも真となる．しかし無限集合族の場合には，この操作は有限回後に終らないのだから明らかではなくなる．

注 1.21 選択公理は，任意の空集合を含まない添え字づけられた集合族に対する命題である．個々の無限族において元が取れることが不明なのではない．例えば，集合族 X^Λ には，$x \in X$ をとれば $\forall \lambda \in \Lambda (f(X_\lambda) = x)$ なる選択関数 f が存在する．

1.4.3 整列可能定理

選択公理と同値な 1 つ目の命題は整列可能定理である．

定理 1.3（整列可能定理） 任意の集合 A に整列順序が存在する．

前節で，集合の濃度には順序構造が与えられることを述べたが，濃度の比較可能性はどうだろうか？ 実は整列可能定理から濃度の比較可能性が保証される．

例題 1.38 整列可能定理を用いて，任意の 2 つの集合 A, B は，$A \approx B$, $|A| < |B|$, $|B| < |A|$ のいずれかがただ 1 つだけ成り立つことを示せ．

(解答) 整列可能定理から，A, B に整列順序を入れておく．このとき，整列集合の比較定理より，これらの順序は順序同型，もしくは，A は B の切片，もしくは，B は A の切片であり，よって単射 $A \to B$ か $B \to A$ が存在する．もし

$A \not\approx B$ なら $|A| < |B|$ もしくは $|B| < |A|$ であり，例題が成り立つ． □

まずは，整列可能定理から選択公理が成り立つことを証明しよう．

例題 1.39 整列可能定理を仮定すれば，選択公理が成り立つことを示せ．

(解答) 任意の添字づけられた集合族を $\mathcal{X} = \{X_\lambda | \lambda \in \Lambda\}$ とする．整列可能定理により $X = \bigcup_{\lambda \in \Lambda} X_\lambda$ に整列順序 $\prec$ を入れる．このとき，X_λ の $\prec$ による最小元を x_λ とすると，$\lambda \mapsto x_\lambda$ は選択関数を与える． □

では，選択公理から整列可能定理はどのように証明されるだろうか？ 例題 1.40, 1.41, 1.42 で示されるが，そのアウトラインは次のようである．$A \neq \emptyset$ としよう．A から 1 つ a_0 を選ぶ．また，$A \setminus \{a_0\}$ が空でないなら，この集合から a_1 を選ぶ．このように順に元を選んでいき，一般に $A \setminus \{a_0, a_1, \cdots\}$ から元を選ぶ．このように A の元を選んで並べていくとき，問題は，このようにして A 全体に整列順序が入るかどうかである．

証明の本題に入ろう，$\mathcal{X} = \mathcal{P}(A) \setminus \{\emptyset\}$ として，部分集合族 $\mathcal{X}$ の選択関数 $\varphi : \mathcal{X} \to \bigcup \mathcal{X}$ の存在を仮定し，今後それを固定して考える．A の整列部分集合 S で，

$$a \in S \Leftrightarrow a = \varphi(A \setminus S_a) \tag{1.2}$$

を満たすものを考える*29)．A が空でなければ，$a_0 = \varphi(A)$ とおくと，整列部分集合 $S = \{a_0\}$ がとれるので (1.2) を満たす整列部分集合 S は存在する．

例題 1.40 (1.2) を満たす A の整列部分集合 S, S' は，その一方が，もう片方の始切片であることを示せ．

(解答) S, S' の最小元に対して (1.2) を考えれば，それらは一致し a_0 とする．つまり，$a_0 \in S, S'$ である．整列集合の比較定理から，S, S' は，どちらかがどちらかの始切片に順序同型である．$f : S \to S'$ をそのような順序埋めこみとする．$f(x) \neq x$ となる S の部分集合が空ではないと仮定する．その部分集合の最小元を c とする．このとき，$S_c = S'_c$ であり，f の S_c への制限は包含写像 $S_c \hookrightarrow S'$ を与え，その像は S' の始切片である．いま，$c = \varphi(A \setminus S_c) = \varphi(A \setminus S'_c)$ であり，$c \in S'$ である．c は S'_c の直後の元*30)であるから，順序包含写像は，$S_{c+1} \hookrightarrow S'$ として延長する．これは，$f(c) \neq c$ であることに矛盾する．ゆえに，$\forall x \in S (f(x) = x)$ であり，すなわち，$S \subset S'$ であり，S は S' の始切片である． □

次に以下の例題を示そう．

---

*29) 整列部分集合とは，空ではない A の部分集合のことである．S_a は S の a-切片である．

*30) $S' \setminus S'_c \subset S'$ の最小元のこと．

例題 1.41 (1.2) を満たす A の整列部分集合 S のすべての和集合を $\mathfrak{S}$ とする．$\mathfrak{S}$ もまた，(1.2) を満たす整列部分集合であることを示せ．

（解答） 相異なる $\forall x, y \in \mathfrak{S}$ をとる．例題 1.40 から，x, y のどちらも含む整列集合 $S \subset \mathfrak{S}$ で (1.2) を満たすものが存在することがわかる．S の整列順序 $x \prec_S y$ を用いて，$\mathfrak{S}$ の順序を $x \prec_{\mathfrak{S}} y$ と定義すれば，$\prec_{\mathfrak{S}}$ は全順序である．$\prec_{\mathfrak{S}}$ は，そのような S の取り方によらず定まる．$C \subset \mathfrak{S}$ を空ではない部分集合とする．$x \in C$ に対して，$x \in S$ なる (1.2) を満たす $\mathfrak{S}$ の整列部分集合 S をとる．$S \cap C$ には最小元 x_0 が存在する．もし，$y \prec x_0$ となる $y \in C$ が存在すると，$y \in S$ であるから，x_0 の $S \cap C$ における最小性に反する．ゆえに，x_0 は C の最小元である．このことから，$\mathfrak{S}$ は A の整列部分集合である． □

つまり，$\mathfrak{S}$ は，(1.2) を満たす最大の A の整列部分集合である．したがって，整列可能定理を示すために以下の例題が解ければよい．

例題 1.42 例題 1.41 の仮定の下，$A = \mathfrak{S}$ であることを示せ．

（解答） $A \setminus \mathfrak{S} \neq \emptyset$ とする．$\alpha = \varphi(A \setminus \mathfrak{S})$ としよう．このとき，$\mathfrak{S}' = \mathfrak{S} \cup \{\alpha\}$ とおくと $\mathfrak{S}$ に α を追加することで，$\mathfrak{S}'$ に，整列順序を構成できる．$\mathfrak{S}'$ は，(1.2) を満たす A の整列部分集合であるが，$\mathfrak{S}$ の最大性に矛盾する．ゆえに，$A = \mathfrak{S}$ が成り立つ． □

以上により，選択公理が整列可能定理と同値であることが示された．

1.4.4 テューキーの補題

選択公理と同値な 2 つ目の命題は，テューキー（Tukey）の補題である．まず極小元，極大元から定義しよう．

定義 1.20 順序集合 $(A, \preceq)$ において，$a \in A$ が，$\forall x \in A(x \preceq a \Rightarrow a = x)$（もしくは $\forall x \in A(a \preceq x \Rightarrow a = x)$）とするとき a は A の**極小元**（もしくは**極大元**）という．

例 1.22 極小元, 極大元と最小元, 最大元の意味の違いを理解しよう．$\mathcal{P}(\{0,1\}) \setminus \{\emptyset\}$ 上に，包含関係 $\subset$ を順序 $\preceq$ として順序集合を考える．これには，最小元は存在しないが，極小元 $\{0\}, \{1\}$ は存在する．一般に，最大元，最小元はあれば 1 つだが，極小元，極大元は 1 つとは限らない．

ここで有限特性について定義しておこう．

定義 1.21 ある集合族 $\mathcal{F}$ が**有限特性**を持つとは，$A \in \mathcal{F} \Leftrightarrow \forall B \subset A(|B| < \aleph_0 \Rightarrow B \in \mathcal{F})$ を満たすことをいう．

注 1.22　$V = \mathbb{R}[x]$ を $\mathbb{R}$ 係数多項式からなるベクトル空間とする．$\mathcal{F}' = \{S \subset V | S$ は一次独立[*31]な有限個のベクトルの集合$\}$ とすると，この集合は有限特性を持たない．確かに，$\forall S \in \mathcal{F}'$ の任意の有限部分集合は $\mathcal{F}'$ の元だが有限特性条件の $(\Leftarrow)$ を満たさない．定義 1.21 の A は有限とは限らないのだから，$\{1, x, x^2, \cdots\} = \{x^n \mid n \in \mathbb{N}_0\}$ も集合族 $\mathcal{F}$ の中に含めなければならないからである．

正しく直すと，次のようになる．

例 1.23　V を注 1.22 と同じとする．V の部分集合族 $\mathcal{F}$ を $\{S \subset V | \forall B \subset S(|B| < \aleph_0 \Rightarrow B$ は一次独立$)\}$ と定義すると，$\mathcal{F}$ は有限特性をもつ．

以下は，テューキーの補題と呼ばれる．

補題 1.1（テューキーの補題）　集合 A の任意の空ではない部分集合族 $\mathcal{F} \subset \mathcal{P}(A)$ が有限特性をもつなら，$\forall X \in \mathcal{F}$ に対して，$X \subset Y$ なる包含関係における極大元 $Y \in \mathcal{F}$ をもつ．

注 1.23　例 1.23 において，$X = \{1, x\}$ とすると，$X \subset Y$ なる 1 つの極大元 Y として $Y = \{1, x, x^2, \cdots\}$ が存在する．一般化すれば，任意のベクトル空間 V において $\mathcal{F} = \{S \subset V | \forall B \subset S(|B| < \aleph_0 \Rightarrow B$ は一次独立$)\}$ の極大元は V の基底[*32]と一致する．

例題 1.43　整列可能定理を用いてテューキーの補題を証明せよ．

証明の方針は，X を包むある集合列 $X \subset Y_1 \subset Y_2 \subset \cdots$ $(Y_\alpha \in \mathcal{F})$ のすべての和集合が極大元になることを述べていけばよいのだが，その列の存在を整列可能定理によって保証する．参考文献 [1] に倣って証明していこう．

（解答）　$\mathcal{F}$ を集合 A の有限特性をもつ部分集合族とする．整列可能定理から，整列集合 κ からの全単射 $\kappa \to A$ $(\alpha \mapsto x_\alpha)$ をとる．$X \in \mathcal{F}$ を任意にとる．$Y_0 = X$ とし，$\forall \alpha < \kappa$ に対して

$$Y_{\alpha+1} = \begin{cases} Y_\alpha \cup \{x_\alpha\}, & Y_\alpha \cup \{x_\alpha\} \in \mathcal{F}, \\ Y_\alpha, & Y_\alpha \cup \{x_\alpha\} \notin \mathcal{F} \end{cases}$$

とする．また，β が極限順序数[*33]の場合は，$Y_\beta = \bigcup_{\gamma < \beta} Y_\gamma$ と定義する．このように包含列 $Y_0 \subset Y_1 \subset \cdots \subset Y_\alpha \cdots$ を $\alpha \leq \kappa$ において構成することができる．

*31)　$\boldsymbol{v}_1, \boldsymbol{v}_2, \cdots, \boldsymbol{v}_n \in V$ が $\mathbb{R}$ 上一次独立とは，$c_i \in \mathbb{R}$ $(i = 1, \cdots, n)$ が $c_1\boldsymbol{v}_1 + c_2\boldsymbol{v}_2 + \cdots + c_n\boldsymbol{v}_n = \boldsymbol{0} \Rightarrow c_1 = c_2 = \cdots = c_n = 0$ であることをいう．

*32)　ベクトル空間 V の**基底** $\mathcal{B}$ とは，$\mathcal{B}$ の任意の有限部分集合 $\mathcal{B}'$ が一次独立であり，V の任意の元が，$\mathcal{B}$ のある有限個のベクトルの一次結合によって表されるものをいう．

*33)　β が**極限順序数**であるとは，β-切片に最大元が存在しないような順序数のことである．

ここで，$\forall\alpha \leq \kappa(Y_\alpha \in \mathcal{F})$ であることは，超限帰納法と有限特性により証明できる．上の構成は $\alpha = \kappa$ のときも定義できていることに注意しよう．$Y := Y_\kappa$ とおくと Y が極大元であることを証明しよう．$Y \subsetneq {}^\exists Z \in \mathcal{F}$ とする．このとき，$x_\delta \in Z \setminus Y$ となる $\delta < \kappa$ をとると，定義から，$Y_\delta \cup \{x_\delta\} \notin \mathcal{F}$ である．しかし，$Y_\delta \cup \{x_\delta\} \subset Z$ であり，$Z \in \mathcal{F}$ であるので $Y_\delta \cup \{x_\delta\} \in \mathcal{F}$ でなければならない．これは矛盾である．ゆえに，$Y \in \mathcal{F}$ は X を包む包含関係における極大元である． □

証明の途中で超限帰納法が出てきたので，ここで，証明なしで記しておく．要するに任意の順序数に一般化された数学的帰納法のことである[*34)]．

定理 1.4（超限帰納法） κ を順序数とし，$P(\alpha)$ を $\forall\alpha < \kappa$ に対して定義された命題とする．$P(0)$ が成り立ち，$\forall\alpha < \kappa$ に対して，

$$\forall\beta < \alpha(P(\beta)) \Rightarrow P(\alpha)$$

が成り立つなら，$\forall\alpha < \kappa$ において $P(\alpha)$ が成り立つ．

例 1.23 の状況を任意のベクトル空間に一般化して，テューキーの補題を用いると，以下が主張できる．

定理 1.5 任意のベクトル空間には基底が存在する．

例 1.24（ハメル基） $\mathbb{R}$ は $\mathbb{Q}$ 上のベクトル空間である．定理 1.5 を用いると $\mathbb{R}$ には $\mathbb{Q}$ 上の基底 $\mathcal{B}$ が存在する．この基底のことを**ハメル基**[*35)]という．$\mathcal{B}$ の存在は保証されたが具体的にハメル基を 1 つ与えることは難しい．

1.4.5 ツォルンの補題

選択公理と同値な 3 つ目の命題はツォルンの補題である．まずは，以下の用語を定義しよう．

定義 1.22（下界，上界，下限，上限） $(X, \preceq)$ を順序集合とし，$A \subset X$ とする．$x \in X$ が A の**下界**（もしくは**上界**）であるとは，$\forall a \in A(x \preceq a)$（もしくは $\forall a \in A(a \preceq x)$）となる元と定義する．さらに $A^- = \{x \in X | x$ は A の下界$\}$，$A^+ = \{x \in X | x$ は A の上界$\}$ とする．$A^- \neq \emptyset$ のとき（もしくは $A^+ \neq \emptyset$）を A は**下に有界**（もしくは**上に有界**）という．上に有界かつ下に有界である場合，A は単に**有界**という．$\max(A^-)$ が存在する場合，$\max(A^-)$ を A の**下限**といい，$\inf(A)$ とかく．また，$\max(A^+)$ が存在する場合，$\max(A^+)$ を A の**上限**といい，$\sup(A)$ と書く．

---

*34) ω の場合に行ったものが通常の自然数について行う数学的帰納法である．

*35) 特に $\mathcal{B}$ は連続体濃度をもつ．

例 1.25 2点集合のべき集合 $\mathcal{P}(\{0,1\})$ に例題 1.21 のように包含関係 $\subset$ により半順序を考える．$A = \{\{0\},\{1\}\}$ とすれば，$A^- = \{\emptyset\}, A^+ = \{\{0,1\}\}$ である．また，半順序 $\mathcal{P}(\{0,1\}) \setminus \{\emptyset\}$ は下に有界ではない．

注 1.24 A に最小元，最大元が存在する場合，それらはそれぞれ A^-，A^+ の元である．

注 1.25 inf や sup は min や max と同様の概念だが，$\min, \max$ と違って，A の元でなくても良い．また，$X = \mathbb{R}$ の有界な部分集合 A には，実数の完備性[*36]から $\inf(A), \sup(A)$ は存在する．

完備な空間でなければ，$\inf(A), \sup(A)$ が存在しない集合は存在する．$X = \mathbb{Q}$ とし，$A = (-\sqrt{2}, \sqrt{2}) \cap X$ とする．このとき A の上界，下界として，$2, -2$ が存在するので，A は有界な集合であるが A の上限，下限は存在しない．

定義 1.23（帰納的順序集合） 順序集合 $(X, \preceq)$ の任意の全順序部分集合 A が上界をもつとき，$(X, \preceq)$ を帰納的という．

注 1.25 に書いたように，A に上界が存在するからといって極大元や上限をもつ必要はない．

例 1.26 順序に関していくらでも大きくできるような順序集合は，帰納的ではない．例えば，$B(x,\epsilon) = \{y \in \mathbb{R}^2 | d_2(x,y) < \epsilon\}$ とし，包含関係を順序とした順序集合 $\mathcal{B} = \{B(x,\epsilon) \subset \mathbb{R}^2 | x \in \mathbb{R}^2, \epsilon > 0\}$ は帰納的順序集合ではない[*37]．

例題 1.44 $X = \mathbb{Z}$ とし，$\mathcal{X} = \{n\mathbb{Z} | n \in \mathbb{N}_{>1}\}$ とすると，$\mathcal{X}$ は $\mathbb{Z}$ の部分集合族を与える．$\mathcal{X}$ は包含関係において帰納的集合であることを示せ．

（解答） $(n\mathbb{Z} \subset n'\mathbb{Z} \Leftrightarrow n'|n)$ である[*38]から，$(\mathcal{X}, \subset)$ の任意の全順序部分集合 $\mathcal{A}$ をある全順序集合 $(\alpha, \preceq)$ を使って，$\mathcal{A} = \{n_\lambda \mathbb{Z} | \lambda \in \alpha\}$ と表す．ここで $n_\lambda \in \mathbb{N}_{>1}$ であり，$\lambda, \lambda' \in \alpha$ $(\lambda \preceq \lambda' \Rightarrow n_{\lambda'} | n_\lambda)$ とする．(n_λ) は単調減少であり，下に有界なので，最小元 $n \in \mathbb{N}_{>1}$ が存在して，$\{n_\lambda \in \mathbb{N}_{>1} | \lambda \in \alpha\}$ の全ての元は，n で割り切れる．ゆえに $n\mathbb{Z} \in \mathcal{X}$ が $\mathcal{A}$ の上界となる． □

ツォルンの補題は次である．

補題 1.2（ツォルンの補題） X を帰納的順序集合とする．このとき，X には極大元が少なくとも1つ存在する．

テューキーの補題を用いてツォルンの補題を示そう．

---

*36) 任意のコーシー列が収束する距離空間．

*37) $d_2(x,y)$ は平面上の x から y までの距離．

*38) $n'|n$ は n' が n の約数であることを表す．

例題 1.45 テューキーの補題からツォルンの補題を証明せよ．

(解答) $(X, \preceq)$ を帰納的順序集合とし，X の部分集合族 $\mathcal{F}$ を $\{(A, \preceq) | (A, \preceq)$ は $(X, \preceq)$ の全順序部分集合$\}$ と定義する．$\{\emptyset\} \in \mathcal{F}$ であるので，$\mathcal{F} \neq \emptyset$ である．$\mathcal{F}$ は有限特性をもつことを示す．$(A, \preceq) \in \mathcal{F}$ において，A の任意の有限部分集合も全順序部分集合である．逆に，A の任意の有限部分集合が $\mathcal{F}$ の元であるとすると，$\{x\} \subset A$ をとれば $A \subset X$ は明らかであり，$\forall\{x, y\} \subset A$ をとれば x, y を適当に入れかえることで $x \preceq y$ とすれば，A は X の全順序部分集合である．ゆえに，$A \in \mathcal{F}$ であり $\mathcal{F}$ は有限特性をもつ．

テューキーの補題から，$\forall(A, \preceq) \in \mathcal{F}$ において包含関係の極大元 $(A, \preceq) \subset (Y, \preceq)$ が存在する．これは，順序埋め込み $(A, \preceq) \hookrightarrow (Y, \preceq)$ を意味する．Y に $\preceq$ に関する極大元が存在しないと仮定しよう．しかし $(Y, \preceq)$ は帰納的順序集合 $(X, \preceq)$ の全順序部分集合だから，上界 $a \in X \setminus Y$ が存在する．つまり，$\forall y \in Y$ に対して，$y \prec a$ である．ゆえに，$Y \cup \{a\}$ は再び全順序集合であり，$Y \cup \{a\} \in \mathcal{F}$ である．これは，$(Y, \preceq)$ の極大性に反する．よって，Y には極大元 y_0 が存在する．また，y_0 は X での極大元でもあることは，今示した通りである． □

注 1.26 逆に，ツォルンの補題からテューキーの補題を証明することもできる．任意の有限特性をもつ部分集合族 $\mathcal{F} \subset \mathcal{P}(A)$ は必ず，包含関係において帰納的である．実際，$\mathcal{F}$ の全順序部分集合族 $\mathcal{A} \subset \mathcal{F}$ の和集合 $\bigcup \mathcal{A}$ は全順序部分集合で，$\mathcal{F}$ において包含関係における $\mathcal{A}$ の上界である*39)．ツォルンの補題から，$\forall(A, \preceq) \in \mathcal{F}$ に $(A, \preceq) \subset (C, \preceq)$ なる包含関係における極大元 $(C, \preceq) \in \mathcal{F}$ が存在する．

さて，ツォルンの補題から選択公理が成り立つことを示し，同値性の証明を終えよう．

例題 1.46 ツォルンの補題から，選択公理を証明せよ．

(解答) $\mathcal{X} = \{X_\lambda | \lambda \in \Lambda\}$ を空集合を含まない添字づけられた集合族とする．$\mathcal{F} = \{f_{\Lambda'} : \Lambda' \to \cup\mathcal{X} | \forall \Lambda' \subset \Lambda,\ f_{\Lambda'}$ は Λ' の選択関数$\}$ とおこう*40)．$f_{\Lambda_1}, f_{\Lambda_2} \in \mathcal{F}$ に対して，$f_{\Lambda_1} \preceq f_{\Lambda_2} \Leftrightarrow (\Lambda_1 \subset \Lambda_2) \wedge (f_{\Lambda_1}$ は f_{Λ_2} の制限$)$ として $\mathcal{F}$ に順序を定めることができる．$C = \{f_{\Lambda_\alpha} | \alpha \in A\} \subset \mathcal{F}$ を $\mathcal{F}$ の全順序部分集合とすると，$f : \bigcup_{\alpha \in A} \Lambda_\alpha \to \cup\mathcal{X}$ を $\lambda \in \Lambda_\alpha$ に対して $f(\lambda) = f_{\Lambda_\alpha}(\lambda)$ として定義できて，f は C の上界であるので，$\mathcal{F}$ は帰納的順序集合である．よって，ツォルンの補題により，$\mathcal{F}$ には極大元 $F : \Lambda \to \cup\mathcal{X}$ が存在する．F の始域が Λ であることは，極大性からわかる．この F が集合族 $\mathcal{X}$ の選択関数である． □

*39) 有限特性より．
*40) $\lambda \in \Lambda' (f_{\Lambda'}(\lambda) \in X_\lambda)$ を満たすもの．

1.4.6　ツォルンの補題の応用：極大イデアルの存在性の証明

最後にツォルンの補題を用いて極大イデアルの存在を示しておこう．

交換法則，結合法則をもつ加法と乗法 $+, \cdot$ の演算の存在する集合 R で，それぞれの演算の単位元 $0, 1$ 及び加法の逆元の存在，分配法則 $a\cdot(b+c) = a\cdot b + a\cdot c$ が成り立つものを**可換環**という．$I \subset R$ で，$\forall a \in R \wedge \forall r, s \in I (r+s \in I \wedge a\cdot r \in I)$ となるものを**イデアル**という．$\mathcal{I} = \{I \subset R | I$ はイデアル$\} \setminus \{R\}$ は R の部分集合族であり，この集合族の包含関係 $\subset$ による極大元のことを**極大イデアル**という．

> **例題 1.47**　任意の 0 でない可換環 R と R ではない任意のイデアル I に対して I を含む極大イデアルが存在する．

(解答)　$I \in \mathcal{I}$ とする．イデアル族 $\mathcal{J} = \{J \subsetneq R | J$ は I を含むイデアル$\}$ が帰納的順序集合であることを示せればツォルンの補題から $\mathcal{J}$ には極大元つまり，I を含む極大イデアルが存在することになる．

$\mathcal{J}$ が帰納的であることを示そう．$\mathcal{A}$ を $\mathcal{J}$ のある全順序部分集合で，全順序集合 $(A, \leq)$ を用いて $\mathcal{A} = \{J_\alpha \in \mathcal{J} | \alpha \in A\}$ と表されるものとしよう．ただし，$\alpha \leq \beta$ なら $J_\alpha \subset J_\beta$ である．このとき，$J_\infty = \bigcup \mathcal{A}$ とおくと，J_∞ は $I \subset J_\infty$ であるイデアルであることはすぐわかる*41)．また，$1 \in J_\infty$ と仮定すると，$\exists \alpha \in A (1 \in J_\alpha)$ より，$J_\alpha = R$ となるので仮定に反する．ゆえに，$J_\infty \in \mathcal{J}$ である．また，$\forall J_\alpha \subset J_\infty$ より，J_∞ は $\mathcal{A}$ の上界である．よって，$\mathcal{J}$ は帰納的順序集合である．　□

注 1.27　例題 1.44 の $n\mathbb{Z}$ は，可換環 $\mathbb{Z}$ におけるイデアルの例になっており，この極大イデアルとは素数 p を用いて $p\mathbb{Z}$ と表されるもののことである．

1.5　公理的集合論

19 世紀末に始められた素朴集合論には，カントールやラッセルによって明らかになったいくつかの逆理が内在していた．その後，その公理化が急務とされ，20 世紀初頭にかけて次第に集合論が公理化されていった．一方，1931 年に発表されたゲーデルの不完全性定理は，公理化された（ある一定の）数学のモデルにおいて，そのモデル内で証明も反証もできない数学の命題が存在することを主張し，集合論の公理化の限界も示していた．

現代集合論において周知されているのが，ツェルメロやフレンケルらによる公理的集合論である．この節では彼らの公理的集合論の初歩を例題と共に歩む*42)．

---

*41)　例えば，$r, s \in J_\infty$ ならば，$\exists \alpha \in \mathcal{A}(r, s \in J_\alpha)$ より，$r + s \in J_\alpha \subset J_\infty$ である．

*42)　本書で述べる内容以降も公理的集合論は多くの魅力的な世界を含んでいる．それらの内容については多くの既刊書に委ねることにしたい．

公理的集合論は，集合と位相の初歩を学ぶ上で必ずしも必須事項とは言えないかもしれないが，集合論の常識としてだけでなくある一定の論理学としての厳密さを獲得するため，また今後の学習で位相空間の深部に到達するためにも必要となるだろう．感覚としては線形代数において行列の性質について一通り学んだ後に抽象ベクトル空間の公理を学ぶようなものだと考えるとよいかもしれない[*43)]．

1.5.1 素朴集合論における逆理

まずは素朴集合論におけるラッセルの逆理から始めよう．

例題 1.48（ラッセルの逆理） $A = \{x | x \notin x\}$ とする．A は素朴集合論において逆理を生むことを示せ．

（解答） A を集合とすると，$A \in A$ か，もしくは，$A \notin A$ のどちらかが成り立つ．しかし，$A \in A$ と仮定すると，A の条件から，$A \notin A$ であり，$A \notin A$ とすると，再び A の条件を用いて $A \in A$ となる．よって，逆理を生む． □

順序数とは，整列集合の順序同型類であった．順序数に関係する逆理の存在を示す前にまずは以下を示そう．

例題 1.49 α を順序数とする．このとき，$\beta < \alpha$ となる順序数全体 $\{\beta | \beta < \alpha\}$ は，順序数をなし，その順序同型類は α であることを示せ．

（解答） $B = \{\beta | \beta < \alpha\}$ とする．α を表す整列集合を A とする．このとき，$\beta < \alpha$ となる順序数は，A の切片の集合 $\{A_a | a \in A\}$ の中の唯 1 つの元と対応し，その対応を表す写像 $B \to \{A_a | a \in A\}$ は順序同型である（整列集合の剛性）．ただし，$\{A_a | a \in A\}$ は包含関係による順序を入れる．その順序集合は A と同型であり，B の順序同型類は α に等しい． □

ブラリ・フォルチは次の逆理を発見した．

例題 1.50（ブラリ・フォルチの逆理） すべての順序数からなる集合は，逆理を生むことを示せ．

（解答） Z をすべての順序数からなる集合とする．このとき，任意の順序数は比較可能（定理 1.2）なので Z は全順序集合である．$A \subset Z$ を任意の空ではない部分集合としよう．$\gamma \in A$ とし，例題 1.49 より γ より小さい順序数全体 C は整列集合なので，$C \cap A \neq \emptyset$ なら最小元をもち，それは A においても最小元である．$C \cap A = \emptyset$ なら γ が A において最小元となる．ゆえに，Z は整列集合であり，その同型類を ζ とおく．とくに，仮定から ζ は ζ を含むが，例題 1.49

*43） 公理の役割は 2 つある．1 つは抽象化して広いクラスの中から共通の性質を抜き出すことであり，もう 1 つは，公理から演繹できるすべての概念や主張に対象を制限することである．

から，ζ は ζ より小さい順序数しか含まないので，逆理を生む． □

1.5.2 ツェルメロ–フレンケルの集合論

この小節では，前小節の素朴集合論における逆理を反省し，ツェルメロ–フレンケルの集合論における公理を一つ一つ理解していこう．必要があれば例題，例，注などを与える．ここから先は，すべての集合は，ツェルメロ–フレンケルの意味での集合のことを指す．ここで，以下の点に注意しておこう．

注 1.28 • 以下の公理は，すべて論理記号 $\wedge, \vee, \neg, \rightarrow, \leftrightarrow, \forall, \exists$，特異記号 (,) および集合の組合せで書かれている．

- 論理記号 $\wedge, \vee, \neg$ はこれまで通り「かつ」,「または」および命題の否定の意味で用い，$\phi \rightarrow \psi$ を「ϕ ならば ψ」の意味で用いる．$\rightarrow$ や $\leftrightarrow$ は $\Rightarrow$ や $\Leftrightarrow$ と同じ意味だが，今後 $\Rightarrow$ や $\Leftrightarrow$ は証明の文章の中で主に用いる．
- 論理記号以外に登場する文字（変数）$x, y, z, \cdots$ はすべて集合を意味する．
- $x \in y$ などと書いて，x が y の要素（元）であることを表す記号とする．$\neg x \in y$ や $\neg x = y$ のことを，$x \notin y$ や $x \neq y$ と略記する．また，論理記号以外のすべての変数は集合であり，$x \in y$ のように書いたとき，y はもとより，x さえも集合である．
- 命題において，$\forall$ や $\exists$ によって限定されていない変数 $x, y, \cdots$ などのことを**自由変数**という．自由変数は，例えば，$\forall x \forall y(\cdots)$ などと命題の最初に補って理解するとよい．
- $\equiv$ を使って 2 つの命題の同値性を表す．

それでは，集合論の公理を一つ一つみてみることにしよう．

公理 1.2（外延性公理）$\forall z(z \in x \leftrightarrow z \in y) \rightarrow x = y$

この公理は，含まれる元に従って集合が一意に決まることを意味する．x, y が集合のとき，$x \subset y \leftrightarrow \forall a(a \in x \rightarrow a \in y)$ として，x が y の部分集合であると定義する．公理 1.2 は，$x = y \leftrightarrow x \subset y \wedge y \subset x$（定義 1.1）に相当する．

公理 1.3（内包性公理）$\exists y \forall z(z \in y \leftrightarrow (z \in x \wedge \varphi(z)))$

この公理の $\varphi(z)$ は，z を自由変数として含むあらゆる論理式に対して成り立つ．

注 1.29 自由変数 x は，既に集合として認められたものである．つまり，集合 x の元 z のうち，任意の論理式 $\varphi(z)$ を満たす全体の集合 y の存在を保証している．そのような y は外延性公理から一意であり，素朴集合論と同様の記号 $\{z | z \in x \wedge \varphi(z)\}$ もしくは $\{z \in x | \varphi(z)\}$ を用いる．

例 1.27 この公理から，自由変数 x を除くことはできない．もし除いて $\exists y \forall z(z \in y \leftrightarrow \varphi(z))$ としてやると，$\varphi(z)$ として $z \notin z$ と取ることもでき

て，直ちに，例題 1.48 のようなパラドックス（逆理）が得られてしまうからである．

公理 1.4（対の公理） $\exists z(x \in z \land y \in z)$

この公理は，自由変数 x, y を集合の元として含む集合の存在を認めている．

例題 1.51 外延性公理，内包性公理，対の公理から，x, y をちょうど含む集合が唯 1 つ存在することを示せ．

（解答） x, y に対して対の公理から存在が保証された集合 z をとる．$u = x \to u \in z$ かつ $u = y \to u \in z$ であるから，内包性公理から

$$\exists w \forall u(u \in w \leftrightarrow (u \in z \land (u = x \lor u = y))) \leftrightarrow \exists w \forall u(u \in w \leftrightarrow (u = x \lor u = y))$$

つまり，集合 w がそのような z に関係なく存在する．また，外延性公理からそのような w が唯 1 つ存在することが直ちにわかる． □

例題 1.51 で述べた集合を $\{x, y\}$ と書き表す．$x = y$ としてやることで，$\{x, x\} = \{x\}$ と書き，1 元集合*44) の存在も認められる．

公理 1.5（空集合の公理） $\exists z \forall x(x \notin z)$

この公理は，空集合を集合として認めることを意味している．

例題 1.52 内包性公理を公理に含めるかぎり，空集合の公理は，集合の存在公理 $\exists x(x = x)$ と同値になることを示せ．

（解答） 集合の存在公理と内包性公理から，x を集合とすると $\{y \in x | y \neq y\}$ は集合（特に空集合）となる．逆に，空集合の存在は集合の存在を意味する． □

外延性公理から空集合は唯 1 つ存在するのでそれを $\emptyset$ と書く．また，対の公理から，$\{\emptyset, \emptyset\} = \{\emptyset\} \neq \emptyset$ である．その証明は本質的に素朴集合論のもの（例題 1.3）と同じなので省略する．

公理 1.6（正則性公理） $\exists y(y \in x) \to \exists y(y \in x \land \neg \exists z(z \in x \land z \in y))$

この公理は言い換えれば，$x \neq \emptyset$ なら，$\exists y \in x(y \cap x = \emptyset)$ ということである．$\cap$ については後述の例 1.28 を参照せよ．正則性公理を用いて以下を示そう．

例題 1.53 $x = \{x\}, x \in x$ を満たす集合はいずれも存在しないことを示せ．

（解答） $\exists x(x \in x)$ を仮定すると，対の公理から $A = \{x, \{x\}\}$ は空集合ではない集合である．$y = x$ なら，$x \in y \land x \in A$ が成立し，$y = \{x\}$ としても，

*44) 1 つの元からなる集合のこと．

$x \in y \land x \in A$ が成立するので正則性公理に矛盾する．ゆえに，$x \in x$ を満たす集合 x は存在しない．

また，$x = \{x\}$ を仮定すると $x \in x$ を誘導するので，上記に矛盾し，$\exists x(x = \{x\})$ は成立しない． □

この例題 1.53 を用いて以下の例題を解こう．

例題 1.54 集合をすべて集めたものは集合ではないことを示せ．

（解答） 公理的集合論としての集合をすべて集めたものを U とし，それが集合となると仮定する．このとき，$U \in U$ であり，これは例題 1.53 に反する．ゆえに U は集合ではない． □

注 1.30 例題 1.48 で登場した $\{x|x \notin x\}$ は $\{x \in U|x \notin x\}$ と理解されるが，そもそも U が集合でないことから，内包性公理が使えない．U の代わりに集合 A をおけば意味があるが，例題 1.53 より，$\{x \in A|x \notin x\} = A$ である．

公理 1.7（和集合の公理） $\exists y \forall z \forall w(z \in x \land w \in z \to w \in y)$

この公理は，集合をいくつか集めてできた集合を x とすれば*45)，$w \in z \in x$ なる w をすべて含む集合も認めるということである．対の公理と同様，内包性公理を用いれば，$w \in z \in x$ なる w をちょうど集めたものも集合として認められる．それを，$\cup x$ と書く．$x = \{z_1, z_2\}$ であるとき，$\cup x$ のことを $z_1 \cup z_2$ と書くこともある．対の公理と和集合の公理を繰り返して n 個の元からなる集合を $\{w_1, \cdots, w_{n-1}\} \cup \{w_n\} = \{w_1, \cdots, w_{n-1}, w_n\}$ のように表す．

x を集合とし，$S(x) = x \cup \{x\}$ と定義する．S を**後者関数**という．以下の例題を解こう．

例題 1.55 $S(x) \neq \emptyset$ かつ，$S(x) \neq x$ であることを示せ．

（解答） $x \in S(x)$ より $S(x) \neq \emptyset$ が成り立つ．もし，$S(x) = x$ であるなら，$x \in S(x) = x$ であり，例題 1.53 に矛盾する． □

$\emptyset$ と S を用いて，次々に新しい集合 $\emptyset, S(\emptyset), S(S(\emptyset)), \cdots$ が作られる．このとき，$0 = \emptyset, 1 = S(0) = \{0\}, 2 = S(1) = \{0, 1\}, \cdots$ また，$n + 1 = S(n) = \{0, 1, \cdots, n\}$ とおくことで，帰納的に自然数に対応する集合が作られる*46)．このとき，次の例題を確認しておこう．

---

*45) 集合論ではすべてが集合で構成されているので，この条件は x に何ら制限を与えてはいない．

*46) 集合論の枠組みでは自然数も用意されていないので定義する必要がある．自然数を集合によって定義する方法は一意的ではないが，n より小さい自然数の集合 $\{0, 1, \cdots, n-1\}$ として n を帰納的に定義する点は，1.3 節の順序数の定義にも適合する．

例題 1.56　上のようにして定義した集合 $0, 1, 2, 3, \cdots$ はすべて互いに相異なることを示せ.

(解答)　自然数 n_0 を定義したとき，n_0 が，それまでの自然数 $0, 1, 2, \cdots, n_0 - 1$ のどれとも異なることを示せばよい．仮に n_0 が $0, 1, 2, \cdots, n_0 - 1$ のうちの n_1 と等しいとする．このとき，$n_1 = \{0, 1, \cdots, n_1 - 1\}$ であり，外延性公理から，n_1 の元のうち n_1 と一致する自然数 $n_2 (< n_1)$ が存在する．これを有限回繰り返すことで，$0 = \emptyset$ と一致する 0 でない自然数 n_r が存在することになる．$n_r = \{0, 1, \cdots, n_r - 1\}$ は空集合と一致しないので，これは矛盾である．よって，このように定義した $0, 1, 2, \cdots$ はすべて互いに相異なる．　□

公理 1.8（無限公理）　$\exists y(\emptyset \in y \wedge \forall x(x \in y \to S(x) \in y))$

この公理は，自然数をすべて含む無限個の集合が存在することを保証している．しかしこの公理は，全ての自然数のみからなる集合の存在を直ちに保証しないので，後の小節で改めて定義する．

公理 1.9（べき集合の公理）　$\exists y \forall z(z \in y \leftrightarrow z \subset x)$

この公理は，ある集合 x があれば，その部分集合全体 y が集合をなすということである．そのような集合を $\mathcal{P}(x)$ と書く．

公理 1.10（置換公理）　$\varphi(x, y)$ を論理式とする．このとき次が成り立つ．

$$\forall x \in a \exists! y \varphi(x, y) \to \exists z \forall x \in a(\exists y \varphi(x, y) \to \exists y \in z \varphi(x, y)).$$

この公理は，φ が関数の役割を果たす場合，その像に対する集合を集めたもの z も集合になるということである．

ここで，$\exists! a \in A(\psi(a))$ は命題 $\exists a \in A(\psi(a)) \wedge \forall a, a' \in A(\psi(a) \wedge \psi(a') \to a = a')$ を意味しており，ψ を満たす A の元が存在し，かつそのような A の元は一意的であるという意味である*47)．

ここで，前節の選択公理（公理 1.1）を公理的集合論の枠組みで記述しておく．

公理 1.11（選択公理）　$\forall x \in a(x \neq \emptyset) \to \exists f \forall x \in a(f(x) \in x)$

ここで，f はある関数 $a \to \cup a$ である．関数の構成は後述の例 1.30 を見よ．

定義 1.24　これらの公理 1.2 から公理 1.10 までの組合せで得られたものを集合と認めて展開する集合論を **ZF 集合論**という．ZF 集合論に，さらに公理 1.11 を含めた集合論を **ZFC 集合論**という．

ZFC 集合論においては，数学でよく使われている集合を取り扱ったり，以下の

*47)　$\forall a, a' \in A$ は，$\forall a \in A \forall a' \in A$ の略記である．

ような基本的な操作が実行できる．

例 1.28（共通集合） 集合 x, y に対して，内包性公理から，$x \cap y = \{a \in x | a \in y\}$ として共通集合を定義できる．

> **例題 1.57** $x_0 \in x_1 \in x_2 \in \cdots \in x_{n-1} \in x_0$ となる集合 $x_0, x_1, \cdots, x_{n-1}$ は存在しないことを示せ．

(解答) そのような集合 $x_0, x_1, \cdots, x_{n-1}$ が存在したとする．対の公理，和集合の公理から，$A = \{x_0, x_1, \cdots, x_{n-1}\}$ となる集合が存在する．このとき，正則性公理から，$a \cap A = \emptyset$ となる集合 $a \in A$ が存在するが，$x_0 \cap A \ni x_{n-1}$ かつ，$i = 1, \cdots, n-1$ において，$x_i \cap A \ni x_{i-1}$ であるから，上記の元 $a \in A$ は存在しないことになり矛盾する．ゆえに，$x_0 \in x_1 \in \cdots \in x_{n-1} \in x_0$ なる集合 $x_0, x_1, \cdots, x_{n-1}$ は存在しない． □

例 1.29（直積集合） A, B を集合とすると，直積集合 $A \times B$ は $a \in A$ かつ $b \in B$ となる順序を込めた対 (a, b)，つまり $(a, b) = (a', b') \leftrightarrow a = a' \wedge b = b'$ を満たす元 (a, b) からなる集合を構成することであった．対の公理を用いることで $(a, b) = \{a, \{a, b\}\}$ と定義すればよい．実際，$a = \{a, b\}$ とすると $a \in a$ となり例題 1.53 に矛盾し，(a, b) は 2 元集合である．また $(a, b) = (a', b')$ かつ $a \neq a'$ を仮定しよう．このとき $a = \{a', b'\}$ であり $a' = \{a, b\}$ である．ゆえに $a \in a' \in a$ を満たし例題 1.57 に矛盾する．よって $a = a'$ がわかる．$\{a, b\} = \{a', b\} = \{a', b'\}$ より $b = b'$ がいえる．これから $(a, b) = \{a, \{a, b\}\}$ と定義することで，直積集合の元 (a, b) を定めることができる．つまり $A \times B = \{\{a, \{a, b\}\} | a \in A, b \in B\}$ と定義することで直積集合が実現できる．

例 1.30（関係・写像） 1.2.2 節において集合 A, B における関係 R とは $A \times B$ の中の部分集合 R のことと定義した．つまり，$\forall a \in A \forall b \in B$ として，$aRb \leftrightarrow (a, b) \in R$ である．

素朴集合論において写像は重要な概念であったが，関係の特殊な場合と考えられる．$f : A \to B$ が写像であるとは部分集合 $F \subset A \times B$ の表す関係のことであり，$\forall a \in A \exists! b \in B((a, b) \in F)$ を満たす．そのような b のことを $f(a)$ と書く．

例 1.31（商集合） x を集合とし，$x \times x$ 上の任意の同値関係 R に対して，$x/R = \{y \in \mathcal{P}(x) | \forall a, b \in y(aRb) \wedge (\forall a \in y \forall b \in x(aRb \to b \in y))\}$ とすると x の同値関係 R による商集合が定義できる．R が同値関係であることから，$\cup(x/R) = x$ かつ $\forall y_1, y_2 \in x/R(y_1 \cap y_2 \neq \emptyset \to y_1 = y_2)$ が成り立つ．

1.5.3　自然数の成す集合の構成

ZFC 集合論を用いて自然数を定義したとき，自然数の成す集合の構成が残っていた．無限公理によって保証されたのは，自然数をすべて含む集合のみであり，ここで自然数をちょうど含む集合を公理的集合論を用いて構成する．$\varphi(x)$ を

$$\emptyset \in x \wedge \forall y(y \in x \to S(y) \in x)$$

なる命題とする．ここで S は後者関数である．無限公理を用いて保証された全ての自然数を含む集合を N としよう．このとき，

$$\{y \in N | \forall x(\varphi(x) \to y \in x)\}$$

は，自然数と 0 をちょうど含む集合である．この集合を改めて $\mathbb{N}_0$ または ω と書く．ここで例題をいくつか示していこう．

例題 1.58　ω は φ を満たす最小の集合であり，$\forall x \in \omega(x = \emptyset \vee \exists y(S(y) = x))$ を満たすことを示せ．

（解答）　まず，$\emptyset \in \omega$ である．$\forall z \in \omega \to \forall x(\varphi(x) \to S(z) \in x)$ つまり，そのような z に対して $S(z) \in \omega$ であるので，$\varphi(\omega)$ がいえる．今，ある集合 ω' が $\varphi(\omega')$ であるなら，$\forall x \in \omega$ に対して，条件から $\varphi(\omega') \to x \in \omega'$ を満たし，$\omega \subset \omega'$ であり，ω は φ を満たす最小の集合である．ゆえに，$T(x) = \{y \in \omega | y \neq x\}$ とおくと $\forall x \in \omega(\neg\varphi(T(x))) \equiv \forall x \in \omega(\emptyset \notin T(x) \vee \exists y(y \in T(x) \to S(y) \notin T(x))) \equiv \forall x \in \omega(x = \emptyset \vee \exists y(S(y) = x))$.　□

また以下が示される．

例題 1.59　$\forall x, y \in \omega(S(x) = S(y) \to x = y)$ を示せ．

（解答）　$x \cup \{x\} = y \cup \{y\}$ かつ，$x \neq y$ と仮定すると $x \in y \wedge y \in x \to y \in x \in y$ となり例題 1.57 に矛盾する．よって，$S(x) = S(y) \to x = y$ である．　□

例題 1.60　$\psi(x)$ を x を自由変数として含む任意の命題とする．$\psi(\emptyset) \wedge \forall x \in \omega(\psi(x) \to \psi(S(x))) \to \forall x \in \omega(\psi(x))$ であることを示せ．

（解答）　仮定が満たされるとき，$\exists x \in \omega(\neg\psi(x))$ を仮定する．つまり，$\{x \in \omega | \neg\psi(x)\} \neq \emptyset$ であり，それを X と書こう．このとき，正則性公理により $\exists a \in X(a \cap X = \emptyset)$ を満たす．$\emptyset \notin X$, $a \neq \emptyset$ であるから，例題 1.58 より $\exists b \in \omega(a = S(b))$ がわかる．$b \in a$ であるから $\psi(b)$ が成立する．仮定から $\psi(a)$ が成立するので $a \in X$ であることに矛盾する．ゆえに，$X = \emptyset$ であり $\forall x \in \omega(\psi(x))$ を満たす．　□

また，ペアノの公理[48]とは，自然数の概念を公理化したものだが，一方それを集合論において考えたものがペアノシステムである．

定理 1.6（ペアノシステムとその一意性） ある集合論において，集合$\mathcal{N}$，$\mathcal{N}$上の写像$\mathcal{S}:\mathcal{N}\to\mathcal{N}$，元$c\in\mathcal{N}$が以下の条件を満たすとき，$(\mathcal{N},\mathcal{S},c)$をペアノシステムという．

(i) $\forall x\in\mathcal{N}(\mathcal{S}(x)\neq c)$

(ii) $a\neq b\to\mathcal{S}(a)\neq\mathcal{S}(b)$

(iii) ψをある自由変数を1つ含む命題とすると，$\psi(c)\wedge\forall x\in\mathcal{N}(\psi(x)\to\psi(\mathcal{S}(x)))$ならば，$\forall x\in\mathcal{N}(\psi(x))$である．

各集合論において，ペアノシステムは，同型[49]を除いて一意的である．

例題 1.55, 1.59, 1.60 からこの定理はωがZF集合論における（同型を除いた）唯一つのペアノシステムであることを意味している．最後に自然数を用いて整数を定義する．

例題 1.61 ZF集合論において，整数$\mathbb{Z}$およびその加法を定義せよ．

（解答） $\mathbb{Z}=\mathbb{N}\cup\{(1,n)\in\mathbb{N}^2|n\neq 0\}$と定義すればよい．$\mathbb{N}$の足し算$n+m$は$n$に$S$を$m$回作用させて得られる元とし，$n\geq m$のとき，$n-m$を，$m$に$k$回作用させて$n$が得られるような自然数$k$に対応する$\mathbb{N}$の元と定義する．同じように，$(1,n)+(1,m)=(1,n+m)$と定義する．また，$n+(1,m)$を$n,m$の大小に応じて$n-m$もしくは$(1,m-n)$と定義すればよい． □

1.5.4 フォン・ノイマン順序数

自然数の集合を一般化して順序数を構成したが，公理的集合論でもそれに相当する順序数が存在する．順序数は，整列集合の順序同型類として定義したのだが，例題1.50のいうように，順序数全体は我々のいう集合とは認められない．もちろん，整列集合全体も集合ではない．このような状況で，同型類を定義することは，ZF集合論において閉じた議論にならない．そこで，別の定義をする必要がある．アイデアは，同型類など抽象的な物言いはせず，その代表元に相当するものを定めてしまうということである．集合論の公理を仮定して順序数を以下のように定義しよう．これを（フォン・ノイマン）順序数という．

定義 1.25（順序数） 集合xが**推移的**であるとは，

$$\forall y\forall z(y\in z\in x\to y\in x)$$

を満たすことをいう．また，xが推移的でありxのすべての元も推移的であ

---

*48) ここではこの公理系については詳しく述べない．

*49) 全単射$f:\mathcal{N}_1\to\mathcal{N}_2$が存在し，$f(c_1)=c_2$かつ$\mathcal{S}_2(f(x))=f(\mathcal{S}_1(x))$を満たすことである．

るとき集合 x を**順序数**という．順序数どうしの大小関係 $<$ は，

$$\alpha < \beta \leftrightarrow \alpha \in \beta$$

として定義される．

注 1.31 前節で定義した自然数はフォン・ノイマン順序数であったことを思い出そう．すべての自然数を含む集合として ω も既に定義をした．$\omega + 1 = S(\omega) = \omega \cup \{\omega\}$ とし，他の順序数も同じように定義していく．

ブラリ・フォルチの逆理も厳密な意味で，以下のように証明することができる．

例題 1.62 順序数全体は集合ではないことを示せ．

（解答） 順序数全体を集めたものを On としよう．On が集合とする．このとき，命題 $\alpha \in \beta \in On \to \alpha \in On$ が成り立つので推移的であり，On の任意の元も定義から推移的である．よって，On も順序数である．$S(On) = On \cup \{On\}$ も順序数であるから，$On \in S(On) \in On$ となり，例題 1.53 によりこれは否定される．よって，On は集合にはならない． □

第 2 章
位相空間とその構成

2.1 距離空間

前章までは公理的集合論など抽象的な話を続けてきた．本章から集合の一般論から離れ，空間を扱う．空間とは基本的には，集合のことであるが，より詳しくは集合とその上に，ある情報を付随させた（集合論の言葉では，対にした）集合のことをいう．例えば，線形性の構造が付随された「線形空間」や，内積が指定された「内積空間」などである．この節で扱う空間は距離空間である．また，ここではとりあえず ZFC 集合論を仮定しておけば問題は生じない．

以下よく登場する $\exists\epsilon > 0$ や $\forall r > 0$ などの変数は，すべて正の実数を表し $\exists\epsilon \in \mathbb{R}_{>0}$ や $\forall r \in \mathbb{R}_{>0}$ などの省略形と考える．

2.1.1 距離関数と距離空間

まずは，距離関数と距離空間の定義から始めよう．

定義 2.1（距離関数・距離空間） X を集合とする．$d\colon X \times X \to \mathbb{R}_{\geq 0}$ が X 上の**距離関数**であるとは，以下を満たす関数のことである．

(1) $\forall x, y \in X(d(x,y) = 0 \leftrightarrow x = y)$

(2) $\forall x, y \in X(d(x,y) = d(y,x))$

(3) $\forall x, y, z \in X(d(x,y) + d(y,z) \geq d(x,z))$

この (3) の不等式のことを**三角不等式**という．また，集合 X とその上の距離関数 d との対 (X, d) のことを**距離空間**という．

つまり，任意の 2 点間に距離という近さの情報が定まった集合のことを距離空間というのである．$\mathbb{R}^n$ を n 個の実数の直積の集合とする．$\boldsymbol{v}, \boldsymbol{w} \in \mathbb{R}^n$ を $\boldsymbol{v} = (v_1, \cdots, v_n), \boldsymbol{w} = (w_1, \cdots, w_n)$ としよう．いま，$(\boldsymbol{v}, \boldsymbol{w}) = \sum_{i=1}^{n} v_i w_i$ と定義する．このとき $(\boldsymbol{v}, \boldsymbol{v}) \geq 0$ であり，$\|\boldsymbol{v}\|$ を $\sqrt{(\boldsymbol{v}, \boldsymbol{v})}$ として定義する．

例題 2.1 $\boldsymbol{v}, \boldsymbol{w} \in \mathbb{R}^n$ とする．このとき，$\|\boldsymbol{v}\| \cdot \|\boldsymbol{w}\| \geq (\boldsymbol{v}, \boldsymbol{w})$ を示せ．

この不等式を**コーシー–シュワルツの不等式**という．

（解答） $\boldsymbol{v}, \boldsymbol{w}$ として例題 2.1 の直前のものを用いる．t を実数として，$\|(v_1 + tw_1, \cdots, v_n + tw_n)\|^2$ を計算することで

$$\begin{aligned} 0 \leq \sum_{i=1}^{n}(v_i + tw_i)^2 &= \sum_{i=1}^{n} v_i^2 + 2t\sum_{i=1}^{n} v_i w_i + t^2 \sum_{i-1}^{n} w_i^2 \\ &= \|\boldsymbol{v}\|^2 + 2t \cdot (\boldsymbol{v}, \boldsymbol{w}) + t^2\|\boldsymbol{w}\|^2 \end{aligned}$$

となる．この t に関する 2 次不等式は t の値に関わらず成立するので，2 次方程式 (右辺) $= 0$ の判別式を D とすると，$D/4 = (\boldsymbol{v}, \boldsymbol{w})^2 - \|\boldsymbol{v}\|^2 \cdot \|\boldsymbol{w}\|^2 \leq 0$ となる．移項して平方根を取ることで目標の不等式が証明される．□

例題 2.2 $\forall \boldsymbol{x}, \boldsymbol{y} \in \mathbb{R}^n$ に対して，$d_n(\boldsymbol{x}, \boldsymbol{y}) = \|\boldsymbol{x} - \boldsymbol{y}\|$ と定義すると，d_n は $\mathbb{R}^n$ 上の距離関数となることを示せ．

このようにしてできた距離空間 $(\mathbb{R}^n, d_n)$ のことを**ユークリッド（距離）空間**という．

（解答） $d_n(\boldsymbol{x}, \boldsymbol{y}) = d_n(\boldsymbol{y}, \boldsymbol{x}) \geq 0$ であることは直ちにわかり，距離関数の条件 (2) が満たされる．$\boldsymbol{x} = (x_1, \cdots, x_n), \boldsymbol{y} = (y_1, \cdots, y_n)$ とおくと，$\forall i = 1, 2, \cdots, n$ に対して $(x_i - y_i)^2 \geq 0$ であり，等号成立は任意の i に対して $x_i = y_i$ のときのみである．ゆえに，$d_n(\boldsymbol{x}, \boldsymbol{y}) = 0$ とすると，任意の i に対して $x_i = y_i$ であり $\boldsymbol{x} = \boldsymbol{y}$ がいえる．また逆も成り立つ．よって距離関数の条件 (1) が満たされる．三角不等式は $\boldsymbol{v} = \boldsymbol{x} - \boldsymbol{y}$, $\boldsymbol{w} = \boldsymbol{y} - \boldsymbol{z}$ とおき，$\|\boldsymbol{v}\| + \|\boldsymbol{w}\| \geq \|\boldsymbol{v} + \boldsymbol{w}\|$ であることを示せばよい．例題 2.1 を用いて

$$\begin{aligned} \|\boldsymbol{v} + \boldsymbol{w}\|^2 &= \|\boldsymbol{v}\|^2 + 2(\boldsymbol{v}, \boldsymbol{w}) + \|\boldsymbol{w}\|^2 \\ &\leq \|\boldsymbol{v}\|^2 + 2\|\boldsymbol{v}\| \cdot \|\boldsymbol{w}\| + \|\boldsymbol{w}\|^2 = (\|\boldsymbol{v}\| + \|\boldsymbol{w}\|)^2 \end{aligned}$$

となり，この不等式の平方根を取ることで距離関数の条件 (3) が成り立つことがわかる．ゆえに，d_n は $\mathbb{R}^n$ 上の距離関数であることがわかる．□

次に ϵ-開近傍を定義しよう．

定義 2.2（ϵ-開近傍） (X, d) を距離空間とする．$x \in X$ と正の実数 ϵ に対して，x **を中心とした** $\boldsymbol{\epsilon}$**-開近傍**を $B_d(x, \epsilon) = \{y \in X | d(x, y) < \epsilon\}$ として定義する．距離 d が前後関係から諒解できる場合は d を省略して $B(x, \epsilon)$ と書く．また，ϵ-開近傍を $\boldsymbol{\epsilon}$**-近傍**と略すこともある．

ϵ-開近傍は，ユークリッド空間上のいわゆる球体を一般化したものであり，一

般には集合の形が球体というわけではないことに注意しておく．例えば次の例題の距離 d_M による r-開近傍 $B_{d_M}(x,r)$ は平面上で正方形である．

例題 2.3 $\mathbb{R}^2$ 上の 2 点 $\boldsymbol{x}=(x_1,x_2)$, $\boldsymbol{y}=(y_1,y_2)$ に対して $d_M(\boldsymbol{x},\boldsymbol{y})$ を $|x_1-y_1|+|x_2-y_2|$ として定義したとき，d_M は $\mathbb{R}^2$ 上の距離関数となることを示せ．この距離を**マンハッタン距離**という．

（解答） 絶対値は非負実数であるので，定義 2.1 の条件 (1) の最初の主張は明らかに成り立つ．また，$d_M(\boldsymbol{x},\boldsymbol{y})=0$ ならば，$|x_1-y_1|=|x_2-y_2|=0$ より，$\boldsymbol{x}=\boldsymbol{y}$ であり逆も成り立つ．よって条件 (1) が満たされる．条件 (2) は $|y_1-x_1|=|x_1-y_1|$ などにより，直ちに導かれる．$(\mathbb{R},d_1)$ の三角不等式から，$|x_1-y_1|+|y_1-z_1|\geq|x_1-z_1|$ と $|x_2-y_2|+|y_2-z_2|\geq|x_2-z_2|$ が得られ，これらの両辺をそれぞれ足し合わせることにより，三角不等式 $d_M(\boldsymbol{x},\boldsymbol{y})+d_M(\boldsymbol{y},\boldsymbol{z})\geq d_M(\boldsymbol{x},\boldsymbol{z})$ が成り立つ．よって，d_M は距離関数となり，特に，$(\mathbb{R}^2,d_M)$ は距離空間となる． □

注 2.1 $B_d(x,r)$ は，“点 x からの距離が r より小さい点全体” の成す集合であった．つまり，この集合には x に十分近い点がすべて入っていることになる．次に，開近傍のこのような性質を一般化した開集合の概念に進む．

2.1.2 開集合・閉集合

これから定義される開集合は，距離空間やもっと一般に，位相空間（次節で定義する）や，その間の写像の連続性（これも次節である）においてなくてはならない概念である．

定義 2.3（開集合） (X,d) を距離空間とする．このとき，$A\subset X$ が**開集合**であるとは，$\forall x\in A\exists\epsilon>0(B(x,\epsilon)\subset A)$ となることをいう．また，開集合の補集合を**閉集合**という．

注 2.2 A が開集合であるとは，$\forall x\in A$ に対して，x の十分近くの点をすべて含んだ集合ということである．この “十分近くの点” を言い表すのに，正確に x からある距離 ϵ より小さい点と言っているのである．

例 2.1 距離空間 (X,d) において，$\emptyset$ や X は開集合かつ，閉集合である．$\emptyset$ は $\forall x(x\notin\emptyset)$ を満たす集合のことであった．開集合の定義は，$\forall x\in A$ という仮定の下での条件であり，$\emptyset$ はこの仮定がそもそも満たされないので $\emptyset$ は開集合となる*1)．また，開近傍 $B(x,\epsilon)$ はそもそも X の部分集合であるから，$\forall x\in X(B(x,\epsilon)\subset X)$ は明らかに成り立ち，X は X の開集合である．$X^c=\emptyset$ かつ $\emptyset^c=X$ であるから，$\emptyset,X$ は開集合かつ閉集合である．

*1) この論理に慣れない人は，空集合はいつでも開集合という約束だと理解しておけばよい．

例題 2.4 距離空間 (X, d) において U, V を X の開集合とする．このとき，$U \cup V$, $U \cap V$ も開集合であることを示せ．

(解答) U, V を距離空間 (X, d) の開集合とする．$x \in U \cup V \Leftrightarrow x \in U \vee x \in V$ である．$x \in U$ としておこう．もしそうでないなら，U, V を入れ替えればよい．$\exists \epsilon > 0$ に対して，$B(x, \epsilon) \subset U$ を満たすから，$B(x, \epsilon) \subset U \subset U \cup V$ が成り立つ．よって，$U \cup V$ は開集合である．$\forall x \in U \cap V$ とする*2)．このとき正の実数 ϵ_u, ϵ_v が存在して，$B(x, \epsilon_u) \subset U$ かつ $B(x, \epsilon_v) \subset V$ が成り立つ．$\epsilon = \min\{\epsilon_u, \epsilon_v\}$ としておけば，ϵ も正の実数であり $B(x, \epsilon) \subset U$ かつ $B(x, \epsilon) \subset V$ であるから，特に $B(x, \epsilon) \subset U \cap V$ が成り立つ．よって，$U \cap V$ は開集合である． □

ド・モルガンの法則を用いれば，F, G が閉集合であれば，$F \cup G$, $F \cap G$ が閉集合であることも直ちにわかる．

注 2.3 $U_1, \cdots, U_n$ を任意の有限個の開集合とするとき，これらの和集合 $U_1 \cup \cdots \cup U_n$ と，共通集合 $U_1 \cap \cdots \cap U_n$ もまた開集合である．これは，

$$U_1 \cup \cdots \cup U_n = (U_1 \cup \cdots \cup U_{n-1}) \cup U_n,\ U_1 \cap \cdots \cap U_n = (U_1 \cap \cdots \cap U_{n-1}) \cap U_n$$

であること，$n = 2$ 個の場合の例題 2.4，および n に関する帰納法を用いて示すことができる．

無限個の開集合の場合はどうだろうか？ 例題 2.4 の証明を振り返れば，和集合の場合には有限個の場合と同様に示すことができることはすぐにわかるであろう．

例題 2.5 $\{U_\lambda | \lambda \in \Lambda\}$ を添字づけられた任意個の開集合族，つまり，$\forall \lambda \in \Lambda$ に対して U_λ を開集合とする．このとき $\bigcup_{\lambda \in \Lambda} U_\lambda$ も開集合であることを示せ．

(解答) $U = \bigcup_{\lambda \in \Lambda} U_\lambda$ とおく．まず，$\forall x \in U\ \exists \lambda \in \Lambda (x \in U_\lambda)$ である．さらに条件から $\epsilon_\lambda > 0$ が存在して，$B(x, \epsilon_\lambda) \subset U_\lambda$ が成り立つ．$B(x, \epsilon_\lambda) \subset U_\lambda \subset U$ であるから，U は開集合である． □

一方，無限個の開集合の共通集合は一般には開集合にならない．例題 1.6 において無限個の開集合の共通集合として，$\mathbb{R}$ 上の 1 元集合を構成していた．しかし，距離空間の任意の 1 元集合は閉集合である（例題 2.8）．ここで，距離空間 (X, d) の開集合の一般的な性質として次をまとめておこう．

(I) $\emptyset, X$ は開集合である．

(II) $U_1, \cdots, U_n$ を有限個の開集合とすると，$U_1 \cap \cdots \cap U_n$ も開集合である．

(III) $\mathcal{U} = \{U_\lambda | \lambda \in \Lambda\}$ を任意の開集合族とすると，そのすべての和集合

*2) もし，$U \cap V = \emptyset$ であるなら例 2.1 から，$U \cap V$ は開集合である．

$\bigcup \mathcal{U}$ も開集合である．

例題 2.6 距離空間 (X,d) において $B(x,r)$ は開集合であることを示せ．特に $(\mathbb{R},d_1)$ における任意の開区間は開集合であることを示せ．

（解答） $\forall y \in B(x,r)$ に対して，$r' = r - d(x,y)$ とすると，$r' > 0$ であり，$\forall z \in B(y,r')$ に対して，$d(x,z) \leq d(x,y) + d(y,z) < d(x,y) + r' = r$ であるから，$z \in B(x,r)$ である．よって，$B(y,r') \subset B(x,r)$ であるから $B(x,r)$ は開集合である．実数 a,b を $a < b$ と仮定する．$(a,b) = B((a+b)/2,(b-a)/2)$ より，開区間 (a,b) は開集合である．$b \leq a$ なら (a,b) は空集合である． □

$[a,b]^c = (-\infty,a) \cup (b,\infty)$ であることから閉区間 $[a,b]$ は閉集合である．また，$(\mathbb{R},d_1)$ において次を示そう．

例題 2.7 閉区間 $[a,b]$ は $a \leq b$ なら開集合ではないことを示せ．

（解答） $a \in [a,b]$ であるので，$\forall \epsilon > 0$ に対して，$a - \epsilon < a - \frac{\epsilon}{2} < a$ であり，$a - \frac{\epsilon}{2} \in B(a,\epsilon) \setminus [a,b]$ であるので，$\forall \epsilon > 0 (B(a,\epsilon) \not\subset [a,b])$ を満たし，$[a,b]$ は開集合ではない． □

この証明は，$a = b$ の場合，$(\mathbb{R},d_1)$ の 1 元集合が開集合でないことも示している．一般にユークリッド空間の 1 元集合は開集合ではない．しかし閉集合ではある．

注 2.4 開集合，閉集合についていくつか注意を与えておく．閉集合はその補集合が開集合なのであって，開集合でないなら閉集合と勘違いしてはならない．例 2.1 にもあるように $\emptyset, X$ は開かつ閉集合である．また，半開区間 $(a,b]$ は開集合でも閉集合でもない．

また，(a,b) が開集合である理由としてそれが開区間だからとか端点 a,b を含まないからでは，証明になっていない．そもそも開区間は開集合であることからその名前がついている．

例題 2.8 距離空間 (X,d) の任意の 1 元集合は閉集合であることを示せ．

（解答） $\forall x \in X$ に対して，$\{x\}^c = X \setminus \{x\}$ が開集合であることを示せばよい．$\forall y \in \{x\}^c$ をとる*3)．このとき，$\epsilon = d(x,y)/2$ とすると $x \notin B(y,\epsilon)$ である．つまり $B(y,\epsilon) \subset \{x\}^c$ であり $\{x\}$ は閉集合となる． □

(X_1,δ_1) と (X_2,δ_2) を距離空間としよう．$\forall x,y \in X_1(\delta_2(f(x),f(y)) = \delta_1(x,y))$ を満たす写像 $f : X_1 \to X_2$ を，**距離を保つ写像***4) といい，さらに全単射であるとき**等長写像**という*5)．$(X_1,\delta_1),(X_2,\delta_2)$ の間に等長写像が存在

*3) y をとることができなければ，$X = \{x\}$ であり，例 2.1 より $\{x\}$ は閉集合．
*4) 距離を保つ写像が単射であることは例題 4.27 で示される．
*5) 等長という概念は距離空間全体に同値関係を与える．

するとき，2 つの距離空間は**等長**という．

(X,d) を距離空間とする．$\mathrm{diam}(X,d) = \sup\{d(x,y)|x,y \in X\} \in \mathbb{R}_{\geq 0} \cup \{\infty\}$ を距離空間の**直径**という．直径は等長類における不変量である．

2.1.3 内部・閉包

まずは以下の定義をしよう．

定義 2.4（内点・内部） A を距離空間 (X,d) の部分集合とする．$x \in A$ が $\exists\epsilon > 0(B_d(x,\epsilon) \subset A)$ を満たすとき，x を A の**内点**という．A の内点全体の集合を A の**内部**といい，$\mathrm{Int}(A)$ や A° などの記号を用いる．定義から $A^\circ \subset A$ である．

定義 2.5（触点・閉包） A を距離空間 (X,d) の部分集合とする．$x \in X$ が $\forall\epsilon > 0(B_d(x,\epsilon) \cap A \neq \emptyset)$ を満たすとき，x を A の**触点**という．A の触点全体の集合を A の**閉包**といい，$\mathrm{Cl}(A)$ や $\bar{A}$ などの記号を用いる．定義から $A \subset \bar{A}$ である．

以下を示そう．

例題 2.9 距離空間 (X,d) の部分集合 A の内部 A° は X の開集合であることを示せ．また，$\bar{A}$ は X の閉集合であることを示せ．

(解答) $\forall x \in A^\circ$ は A の内点であるから，$B(x,\epsilon) \subset A$ となる ϵ が存在する．$B(x,\epsilon)$ は開集合であるから $\forall y \in B(x,\epsilon)$ と $\exists\delta > 0$ に対して，$B(y,\delta) \subset B(x,\epsilon) \subset A$ が成り立つ．これは $B(x,\epsilon) \subset A^\circ$ を意味し，A° は開集合である．

$(\bar{A})^c$ が開集合であることを示す．$(\bar{A})^c = \{y \in X|\exists\epsilon > 0(B(y,\epsilon) \cap A = \emptyset)\}$ であり，これは，$(\bar{A})^c = \{y \in X|\exists\epsilon > 0(B(y,\epsilon) \subset A^c)\}$ と書き直せる．よって $(\bar{A})^c = (A^c)^\circ$ であることがわかり，内部は開集合であることから，$\bar{A}$ は閉集合であることがわかる． □

この証明から，任意の部分集合 A に対して $(\bar{A})^c = (A^c)^\circ$ であることもわかった．

例題 2.10 距離空間において，(U が開集合である $\Leftrightarrow U^\circ = U$) を示せ．また，($F$ が閉集合である $\Leftrightarrow \bar{F} = F$) を示せ．

(解答) U を開集合とする．このとき，$\forall x \in U$ に対して，$B(x,\epsilon) \subset U$ が存在するので，内点の定義から $x \in U^\circ$ がわかる．ゆえに，$U \subset U^\circ$ であり，$U^\circ \subset U$ であることと合わせて $U^\circ = U$ がわかる．逆に $U^\circ = U$ なら，例題 2.9 から U° は開集合だから U も開集合である．

後半は，これまでの結果を合わせることで以下のように示すことができる．F が閉集合 $\Leftrightarrow F^c$ が開集合 $\Leftrightarrow (F^c)^\circ = F^c \Leftrightarrow (\bar{F})^c = F^c \Leftrightarrow \bar{F} = F$． □

内部，閉包のもう一つの特徴づけを与える．

> **例題 2.11** A° は A に包まれる最大の開集合であり $\bar{A}$ は A を包む最小の閉集合であることを示せ．

（解答） $A^\circ \subset A' \subset A$ となる開集合 A' を考える．$\forall x \in A'$ に対して，$\exists \epsilon > 0(B(x,\epsilon) \subset A' \subset A)$ となる．A° の定義から $x \in A^\circ$ である．よって，$A' = A^\circ$ である．$A \subset A'' \subset \bar{A}$ となる閉集合 A'' を考える．$(A^c)^\circ = (\bar{A})^c \subset (A'')^c \subset A^c$ と，直前の議論から $(\bar{A})^c = (A'')^c$ が満たされ，$A'' = \bar{A}$ となる． □

この例題から，A に包まれる最大の開集合を A° とし A を包む最小の閉集合を $\bar{A}$ と定義して差しつかえないことがわかる．

$x \in \bar{A} \setminus A^\circ$ を A の**境界点**といい，境界点全体の集合を**境界**といい，∂A もしくは，A^f などと表す．このとき，距離空間 X の交わりのない以下の分割をもつ．

$$X = \mathrm{Int}(A) \sqcup \partial A \sqcup \mathrm{Int}(A^c).$$

集合 $\mathrm{Int}(A^c) = (\bar{A})^c$ を A の**外部**という．次の 2 つの例題を示そう．注意すべき点は，与えられた図形を図示することで直感的に結論づけないことである．

> **例題 2.12** $(\mathbb{R}^2, d_2)$ において，$U = B((0,0),1)$ とするとき，$\bar{U} = \{(x,y) \in \mathbb{R}^2 | x^2+y^2 \leq 1\}$ である，つまり境界 ∂U は単位円であることを示せ．

（解答） $D = \{(x,y) \in \mathbb{R}^2 | x^2+y^2 \leq 1\}$, $(x,y) = (\cos\theta, \sin\theta)$ とする．$\forall \epsilon > 0$ に対して，$\epsilon' = \min\{1, \frac{\epsilon}{2}\}$ をとると，$((1-\epsilon')\cos\theta, (1-\epsilon')\sin\theta) \in B((x,y),\epsilon) \cap U$ である．よって，$D \subset \bar{U}$ であることがわかる．もし，$(x,y) = (r\cos\theta, r\sin\theta)$ $(r > 1)$ とすると，$B((x,y), r-1) \cap U = \emptyset$ であるから $(x,y) \notin \bar{U}$ であり，$\bar{U} = D$ となる．ゆえに $\partial U = \{(x,y) | x^2+y^2 = 1\}$ である． □

2.1.4　その他の距離空間

これまでの距離空間の具体例はユークリッド距離空間が多かった．この小節では，それ以外の距離空間も見てみよう．

2.1.4.1　離散距離空間

X を集合とする．$\forall x, y \in X$ に対して距離関数 d を

$$d(x,y) = \begin{cases} 1, & x \neq y, \\ 0, & x = y \end{cases}$$

と定義して得られる距離空間 (X,d) を**離散距離空間**という．

> **例題 2.13** この d は X 上の距離関数となることを確かめよ．

（解答） 距離関数の条件 (1), (2) は定義から直ちに導かれる．三角不等式を示そう．$x, y, z \in X$ に対して $x \neq y \vee y \neq z$ か $x = z$ のどちらかが成り立つ．よって $x \neq z$ なら $d(x, y) + d(y, z) \geq 1 = d(x, z)$ が成り立つ．もし $x = z$ なら $d(x, z) = 0$ より，そのときも $d(x, y) + d(y, z) \geq 0 = d(x, z)$ より三角不等式が成り立つ． □

例 2.2 離散距離空間 (X, d) は $\mathrm{diam}(X, d) = 1$ であるので，r-近傍は $r > 1$ なら $B_d(x, r) = X$ である．また，$r \leq 1$ なら $B(x, r) = \{x\}$ である．このことと，例題 2.6 および例題 2.8 から，離散距離空間における任意の 1 元集合 $\{x\}$ は開かつ閉集合であることがわかる．さらに，例題 2.5 より任意の X の部分集合が開かつ閉集合となる．例題 2.7 とも比較すれば分かるように，同じ集合上でも距離の定義の仕方が変われば開集合の様子はがらりと変わるのである．

例題 2.14（1 元集合の内部と閉包） 1 元集合 $\{x\}$ の内部，閉包，境界を以下の距離空間の場合に求めよ．

(1) $(\mathbb{R}, d_1)$ の場合．

(2) 離散距離空間 (X, d) の場合．

（解答） (1) $\{x\}^\circ$ は $\{x\}$ の部分集合かつ開集合である．例題 2.7 の直後に書いたことから $\{x\}$ は開集合ではないので $\{x\}^\circ = \emptyset$ がわかる．距離空間において，$\{x\}$ は閉集合であったから，例題 2.10 より $\overline{\{x\}} = \{x\}$ である．よって $\partial\{x\} = \{x\}$ である．

(2) $\{x\} \subset X$ は開かつ閉集合であったから例題 2.10 より $\{x\}^\circ = \{x\}$, $\overline{\{x\}} = \{x\}$ である．よって，$\partial\{x\} = \emptyset$ である． □

注 2.5 例題 2.13 から，任意の集合に距離の情報を入れて距離空間にすることができる．しかし，距離を入れられるからと言って集合に闇雲に距離を入れてしまっても仕方がない．必要に応じて意味のある距離を入れることが望ましい．

2.1.4.2 グラフ上の距離空間

例 2.3 V, E を集合とし，写像 $f : E \to \mathcal{P}(V)$ が $f(e) = \{u, v\}$ のように任意の E の元を，V の 2 元集合（$u = v$ の場合は 1 元集合）に写しているとき，(V, E, f) のことを**無向グラフ**という．また，V を**頂点集合**といい，E を**辺集合**という．

$\{u, v\} \in f(E)$ であるとき，u, v は**隣接している**（隣接関係[*6)]である）といい，$u \mid v$ と表すことにする．今，$\forall x, y \in V$ に対して $\exists u_0, u_1, \cdots, u_n \in V$, $x = u_0, y = u_n, \forall i (u_{i+1} \mid u_i)$ を満たすとき，このようなグラフを**連結グラフ**といい，上の隣接関係の列を $x = u_0 \mid u_1 \mid \cdots \mid u_n = y$ のように書く．このとき，

*6) この関係は一般に推移律を満たさないので同値関係ではない．

$$d(u,v) = \begin{cases} \min\{n | u = u_0 \shortmid u_1 \shortmid \cdots \shortmid u_n = v\}, & u \neq v, \\ 0, & u = v \end{cases}$$

のようにすることで d は V 上の距離関数を与える．この距離を**グラフ距離**といい，そのような距離空間を**グラフ距離空間**という．例えば，複雑な道路網も，交差点を頂点とし，交差点をつなぐ道路を辺としたグラフとして単純化できるが，そのグラフ距離とは交差点の間の距離を全て 1 としたときの任意の 2 つの交差点をつなぐ最短経路の長さを表す．

$\forall v \in V$ に対して $B(v,1) = \{v\}$ であるが，グラフ距離空間は，一般に離散距離空間と等長ではない．例えば，$V = \mathbb{Z}$ として $E = \{e_n \mid n \in \mathbb{Z}\}$，$f$ を $f(e_n) = \{n, n+1\}$ としたとき直線状のグラフが得られるが $\mathrm{diam}(\mathbb{Z}, d) = \infty$ であり，離散距離空間とは，$E = \{\{u,v\} \subset \mathcal{P}(X) \mid u, v \in X, u \neq v\}$ とし，f は包含写像 $E \hookrightarrow \mathcal{P}(X)$ となる (X, E, f) 上のグラフ距離空間である（例 2.2 と比較せよ）．

例題 2.15　グラフ距離は三角不等式を満たすことを確認せよ．

（解答） $\forall u, v, w \in V$ とする．$u = u_0 \shortmid \cdots \shortmid u_n = v$ かつ，$v = v_0 \shortmid \cdots \shortmid v_m = w$ をそれぞれ，最小を与える隣接関係の列とする．この列をつなげることで，$u = u_0 \shortmid \cdots \shortmid u_n \shortmid v_1 \shortmid \cdots \shortmid v_m = w$ のように長さ $n+m$ の隣接関係の列ができる．グラフ距離 $d(u,w)$ は，このような列の最小値であることから，$d(u,w) \leq n + m = d(u,v) + d(v,w)$ が成り立ち，三角不等式が成り立つ．□

例 2.4（ケイリーグラフ） G を群とする[*7]．$\mathcal{S} \subset G$ が G の**生成系**であるとは，G の任意の元が $\mathcal{S}$ の元の有限長のワードを積表示として得られ，$e \notin \mathcal{S}$ かつ $g \in \mathcal{S} \to g^{-1} \in \mathcal{S}$ を満たすときをいう．今，頂点集合を G とし，$g_1, g_2 \in G$ が $g_1 \shortmid g_2 \Leftrightarrow g_1^{-1} g_2 \in \mathcal{S}$ として定義する．このようにして得られるグラフ[*8]を群の**ケイリーグラフ**といい，その上のグラフ距離を**語距離**という．例えば，G 上の左作用 $g \mapsto h \cdot g$ はケイリーグラフ上に等長変換を与える．例 2.3 の例は，生成系 $\mathcal{S} = \{1, -1\}$ での $\mathbb{Z}$ 上のケイリーグラフの語距離である．ケイリーグラフ上の語距離を考えることは有限生成な[*9]無限離散群を調べる上で有効な手段であることが知られている．このように無限離散群を幾何学的に研究する分野を**幾何学的群論**という．

2.1.5　距離空間と連続写像

距離空間の関数や写像の連続性について考えよう．微積分で ϵ–δ 論法を用い

---

*7）　G が**群**であるとは，空ではない集合 G とその上に以下を満たすような積演算 $\cdot$ をもつものをいう．結合律：(i) $\forall x, y, z \in G((x \cdot y) \cdot z = x \cdot (y \cdot z))$，単位元の存在：(ii) $\exists e, \forall x \in G(e \cdot x = x \cdot e = x)$，逆元の存在：(iii) $\forall x, \exists x^{-1} \in G(x \cdot x^{-1} = x^{-1} \cdot x = e)$．

*8）　この等長写像類は $(G, \mathcal{S})$ に依存している．

*9）　$|\mathcal{S}| < \aleph$ である生成系 $\mathcal{S}$ がとれること．

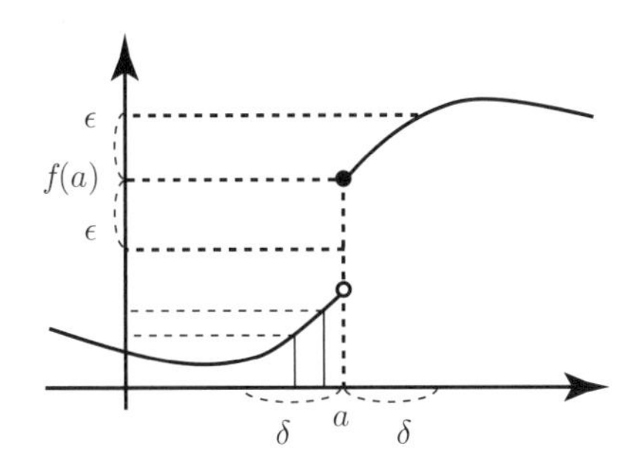

図 2.1　$x = a$ の近くで不連続な関数.

た連続性の定義を一度は学習していても，直感的な理解になかなか結びつかないことも多い[*10]．まずは実数空間上の連続関数の直感的理解から始め，ϵ–δ 論法の復習を行う．次に ϵ–δ 論法を一般化した距離空間上の連続関数および連続写像に拡張し，連続性の本質に迫る．

実数 $\mathbb{R}$ 上の関数 $y = f(x)$ が $a \in \mathbb{R}$ で連続であることを，「$\mathbb{R}$ 上で a に近い点たちの f による像も $f(a)$ に近いこと」として定義したい．もう少し正確に言うなら十分 a に近い点たちは，f の像においてもやはり十分近いということである．しかし，この 2 つの“十分”の意味が判然としない．

そこで今度は関数の不連続性の観点から考えてみよう．図 2.1 を参照してほしい．関数が不連続であるとは，$y = f(a)$ において何らかのギャップがあるということである．$f(a)$ を中心とした両側 ϵ の幅 $|f(a) - y| < \epsilon$ を選んでやると，その中に入らない a に**任意に近い点が存在する**こととして理解できる．ここで ϵ はそのギャップよりは小さく取っていることに注意せよ．また，任意に近い点とは，$\forall \delta > 0$ に対して $|a - x| < \delta$ なる x のことである．以上のことを論理式にすると次を得る[*11]．

$$\exists \epsilon, \forall \delta > 0, \exists x \in \mathbb{R}(|x - a| < \delta \wedge |f(x) - f(a)| \geq \epsilon)$$

この論理式の否定を取ることで，

$$\begin{aligned} &\forall \epsilon, \exists \delta > 0, \forall x \in \mathbb{R}(|x - a| \geq \delta \vee |f(x) - f(a)| < \epsilon) \\ \equiv\ &\forall \epsilon, \exists \delta > 0, \forall x \in \mathbb{R}(|x - a| < \delta \to |f(x) - f(a)| < \epsilon) \end{aligned}$$

が得られる．この最後の式が微積分の教科書でよくなされている連続関数の定義である．このようにして連続関数を定義する方法を **ϵ–δ 論法**という．なお，最後の同値性については，付録を参照してほしい．

注 2.6　上で記述した，「a に任意の近い点」をもう一度取り出しておく．文字通り読むと $\exists x \in \mathbb{R}, \forall \delta > 0(|x - a| < \delta)$ となってしまうが，この場合 x が任意

*10）数学の理解とは，直感と論理が同程度で結びついたときに発生するものである．
*11）$\exists \epsilon, \forall \delta > 0$ は，論理記号の順に正の実数 ϵ, δ をとることを意味する．

の $B(a,\delta)$ に含まれているのだから，例題 1.6 でもやったように，それは，$x=a$ に他ならない．ここでは $\forall\delta>0, \exists x\in\mathbb{R}(|x-a|<\delta)$ であって x は δ に依存して存在する量である．

上の式の中を，2.1.1 節で導入した開近傍を用いて書き直すことができる．

$$\forall\epsilon, \exists\delta>0, \forall x\in\mathbb{R}(x\in B_{d_1}(a,\delta)\to f(x)\in B_{d_1}(f(a),\epsilon))$$

部分集合の記号 $\subset$ や逆像の概念を用いれば，さらに，次のように簡潔に書くことができる．

$$\begin{aligned}&\forall\epsilon, \exists\delta>0\,(f(B_{d_1}(a,\delta))\subset B_{d_1}(f(a),\epsilon))\\ \leftrightarrow\ &\forall\epsilon, \exists\delta>0\,(B_{d_1}(a,\delta)\subset f^{-1}(B_{d_1}(f(a),\epsilon)))\end{aligned}$$

このように集合による記述を用いたことで関数の連続性が簡潔に書けるようになった．これにより，距離空間の間の連続写像を次のように定義すればよいことがわかる．

定義 2.6（距離空間の間の連続写像） $(X,d_X),(Y,d_Y)$ を距離空間とする．このとき，写像 $f:X\to Y$ が連続であるとは，$\forall a\in X$ に対して

$$\forall\epsilon, \exists\delta>0\,(B_{d_X}(a,\delta)\subset f^{-1}(B_{d_Y}(f(a),\epsilon)))$$

が満たされることとして定義する．

この定義は開集合を用いてさらに以下のように書き換えられる．

例題 2.16 定義 2.6 と，Y の任意の開集合 U の逆像 $f^{-1}(U)$ も開集合であることは同値であることを示せ．また，定義 2.6 と，Y の任意の閉集合 F の逆像 $f^{-1}(F)$ が閉集合であることは同値であることを示せ．

(解答) まずは前半を証明しよう．$f:X\to Y$ が連続写像とする．U を Y の任意の開集合とする．$f(a)\in U$ なる任意の a をとる．$\exists\epsilon>0$ が $B_{d_Y}(f(a),\epsilon)\subset U$ となり，逆像をとることで $f^{-1}(B_{d_Y}(f(a),\epsilon))\subset f^{-1}(U)$ が成り立つ．連続性から，$\exists\delta>0$ に対して $B(a,\delta)\subset f^{-1}(U)$ となる．a として $f^{-1}(U)$ の任意の点を取っていたことに注意すると開集合の定義から，$f^{-1}(U)$ は開集合である．

逆に Y の任意の開集合 U に対して，$f^{-1}(U)$ が X の開集合であるとする．今，$\forall a\in X$ に対して，$f^{-1}(B(f(a),\epsilon))$ は開集合であるから，開集合の定義から $\exists\delta>0$ に対して，$B(a,\delta)\subset f^{-1}(B(f(a),\epsilon))$ が成り立つ．

次に後半を証明する．f の連続性は，(U:Y の開集合 $\Rightarrow f^{-1}(U)$:X の開集合) と同値であり，開集合は必ず閉集合の補集合で書き表されることと，$f^{-1}(F^c)=(f^{-1}(F))^c$ を用いれば，この条件は，(F^c:Y の開集合 $\Rightarrow (f^{-1}(F))^c$:$X$ の開集合) と同値であり，(F:Y の閉集合 $\Rightarrow f^{-1}(F)$:X の閉集合) とも同値となる． □

注 2.7 距離空間 (X,d) 上の実数値関数 f がユークリッド距離空間 $(\mathbb{R},d_1)$ への写像として連続であるとき，f は連続関数という．$(X,d)=(\mathbb{R},d_1)$ のとき，連続関数 f は通常の微積分の意味での連続関数と同値になる．

例 2.5 $f:X\to\mathbb{R}$ を距離空間上の連続関数とする．このとき，$\{x\in X|f(x)<0\}$ として定義される X 上の集合は開集合である．この集合が開区間 $(-\infty,0)$ の連続写像 f による逆像だからである．例えば連続関数を $f(x)=d(x,a)-r$ とすれば*12)，$B(x,r)=f^{-1}((-\infty,0))$ であることから，$B(x,r)$ が開集合であることが再び従う．

(X,d) を距離空間とし，A を X の部分集合とする．このとき，

$$d(x,A):=\inf\{d(x,y)|y\in A\}$$

と定義する．また $d(x,A)$ は $x\mapsto d(x,A)=:\varphi_A(x)$ なる対応関係によって，関数 $\varphi_A:X\to\mathbb{R}$ を定義する．このとき以下の例題を示そう．

例題 2.17 φ_A は連続関数であることを示せ．

(解答) まず，以下を示す．

$$\forall x,y\in X \text{ に対して } |\varphi_A(x)-\varphi_A(y)|\leq d(x,y) \qquad (*)$$

$\forall z\in A$ とすると，$d(x,A)\leq d(x,z)\leq d(x,y)+d(y,z)$ より $d(x,A)-d(y,z)\leq d(x,y)$ が成り立つ．ここで，$d(x,y)$ は $\{d(x,A)-d(y,z)|z\in A\}$ の上界であることから，

$$\sup\{d(x,A)-d(y,z)|z\in A\}=d(x,A)-\inf\{d(y,z)|z\in A\}$$
$$=d(x,A)-d(y,A)\leq d(x,y)$$

がわかる．また，x,y を入れ替えることで，$d(y,A)-d(x,A)\leq d(x,y)$ も成り立つ．これらを合わせることで，$(*)$ が証明できた．

次に φ_A の連続性を示そう．$\forall\epsilon>0$ に対して，$\delta=\epsilon$ とし，$\forall x\in B(a,\delta)$ に対して，$(*)$ を使うと $|\varphi_A(x)-\varphi_A(a)|\leq d(x,a)<\epsilon$ が成り立つので，$\varphi_A(x)\in B(f(a),\epsilon)$ であることがわかる．よって，定義 2.6 から φ_A は連続関数である． □

例題 2.18 (X,d) を距離空間とし，$A\subset X$ を部分集合とする．このとき $\bar{A}=\{x\in X|d(x,A)=0\}$ であることを示せ．

(解答) $A'=\{x\in X|d(x,A)=0\}$ とおくと，A' は連続写像 φ_A による閉集合 $\{0\}$ の逆像である．例題 2.16 と A' の定義から A' は A を包む閉集合である

*12) この関数の連続性は例題 2.17 で示す．

から，例題 2.11 より $\bar{A} \subset A'$ である．$x \notin \bar{A}$ とすると，x は A の外部の点だから $\exists\epsilon > 0$ に対して $B(x,\epsilon) \subset A^c$ となる．これは，x から A の任意の点までの距離が ϵ 以上必要であることを意味するから，$x \notin A'$ がいえた．よって，$\bar{A} = A'$ が示された． □

2.2 位相空間と連続写像

2.2.1 位相空間と連続写像

これまで距離空間とその間の連続写像について扱ってきた．しかし距離空間の連続写像の定義には，例題 2.16 の示すように，距離を用いなくても開集合と，その逆像の性質が開集合であればよいことに注意する．もし開集合の性質さえ一般化して定義できるなら，そのような一般化された開集合をもつ（距離空間とも限らない）空間にも同じように連続写像が定義できるであろう．まずは前節でまとめていた距離空間の開集合の性質 (I), (II), (III) を元に，開集合と位相空間を以下のように定義をしよう．$\mathcal{P}(X)$ を X の部分集合全体の集合とする．

定義 2.7（開集合・位相空間） X を集合とする．以下を満たすような $\mathcal{P}(X)$ の部分集合 $\mathcal{O}$ を**開集合系**（もしくは**位相**）といい，$\mathcal{O}$ の元を**開集合**という．

(I) $\emptyset, X \in \mathcal{O}$ を満たす．

(II) $n \in \mathbb{N}$ とする．$U_1, \cdots, U_n \in \mathcal{O}$ ならば，$U_1 \cap \cdots \cap U_n \in \mathcal{O}$ を満たす．

(III) X の任意の $\mathcal{O}$ の集合族 $\{U_\lambda \in \mathcal{O} | \lambda \in \Lambda\}$ に対して $\bigcup_{\lambda \in \Lambda} U_\lambda \in \mathcal{O}$ を満たす．

集合 X と開集合系 $\mathcal{O}$ を組みにした空間 $(X, \mathcal{O})$ を**位相空間**という．集合 F が**閉集合**であることを $F^c \in \mathcal{O}$ であることとして定義する．

続いて位相空間の間の連続写像を定義する．

定義 2.8（位相空間の間の連続写像） $(X, \mathcal{O}_Y)$ と $(Y, \mathcal{O}_Y)$ を位相空間とする．写像 $f : X \to Y$ が $\forall U \in \mathcal{O}_Y$ に対して $f^{-1}(U) \in \mathcal{O}_X$ であるなら，f は**連続**であるという．

注 2.8 単なる集合 X 上には，開集合や距離などの概念は与えられていない．もちろん ϵ-近傍も与えられていない．ある位相空間を考えるということは，条件 (I), (II), (III) を満たすような部分集合族 $\mathcal{O} \subset \mathcal{P}(X)$ を指定してやることを意味する．つまり，どのような位相空間を構成するか，つまり開集合を何にするかはこちらの思惑によるものなのである．

一般に，集合上には複数の位相があり得る．極端な例を挙げておく．

例 2.6 X を集合とする．$\mathcal{O} = \{\emptyset, X\}$ とすると，$(X, \mathcal{O})$ は位相空間になり，

それを**密着位相空間**または**密着空間**といい，$\mathcal{O} = \mathcal{P}(X)$ としても $(X, \mathcal{O})$ は位相空間になり，それを**離散位相**という．X が 2 点以上の点を含むのなら，これらは異なる位相である．また離散位相をもつ空間を**離散位相空間**または**離散空間**という．

次に距離空間から位相空間を構成しよう．

例 2.7 距離空間 (X, d) に対して，$\mathcal{O}_d$ を距離空間としての開集合全体，つまり

$$\mathcal{O}_d = \{A \in \mathcal{P}(X) | \forall a \in A \exists \epsilon > 0 (B_d(a, \epsilon) \subset A)\}$$

として定義すれば，$\mathcal{O}_d$ は位相空間の開集合系となる．こうして得られる位相空間 $(X, \mathcal{O}_d)$ を**距離位相空間**といい，$\mathcal{O}_d$ を**距離位相**という．例題 2.16 を考慮すれば，距離位相空間の位相空間としての連続性は距離空間の連続性を意味する．

距離空間の開集合とは，任意の点の十分近くの点たち（具体的な近さを表す ϵ-近傍）を含む集合だった．位相空間の開集合にもその条件を残しているのだろうか？ 位相空間には ϵ-近傍の存在を仮定できないので，開集合でそれを代用する．

例題 2.19 以下の同値性を示せ．

$$A \in \mathcal{O} \leftrightarrow \forall a \in A\ \exists U \in \mathcal{O}(a \in U \subset A)$$

(解答) （$\rightarrow$）U として A を取ればよい．（$\leftarrow$）$a \in A$ に対して $a \in U_a \subset A$ を満たす開集合 U_a を選ぶ[*13]．このとき，等式 $A = \bigcup_{a \in A} U_a$ が示されれば位相の条件 (III) から $A \in \mathcal{O}$ となる．U_a の性質から，$\bigcup_{a \in A} U_a \subset A$ である．一方 $\forall a \in A$ に対して $a \in U_a$ であったので $A \subset \bigcup_{a \in A} U_a$ が成り立ち，上の等式が示される． □

位相空間 $(X, \mathcal{O}_X)$，$(Y, \mathcal{O}_Y)$ の間の写像 $f : X \rightarrow Y$ が，$\forall U \in \mathcal{O}_X$ に対して $f(U) \in \mathcal{O}_Y$ を満たすとき，f を**開写像**という．

定義 2.9 位相空間 $(X, \mathcal{O}_X)$，$(Y, \mathcal{O}_Y)$ の間の写像 $f : X \rightarrow Y$ が**同相写像**であるとは，f が全単射であり，f が連続かつ $f^{-1} : Y \rightarrow X$ も連続であることをいう．同相写像が存在する 2 つの位相空間を**同相**という．

つまり，同相写像は，f の連続性によって $U \in \mathcal{O}_Y \rightarrow f^{-1}(U) \in \mathcal{O}_X$，$f^{-1}$ の連続性によって $V \in \mathcal{O}_X \rightarrow f(V) \in \mathcal{O}_Y$ が成り立ち，これらは互いに逆写像であるので，$\mathcal{O}_X$ と $\mathcal{O}_Y$ の間に全単射が存在する．

---

*13） このとき，選択公理は仮定しておく．

例題 2.20 同相写像とは，全単射かつ連続な開写像のことであることを示せ．

（解答） $f : X \to Y$ が全単射であるとき，f が開写像であることは，$\forall U \in \mathcal{O}_X \to f(U) = (f^{-1})^{-1}(U) \in \mathcal{O}_X$ と同値であり，それは f^{-1} が連続であることと同値である．よって f が同相であることと，f が全単射連続開写像であることとは同値である． □

同相写像が同値関係であるためには以下が示されればよい．

例題 2.21 $f : (X, \mathcal{O}_X) \to (Y, \mathcal{O}_Y)$ かつ $g : (Y, \mathcal{O}_Y) \to (Z, \mathcal{O}_Z)$ を連続写像とする．このとき，$g \circ f$ も連続写像であることを示せ．

（解答） f, g が連続であるとする．$\forall U \in \mathcal{O}_Z$ としよう．連続性の仮定から $g^{-1}(U) \in \mathcal{O}_Y$ であり，$f^{-1}(g^{-1}(U)) \in \mathcal{O}_X$ が成り立つ．$f^{-1}(g^{-1}(U)) = (f \circ g)^{-1}(U)$ であるから，$f \circ g$ も連続であることがわかる． □

次に離散位相空間の特徴づけを与えよう．

例題 2.22 $(X, \mathcal{O})$ が離散位相空間であるための必要十分条件は，$\forall x \in X(\{x\} \in \mathcal{O})$ であることを示せ．

（解答） $\mathcal{O}$ が離散位相つまり $\mathcal{O} = \mathcal{P}(X)$ であるとする．当然 $\forall x \in X$ に対して $\{x\} \in \mathcal{O}$ が成り立つ．逆に $\forall x \in X(\{x\} \in \mathcal{O})$ であるとする．$\forall A \in \mathcal{P}(X)$ に対して $A = \bigcup_{a \in A} \{a\}$ であり，開集合系の条件 (III) を用いることで，$A \in \mathcal{O}$ であることがわかる．よって，$(X, \mathcal{O})$ は離散位相空間である． □

例 2.8 離散距離空間 (X, d) では，$B_d(x, 1) = \{x\}$ であったから，例題 2.22 からその距離位相 $\mathcal{O}_d$ は離散位相であることがわかる．また，濃度の等しい離散空間 X, Y の間の全単射 f は，同相写像を与えるので，離散位相空間の同相類上には集合の濃度の情報しか与えない．

距離空間を扱った際に定義した部分集合の操作（内部，閉包，境界）を位相空間の状況においても定義しておこう．

定義 2.10（内部・閉包・境界） $(X, \mathcal{O})$ を位相空間とする．このとき，内部，閉包，境界を以下のように定義をする．

- A の**内部** A° を A に包まれる最大の開集合とする．
- A の**閉包** $\bar{A}$ を A を包む最小の閉集合とする．
- A の**境界** ∂A を $\bar{A} \setminus A^\circ$ とする．

距離空間と同様，内部，閉包，境界についての同値な定義をまとめておく．

例題 2.23 以下の等式を示せ.
(1) $A^\circ = \{a \in X | \exists U \in \mathcal{O}(a \in U \subset A)\}$
(2) $\bar{A} = \{a \in X | \forall U \in \mathcal{O}(a \in U \to A \cap U \neq \emptyset)\}$
(3) $\partial A = \{a \in X | \forall U \in \mathcal{O}(a \in U \to (A \cap U \neq \emptyset \wedge A^c \cap U \neq \emptyset))\}$

(解答) (1) $A' = \bigcup_{U \in \mathcal{O}, U \subset A} U$ とすると A' は $A' \subset A$ となる開集合である. $A' \subset B \subset A$ となる $B \in \mathcal{O}$ があれば, A' の定義から $B \subset A'$ である. ゆえに $A' = B$ である. A' は A に包まれる最大の開集合であるから, $A' = A^\circ$ である. $A' = \{a \in X | \exists U \in \mathcal{O}(a \in U \subset A)\}$ であるから*14), 目標の等式が得られる.
(2) (1) と同様の議論により $\bar{A} = \bigcap_{F \in \mathcal{C}, A \subset F} F$ が証明できる*15). $a \in \bar{A}$ とすると $a \in U \in \mathcal{O}$ に対して, $F := U^c \in \mathcal{C}$ かつ $a \notin F$ であるから $A \not\subset F$ である. よって $A \cap U \neq \emptyset$ がいえる. よって a は (2) の右辺に含まれる. 逆に $a \notin \bar{A}$ であるとすると, $A \subset F$ となる $\exists F \in \mathcal{C}$ に対して $a \notin F$ となる. よって, $F^c \in \mathcal{O}$ が $a \in F^c$ かつ $A \cap F^c = \emptyset$ を満たすので, a は (2) の右辺には含まれない. よって目標となる等式を得る.
(3) まず $\partial A = \bar{A} \cap (A^\circ)^c$ である. (2) の右辺の条件に (1) の右辺の否定 $\forall U \in \mathcal{O}(a \notin U \vee U \not\subset A) \equiv \forall U \in \mathcal{O}(a \in U \to A^c \cap U \neq \emptyset)$ をつけ加えることで目標の等式を得る. □

2.2.2 その他の位相空間の例

位相空間を定義したことで, 距離空間からはかけ離れたような空間も扱えるようになった. ここで, 距離空間や離散空間にはならない位相空間*16) を挙げておく.

例 2.9 X を集合とする. $\mathcal{O}_{\mathrm{cf}} = \{A \in \mathcal{P}(X) | |A^c| < \aleph_0\} \cup \{\emptyset\}$ として定義するとき, $(X, \mathcal{O}_{\mathrm{cf}})$ は位相空間を与える. このような位相を**補有限位相**という.

例題 2.24 補有限位相は位相であることを確かめよ.

(解答) $|X^c| = 0$ であり, $X \in \mathcal{O}_{\mathrm{cf}}$ かつ $\emptyset \in \mathcal{O}_{\mathrm{cf}}$ であるので, 位相の条件 (I) が満たされる. $\forall n \in \mathbb{N}$ に対して, $U_1, \cdots, U_n \in \mathcal{O}_{\mathrm{cf}}$ とする. このとき, $(U_1 \cap \cdots \cap U_n)^c = U_1^c \cup \cdots \cup U_n^c$ は有限集合の有限和集合だから有限集合である. よって, $U_1 \cap \cdots \cap U_n \in \mathcal{O}_{\mathrm{cf}}$ であり位相の条件 (II) を満たす. また, $\{U_\lambda \in \mathcal{O}_{\mathrm{cf}} | \lambda \in \Lambda\}$ を任意個の $\mathcal{O}_{\mathrm{cf}}$ 族とする. このとき, $\left(\bigcup_{\lambda \in \Lambda} U_\lambda\right)^c = \bigcap_{\lambda \in \Lambda} U_\lambda^c$ であり, この集合は有限集合の部分集合であるので有限集合である. ゆえに,

*14) 例題 2.19 の説明と同様の議論を適用せよ.
*15) ここで $\mathcal{C}$ は X の閉集合全体の集合 (**閉集合系**という) を表す.
*16) 密着空間はそのような最初の例だった.

$\bigcup_{\lambda \in \Lambda} U_\lambda \in \mathcal{O}_{\mathrm{cf}}$ であり位相の条件 (III) を満たす．

補有限位相は，X が有限集合なら，離散空間と同相であるが，X が無限集合である場合はそうではない．以下を示そう．

例題 2.25 無限集合 X 上の補有限位相 $\mathcal{O}_{\mathrm{cf}}$ は距離空間と同相でない*17) ことを示せ．

(解答) 空ではない $U \in \mathcal{O}_{\mathrm{cf}}$ は無限集合*18) であり，$\bar{U}$ は U を含む閉集合であるから，$\bar{U} = X$ となる．$(X, \mathcal{O}_{\mathrm{cf}})$ が距離位相空間と同相であると仮定する．$\forall p \in X$ に対して，$p \neq q \in X$ なる点 q をとり，$d(p,q) = \delta$ とする．このとき，三角不等式から $d(q, B(p, \delta/2)) \geq \delta/2 > 0$ がわかるから，例題 2.18 から $q \notin \overline{B(p, \delta/2)}$ が成り立つ．閉包が X と一致しない開集合が存在したので，補有限位相は距離位相空間と同相ではない． □

注 2.9 位相空間 $(X, \mathcal{O})$ がある距離位相空間 $(Y, \mathcal{O}_{d_Y})$ と同相であるなら，その全単射 $f : Y \to X$ によって X 上にも距離 d が誘導され，その距離位相 $\mathcal{O}_d$ が $\mathcal{O}$ と一致する．上の証明ではそのような d を取って議論している．また，そのような位相空間 $(X, \mathcal{O})$ は**距離化可能**という．

例 2.10 有限集合上の距離位相空間は離散位相空間であることはすぐ分かるが，有限集合にはそれ以外にも位相を入れることができる．例えば，3 元集合 $X_3 = \{a, b, c\}$ 上の位相空間の同相類は，全部で 9 個である．離散位相空間，密着位相空間以外の同相類の代表元を挙げると以下のようになる．つまり下の例に a, b, c を入れかえてできる位相空間は除いてある．

$$
\begin{aligned}
\mathcal{O} \setminus \{\emptyset, X_3\} = &\{\{a\}\},\ \{\{a\},\ \{a,b\}\},\ \{\{a\},\{b,c\}\},\ \{\{a\},\{a,b\},\{a,c\}\} \\
&\{\{a\},\{b\},\{a,b\}\},\ \{\{a\},\{b\},\{a,b\},\{a,c\}\},\ \{\{a,b\}\}
\end{aligned}
$$

これらの位相空間は，任意の 1 元部分集合は，閉集合になっていない．例えば，$(X_3, \mathcal{O} = \{\emptyset, \{a\}, X_3\})$ の閉集合系は $\{\emptyset, \{b,c\}, X_3\}$ のみであり，$\{a\}, \{b\}, \{c\}$ は全て閉集合ではない．

2.3 近傍・開基

2.3.1 近傍

位相空間とは，集合と開集合系を組みにして得られる空間のことであった．次に，集合上に近傍系を定義することで位相空間を再構成しよう．

---

*17) このような位相空間を距離化不可能という．

*18) 任意の開集合は無限集合か空集合であり，任意の閉集合は有限集合か X である．

定義 2.11（近傍系） X を集合とする．$\forall x \in X$ に対して $\mathcal{N}(x) \subset \mathcal{P}(X)$ が x の**近傍系**であるとは以下の条件を満たすものをいい，$\mathcal{N}(x)$ の元を x の**近傍**という．

(1) $\mathcal{N}(x) \neq \emptyset \wedge (V \in \mathcal{N}(x) \to x \in V)$

(2) $\forall V_1, V_2 \in \mathcal{N}(x)(V_1 \cap V_2 \in \mathcal{N}(x))$

(3) $\forall V \in \mathcal{N}(x)(V \subset W \subset X \to W \in \mathcal{N}(x))$

(4) $\forall V \in \mathcal{N}(x) \exists W \in \mathcal{N}(x)(y \in W \to V \in \mathcal{N}(y))$

$\forall x \in X$ に対して近傍系 $\mathcal{N}(x)$ が与えられれば，X 上に開集合系，つまり位相空間を構成することができる．

例題 2.26（近傍系から開集合系） X を集合とする．$\forall x \in X$ に対して $\mathcal{N}(x)$ をある近傍系とする．$\mathcal{O}_{\mathcal{N}} = \{U \subset X | \forall x \in U(U \in \mathcal{N}(x))\}$ とするとき，$\mathcal{O}_{\mathcal{N}}$ は X の開集合系であることを示せ．

（解答） $\mathcal{O}_{\mathcal{N}}$ が位相の条件 (I) を満たすことを確かめよう．$\emptyset \in \mathcal{O}_{\mathcal{N}}$ であることは $\mathcal{O}_{\mathcal{N}}$ の条件から確かめられる．$\forall x \in X$ に対して，近傍系の条件 (1) から $\mathcal{N}(x)$ は空ではなく，$U \in \mathcal{N}(x)$ をとれば，$U \subset X$ であるので，(3) から $X \in \mathcal{N}(x)$ である．よって，$X \in \mathcal{O}_{\mathcal{N}}$ である．位相の条件 (II) を確かめよう．$\forall U, V \in \mathcal{O}_{\mathcal{N}} \to U \cap V \in \mathcal{O}_{\mathcal{N}}$ を示せばよい．$\forall U, V \in \mathcal{O}_{\mathcal{N}}$ とし $\forall x \in U \cap V$ とすると，$U \in \mathcal{N}(x)$ かつ $V \in \mathcal{N}(x)$ であり，近傍系の条件 (2) から，$U \cap V \in \mathcal{N}(x)$ であり，$U \cap V \in \mathcal{O}_{\mathcal{N}}$ となる．位相の条件 (III) を確かめよう．$\mathcal{O}_{\mathcal{N}}$ の任意の族 $\{U_\lambda \in \mathcal{O}_{\mathcal{N}} | \lambda \in \Lambda\}$ をとる．$\forall x \in \bigcup_{\lambda \in \Lambda} U_\lambda$ とすると，$\exists \lambda \in \Lambda(x \in U_\lambda)$ であり，$U_\lambda \subset \bigcup_{\lambda \in \Lambda} U_\lambda$ であるので，近傍系の条件 (3) から $\bigcup_{\lambda \in \Lambda} U_\lambda \in \mathcal{N}(x)$ である．よって，$\bigcup_{\lambda \in \Lambda} U_\lambda \in \mathcal{O}_{\mathcal{N}}$ が成り立つ． □

近傍系は，集合上のある位相空間を構成したが，逆に開集合系を用いることで以下のように近傍系を構成することができる．

例題 2.27（開集合系から近傍系） $(X, \mathcal{O})$ を位相空間とする．$\forall x \in X$ に対して $\mathcal{N}_{\mathcal{O}}(x) = \{V \subset X | \exists U \in \mathcal{O}(x \in U \subset V)\}$ とするとき，$\mathcal{N}_{\mathcal{O}}(x)$ は x の近傍系となることを示せ．

（解答） まず，$\mathcal{N}_{\mathcal{O}}(x)$ は x を含む任意の開集合を含む．それは，$U = V$ としてとればよいからである．条件を順番に示そう．(1) $X \in \mathcal{N}_{\mathcal{O}}(x)$ であることと，$\mathcal{N}_{\mathcal{O}}(x)$ の定義からわかる．(2) $\forall V_1, V_2 \in \mathcal{N}_{\mathcal{O}}(x)$ とすると，$U_1, U_2 \in \mathcal{O}$ が存在して，$x \in U_i \subset V_i$ となる．ゆえに，$x \in U_1 \cap U_2 \subset V_1 \cap V_2$ が成り立ち，$V_1 \cap V_2 \in \mathcal{N}_{\mathcal{O}}(x)$ がいえる．(3) $\forall V \in \mathcal{N}_{\mathcal{O}}(x)$ に対して，$\exists U \in \mathcal{O}(x \in U \subset V)$ であり，$V \subset W$ なる W に対しても $U \subset W$ であるから $W \in \mathcal{N}(x)$ である．(4) $V \in \mathcal{N}_{\mathcal{O}}(x)$ に対して，$\exists W \in \mathcal{O}(x \in W \subset V)$ となる．この解答の最初に

書いたことから，$W \in \mathcal{N}_{\mathcal{O}}(x)$ である．ここで $\forall y \in W$ に対して $y \in W \subset V$ であるから，$V \in \mathcal{N}_{\mathcal{O}}(y)$ であることがわかる． □

注 2.10 近傍 V が $V \in \mathcal{N}_{\mathcal{O}}(x)$ であるとは，x が V の内点であるということである．つまり同値条件 $V \in \mathcal{N}_{\mathcal{O}}(x) \leftrightarrow x \in V^{\circ}$ が満たされる．距離位相空間において ϵ-近傍 $B_d(x,\epsilon)$ は x の近傍である．一般に $\mathcal{N}_{\mathcal{O}}(x)$ には x を含む開集合（**開近傍**という）はすべて含まれるがそれだけとは限らない．閉集合となる近傍（**閉近傍**という）もあり，例えば距離位相空間において $\overline{B_d(x,\epsilon)}$ は x の閉近傍である．

我々は開集合系から近傍系（$\mathcal{O} \rightsquigarrow \mathcal{N}_{\mathcal{O}}$），また近傍系から開集合系（$\mathcal{N} \rightsquigarrow \mathcal{O}_{\mathcal{N}}$）を構成した．この 2 つの構成は互いに逆操作である．すなわち，$\mathcal{O}_{\mathcal{N}_{\mathcal{O}}} = \mathcal{O}$ であり，$\mathcal{N}_{\mathcal{O}_{\mathcal{N}}} = \mathcal{N}$ である．このことを示そう．

例題 2.28 $\mathcal{O}_{\mathcal{N}_{\mathcal{O}}} = \mathcal{O}$ を示せ．

（解答） $U \in \mathcal{O}_{\mathcal{N}_{\mathcal{O}}}$ であること，つまり，$\forall x \in U(U \in \mathcal{N}_{\mathcal{O}}(x))$ は，U のすべての元が，$\mathcal{O}$ における内点であることと同値である（注 2.10 を見よ）．これは，$U^{\circ} = U$ であることと同値であるから，$U \in \mathcal{O}$ であることとも同値である．したがって，題意が成り立つ． □

例題 2.29 $\forall x \in X$ に対して，$\mathcal{N}_{\mathcal{O}_{\mathcal{N}}}(x) = \mathcal{N}(x)$ を示せ．

（解答） $\forall V \in \mathcal{N}_{\mathcal{O}_{\mathcal{N}}}(x)$ とする．このとき，$\exists U \in \mathcal{O}_{\mathcal{N}}(x \in U \subset V)$ が成り立つ．よって，$\mathcal{O}_{\mathcal{N}}$ の定義から，$U \in \mathcal{N}(x)$ である．さらに近傍の条件 (3) から，$V \in \mathcal{N}(x)$ である．

また，$\forall V \in \mathcal{N}(x)$ とし，$V' = \{y \in X | V \in \mathcal{N}(y)\}$ とおく．条件から，$x \in V' \subset V$ である．今，$\forall y \in V'$ とすると，$V \in \mathcal{N}(y)$ であることと，近傍の条件 (4) から $\exists W \in \mathcal{N}(y)$ に対して，$\forall z \in W \to V \in \mathcal{N}(z)$ となる．V' の定義から $z \in V'$ である．よって，$W \subset V'$ が成り立つので，近傍の条件 (3) から $V' \in \mathcal{N}(y)$ となる．$\forall y \in V'(V' \in \mathcal{N}(y))$ がいえたので，$V' \in \mathcal{O}_{\mathcal{N}}$ が成り立つ．これは，$V \in \mathcal{N}_{\mathcal{O}_{\mathcal{N}}}(x)$ であることを意味している．したがって題意が成り立つことが示せた． □

注 2.11 集合 X に対して近傍系（の族）$\{\mathcal{N}(x) | \forall x \in X\}$ が与えられた空間を $(X, \mathcal{N})$ と書くことにすれば，これは X 上に位相を定めたことと同じであり，それも位相空間と呼ぶ．また，あらゆる位相空間は近傍系を用いて与えられる*19)．つまり，開集合系からではなく近傍系から出発しても，全く同じ位相空間論を論じることができるのである．よって，開集合系によって与えられる

*19) 専ら，慣用的に開集合系を与えた空間の場合，$\mathcal{O}$ の記号を用い，近傍系には $\mathcal{N}$ の記号を用いることにする．

位相空間の内容は，近傍系を使っても書き直すことができる．

ここで，開集合系，近傍系それぞれの場合において，部分集合 $A \subset X$ の内点（$x \in A^\circ$），触点（$x \in \bar{A}$），孤立点がどのように定義されるかまとめておく．**孤立点**については，この性質においてその定義とする．

	開集合系	近傍系
内点 x	$\exists U \in \mathcal{O}(x \in U \subset A)$	$A \in \mathcal{N}(x)$
触点 x	$\forall U \in \mathcal{O}(x \in U \to A \cap U \neq \emptyset)$	$\forall W \in \mathcal{N}(x) \to A \cap W \neq \emptyset$
孤立点 x	$\exists U \in \mathcal{O}(x \in U \to A \cap U = \{x\})$	$\exists U \in \mathcal{N}(x)(A \cap U = \{x\})$

最後に，近傍系を用いて写像 $f : X \to Y$ の連続性を表そう．

例題 2.30 $(X, \mathcal{N}_1), (Y, \mathcal{N}_2)$ を近傍系から定義した位相空間とする．このとき，$f : X \to Y$ が連続であるとは $\forall x \in X$ に対して

$$\forall V \in \mathcal{N}_2(f(x)) \to f^{-1}(V) \in \mathcal{N}_1(x) \qquad (*)$$

が成り立つことと同値であることを示せ．

上の条件は，f が連続写像 $(X, \mathcal{O}_{\mathcal{N}_1}) \to (Y, \mathcal{O}_{\mathcal{N}_2})$ を与えるための必要十分条件である．

（解答） f が連続であるとする．$\forall x \in X$ に対して $\forall V \in \mathcal{N}_2(f(x))$ をとる．例題 2.29 から $U \subset V$ となる開集合 $U \in \mathcal{O}_{\mathcal{N}_2}$ が存在し，$f(x) \in U \subset V$ となる．連続性から，$f^{-1}(U) \in \mathcal{O}_{\mathcal{N}_1}$ が成り立つ．$f^{-1}(U) \subset f^{-1}(V)$ であるから，$f^{-1}(V) \in \mathcal{N}_1(x)$ が成り立つ．

逆に，$(*)$ が成り立つとする．$U \in \mathcal{O}_{\mathcal{N}_2}$ とする．$\forall x \in f^{-1}(U)$ に対して $U \in \mathcal{N}_2(f(x))$ であるから，$(*)$ を適用させることで，$f^{-1}(U) \in \mathcal{N}_1(x)$ である．よって，$f^{-1}(U) \in \mathcal{O}_{\mathcal{N}_1}$ となり，f が連続であることがわかる． □

例題 2.31 $(X, \mathcal{O}_{\mathcal{N}})$ が開集合系による密着位相空間，もしくは離散位相空間であるとき，その近傍系 $\mathcal{N}(x)$ をそれぞれ求めよ．

（解答） 位相空間 $(X, \mathcal{O}_{\mathcal{N}})$ が密着位相であるとする．このとき，$\mathcal{N}_{\mathcal{O}_{\mathcal{N}}} = \mathcal{N}$ であるから，$\mathcal{N}_{\mathcal{O}_{\mathcal{N}}}$ を構成すればよい．$\mathcal{O}_{\mathcal{N}} = \{\emptyset, X\}$ であるから，$\mathcal{N}_{\mathcal{O}_{\mathcal{N}}}(x) = \{V \subset X | x \in X \subset V\} = \{X\}$ である．

同じように，$\mathcal{O}_{\mathcal{N}}$ が離散位相の場合にも，$\mathcal{N}_{\mathcal{O}_{\mathcal{N}}}$ を構成すればよく，$\mathcal{N}_{\mathcal{O}_{\mathcal{N}}}(x) = \{V \subset X | \exists U \in \mathcal{P}(X)(x \in U \subset V)\} = \{V \subset X | x \in V\}$ となる． □

2.3.2 基本近傍系

近傍系の定義の条件 (3)「$\forall U \in \mathcal{N}(x)(U \subset V \to V \in \mathcal{N}(x))$」より，$U \subset X$

が $U \in \mathcal{N}(x)$ であるかどうかは，x の近くの U の様子に依存している．$\mathcal{N}(x)$ のうちで本質的に $\mathcal{N}(x)$ の元を特徴づける近傍の集合を考えたい．以下の定義をしよう．

定義 2.12 位相空間 $(X,\mathcal{N})$ に対して，$\mathcal{N}^*(x) \subset \mathcal{N}(x)$ が x の**基本近傍系**であるとは，$\forall V \in \mathcal{N}(x) \exists V' \in \mathcal{N}^*(x)(V' \subset V)$ を満たすものと定義する*20)．

注 2.12 基本近傍系の取り方は，$\mathcal{N}(x)$ に対して一意ではない．x の基本近傍系 $\mathcal{N}^*(x)$ には，少なくとも，近傍の条件 (1),(2),(3),(4) に対応していくらでも小さい近傍を入れておく必要はある．また，基本近傍系は近傍系である必要はなくなる．

例 2.11 自明な基本近傍系の例として $\mathcal{N}(x)$ そのものをとることができる．他の例として，x を含む開近傍全体は基本近傍系となる．

例題 2.32 距離位相空間の近傍系は $\mathcal{N}_d(x) = \mathcal{N}_{\mathcal{O}_d}(x)$ と定義される．距離位相空間 $(X,\mathcal{N}_d)$ において $\mathcal{N}_d^*(x) = \{B_d(x,r)|r \in \mathbb{R}_{>0}\}$ は $\mathcal{N}_d(x)$ の基本近傍系であることを示せ．

（解答） $\forall V \in \mathcal{N}_d(x)$ に対して，$\exists U \in \mathcal{O}_d(x \in U \subset V)$ となる．距離空間の開集合の定義から $\exists r > 0(B_d(x,r) \subset U)$ となり，特に $B_d(x,r) \subset V$ なので，$\mathcal{N}_d^*(x)$ は距離空間の基本近傍系となる． □

定義 2.13（第 1 可算公理） 位相空間 $(X,\mathcal{N})$ が $\forall x \in X$ に対して，x の高々可算濃度の基本近傍系が取れるとき，$(X,\mathcal{N})$ は**第 1 可算公理**を満たすという．

位相空間が第 1 可算公理を満たすかどうかは，同相な位相空間では変わらない．

例題 2.33 任意の距離位相空間は第 1 可算公理を満たすことを示せ．

（解答） $(X,\mathcal{N}_d)$ を近傍系による距離位相空間とする．例題 2.32 において，$\{B_d(x,r)|r \in \mathbb{R}_{>0}\}$ が基本近傍系であることを示した．r を任意の正の実数とする．このとき，有理数の稠密性により $\exists s \in \mathbb{Q}\ (0 < s < r)$ となる．よって，$B_d(x,s) \subset B_d(x,r)$ となるので，$\mathcal{N}^*(x) = \{B_d(x,r)|r \in \mathbb{Q}_{>0}\}$ は，$(X,\mathcal{N}_d)$ における x の可算濃度の基本近傍系であることがわかる． □

例 2.12（p-進近傍系） p を素数とする*21)．$\forall n \in \mathbb{Z}$, $\forall a \in \mathbb{N}_0$ に対して，$U_a(n) = n + p^a\mathbb{Z}$ とする*22)．このとき，$U_a(n)$ は a に関して，$\mathbb{Z} = U_0(n) \supset U_1(n) \supset \cdots \supset U_a(n) \supset U_{a+1}(n) \supset \cdots$ となる包含関係の降下列を生む．$\mathcal{N}_p(n) = \{V \subset \mathbb{Z}|\exists a \in \mathbb{N}_0(U_a(n) \subset V)\}$ とすると，$\mathcal{N}_p(n)$ は，$\mathbb{Z}$ 上の近傍

---

*20) $V \in \mathcal{N}^*(x) \to x \in V$ である

*21) 位相空間論的な立場では，この先の議論において p を素数とする必要性はない．

*22) $n + p^a\mathbb{Z}$ は $\{n + \lambda p^a|\lambda \in \mathbb{Z}\}$ のこととする．

系を定め，$\mathcal{N}_p^*(n) = \{U_a(n)|a \in \mathbb{N}_0\}$ はその基本近傍系となる．この位相空間 $(\mathbb{Z}, \mathcal{N}_p)$ を $\mathbb{Z}$ 上の p-**進位相**空間という．$\mathcal{N}_p^*(n)$ は可算個の基本近傍系なので，$(\mathbb{Z}, \mathcal{N}_p)$ は第 1 可算公理を満たす．そもそも，この位相は距離位相にもなる．$\forall n, m \in \mathbb{Z}$ に対して，$n = m$ なら $d(n, m) = 0$，そうでなければ

$$d(n,m) = 2^{-r} \quad (n - m = sp^r \ (s \text{ は } p \text{ と互いに素な整数}))$$

と定義すると，d は $\mathbb{Z}$ 上の距離関数となり，$U_a(n) = B_d(n, 2^{-a})$ である．

2.3.3 開基

基本近傍系とは近傍系の中から本質的にその位相を特徴付けている近傍を選んでできたものだった．開集合系においても，その位相を特徴付ける開集合の集まりを定義することができる．

定義 2.14（開基） $(X, \mathcal{O})$ を位相空間とする．$\mathcal{B} \subset \mathcal{O}$ が**開基**であるとは，$\forall U \in \mathcal{O}$ に対して，以下を満たすものをいう．

$$\forall a \in U \exists V \in \mathcal{B}(a \in V \subset U)$$

開集合系の中からより基本的な部分集合を集めるという点は，基本近傍系の発想と類似している．また，基本近傍系のときと同様，開基の取り方は一意ではない．

開基のもう一つの見方を与える．

例題 2.34 $(X, \mathcal{O})$ を開集合系による位相空間とする．$\mathcal{B} \subset \mathcal{O}$ が開基であることは，次の $(**)$ を満たすことと必要十分であることを示せ．

$$\forall U \in \mathcal{O} \exists \mathcal{S} \subset \mathcal{B} \left(U = \bigcup_{V \in \mathcal{S}} V \right) \qquad (**)$$

（解答） $\mathcal{B}$ が $(**)$ を満たすとする．$\forall U \in \mathcal{O}$ に対して，$(**)$ を満たす $\mathcal{S} \subset \mathcal{B}$ をとる．$\forall a \in U$ に対して，$\exists V \in \mathcal{S}(a \in V \subset U)$ となる．よって $\mathcal{B}$ が開基であることがわかった．逆に，$\mathcal{B}$ が開基であるとする．$\forall U \in \mathcal{O}$ に対して $\mathcal{S} = \{V \in \mathcal{B}|V \subset U\}$ とおくと $U = \bigcup_{V \in \mathcal{S}} V$ が成り立つことが示せればよい．実際，$\mathcal{S}$ の条件から，$\bigcup_{V \in \mathcal{S}} V \subset U$ が満たされ，$\forall a \in U$ に対して，開基の条件から $a \in V \subset U$ となる $V \in \mathcal{B} \subset \mathcal{O}$ が存在するので，$V \in \mathcal{S}$ であり，$a \in \bigcup_{V \in \mathcal{S}} V$ となる．よって，$(**)$ が示された． □

この例題 2.34 により，$\mathcal{B}$ が開基であるとは，そのいくつかを選んで和集合をとればすべての開集合を作ることができる開集合の集まりのことといえる．例えば空集合を作るには，$\mathcal{S} \subset \mathcal{B}$ として，$\mathcal{S} = \emptyset$ をとればよい．

例 2.13 距離位相空間 $(X, \mathcal{O}_d)$ には，開基を $\mathcal{B}_d = \{B_d(x,r) | x \in X, \forall r > 0\}$ としてとればよい．この $\mathcal{B}_d$ が開基であることは，距離空間の開集合の定義そのものである．とくに，$\{(a,b) \subset \mathbb{R} | a, b \in \mathbb{R}\}$ は，$(\mathbb{R}, \mathcal{O}_{d_1})$ の開基となる．

第 1 可算公理の，開基の観点からの対応物を定義する．

定義 2.15（第 2 可算公理） 位相空間 $(X, \mathcal{O})$ の開基 $\mathcal{B}$ として，高々可算な集合が取れるとき，$(X, \mathcal{O})$ は**第 2 可算公理**を満たすという．

第 1 可算公理は各点において高々可算な基本近傍基があればよかったが，第 2 可算公理は全体として高々可算個の開基を持つ必要がある．次に可分空間を定義しよう．

定義 2.16（可分） 位相空間 $(X, \mathcal{O})$ が高々可算な稠密部分集合を持つとき，$(X, \mathcal{O})$ は**可分**という．

位相空間 $(X, \mathcal{O})$ において $A \subset X$ が**稠密**とは，$\bar{A} = X$ を満たすことをいう．つまり，可分とは可算部分集合 $A = \cup\{a_i | i \in \mathbb{N}\}$ が存在して，X の任意の元 x が a_i の部分点列でいくらでも近くに近づける[*23)]ということである．

第 1 可算公理，第 2 可算公理，可分について，次の関係を証明しよう．

例題 2.35 第 2 可算公理を満たす位相空間は，第 1 可算公理を満たし，かつ可分であることを示せ．

(解答) 位相空間 $(X, \mathcal{O})$ の可算開基を $\mathcal{B}$ とする．$\forall x \in X$ に対して，$\mathcal{N}^*(x) = \{U \in \mathcal{B} | x \in U\}$ とおくと，これは可算集合である．$\mathcal{N}^*(x)$ は基本近傍系であることを示す．$\forall V \in \mathcal{N}_{\mathcal{O}}(x)$ をとる．このとき $\exists U \in \mathcal{O}(x \in U \subset V)$ となり，$\mathcal{B}$ が開基であることから，$\exists W \in \mathcal{B}(x \in W \subset U \subset V)$ となる．$W \in \mathcal{N}^*(x)$ であるので，$\mathcal{N}^*(x)$ が基本近傍系であることがわかった．

次に，$\forall U \in \mathcal{B}$ に対して点 $a_U \in U \in \mathcal{B}$ を選び[*24)]，$A = \{a_U \in X | U \in \mathcal{B}\}$ とおく．A は高々可算集合である．A は X において稠密であることを示そう．$\forall x \in X$ かつ $\forall V \in \mathcal{N}_{\mathcal{O}}(x)$ とすれば，$\exists W \in \mathcal{B}(x \in W \subset V)$ であり，$a_W \in W$ より，$a_W \in V$ である．つまり，$A \cap V \neq \emptyset$ であるのだから，$\bar{A} = X$ がいえた． □

例題 2.36 距離位相空間 $(X, \mathcal{O}_d)$ において，可分であることと第 2 可算公理を満たすことは同値であることを示せ．

(解答) 例題 2.35 で，一般に第 2 可算公理を満たすならば可分であることを既に示しているから，可分距離空間が第 2 可算公理を満たすことを示せば十分で

*23) 注 2.6 の "任意に近い点" を思い出そう．
*24) 選択公理を仮定する．

ある．

A を X の稠密な高々可算集合とする．$\mathcal{B} = \{B_d(a, 1/r) | a \in A, r \in \mathbb{N}\}$ とおくと，$|\mathcal{B}| \leq |\mathbb{N} \times \mathbb{N}| = \aleph_0$ であるので，$\mathcal{B}$ が開基となることを示せばよい．$\forall U \in \mathcal{O}_d$ と，$\forall p \in U$ に対して，$B_d(p, 2/r) \subset U$ なる $r \in \mathbb{N}$ が存在する．A の稠密性から $\exists a \in A(a \in B_d(p, 1/r))$ となる．よって，$p \in B_d(a, 1/r) \in \mathcal{B}$ であり，$B_d(a, 1/r) \subset B_d(p, 2/r) \subset U$ が成り立つから，$\mathcal{B}$ は開基である．□

開基に可算個の点を付け加えても第 2 可算公理は保存されるので，例えば，$(\mathbb{R}, \mathcal{O}_{d_1} \cup \mathcal{P}(\mathbb{Q}))$ は第 2 可算公理を満たす位相空間である．実際，距離化可能でもある．

また，可分という条件は，距離化可能であるためには必要ではない．例えば，離散位相空間 $(\mathbb{R}, \mathcal{P}(\mathbb{R}))$ は，$\mathbb{R}$ 上の離散距離空間として距離化可能であるが，任意の可算部分集合 A は閉集合でもあり，$\bar{A} = A \neq \mathbb{R}$ より，可分にはならない．

例 2.14 ユークリッド距離位相空間 $(\mathbb{R}^n, \mathcal{O}_{d_n})$ は可算稠密集合 $\mathbb{Q}^n$ を持つので，可分な空間であることがわかる．2 乗和有限な実数列全体の集合 $\ell^2 = \{(a_i) \in \mathbb{R}^{\mathbb{N}} | \sum_{i=1}^{\infty} a_i^2 < \infty\}$ は距離関数を $d_\infty^2((a_i), (b_i)) = \sqrt{\sum_{i=1}^{\infty} (a_i - b_i)^2}$ とすることで距離空間となる*25)．

ここで，以下を示そう．

例題 2.37 $(\ell^2, \mathcal{O}_{d_\infty^2})$ は可分な位相空間であることを示せ．

（解答） $A_n \subset \ell^2$ を，$A_n = \{(a_i) \in \mathbb{Q}^{\mathbb{N}} | \forall m \in \mathbb{N}(m > n \to a_m = 0)\}$ とする．このとき，$A = \bigcup_{n=1}^{\infty} A_n$ とすると，

$$|A| \leq |\mathbb{Q}| + |\mathbb{Q} \times \mathbb{Q}| + |\mathbb{Q} \times \mathbb{Q} \times \mathbb{Q}| + \cdots = \aleph_0 + \aleph_0 + \cdots = \aleph_0 \times \aleph_0 = \aleph_0 \text{*26)}$$

となる．A の ℓ^2 における稠密性を示そう．$\forall (x_i) \in \ell^2$ に対し，$\forall \epsilon > 0$ とする．このとき，$\mathbb{Q}$ の稠密性から，$\forall i \in \mathbb{N} \exists a_i \in \mathbb{Q}(|x_i - a_i| < \frac{\epsilon}{(\sqrt{2})^{i+1}})$ となる．また，$\sum_{i=1}^{\infty} x_i^2$ は収束するので $\sum_{i=N+1}^{\infty} x_i^2 < \frac{\epsilon^2}{2}$ となる自然数 N が存在し，そのような N に対して，数列 (a_i^N) を $a_i^N = a_i \ (i \leq N)$ かつ $a_i^N = 0 \ (i > N)$ と定義すると，$(a_i^N) \in A$ であり，$d_\infty^2((x_i), (a_i^N))^2 = \sum_{i=1}^{\infty} (x_i - a_i^N)^2 \leq \sum_{i=1}^{N} \frac{\epsilon^2}{2^{i+1}} + \frac{\epsilon^2}{2} = \frac{\epsilon^2}{2}(1 - \frac{1}{2^N}) + \frac{\epsilon^2}{2} < \epsilon^2$ となるから，$(a_i^N) \in A \cap B_{d_\infty^2}((x_i), \epsilon)$ より $A \cap B_{d_\infty^2}((x_i), \epsilon) \neq \emptyset$ であることがわかる．□

注 2.13 $\ell^\infty = \{(x_i) \in \mathbb{R}^{\mathbb{N}} | \sup\{|x_i| | i \in \mathbb{N}\} < \infty\}$ とおき，距離関数を

*25) $\mathbb{R}^{\mathbb{N}}$ は $i \in \mathbb{N}$ に対して $a_i \in \mathbb{R}$ を対応させる数列全体の集合とみなせる．

*26) 公理的集合論の節（1.5 節）以後，濃度を改めて定義していなかった．集合 X の**濃度** $|X|$ とは，X と対等な順序数のうちで最小なものと定義する．また，添字づけられた集合 $\{X_\lambda | \lambda \in \Lambda\}$ の $|X_\lambda|$ の和とは X_λ の与える順序数の和と対等な順序数のうちで最小な順序数と定義する．

$d_{\sup}((x_i),(y_i)) = \sup\{|x_i - y_i||i \in \mathbb{N}\}$ とすると，$(\ell^\infty, d_{\sup})$ は距離空間となるが，その距離位相空間は可分ではない．よって第2可算公理も満たさない．

例 2.15 実数直線 $\mathbb{R}$ 上に，$\mathcal{B}_l = \{[a,b)|a,b \in \mathbb{R}\}$ を開基として位相を定めたものを**下限位相**（もしくは**ゾルゲンフライ直線**）といい，$\mathcal{O}_l$ と書く．また，$\mathcal{B}_u = \{(a,b]|a,b \in \mathbb{R}\}$ を開基として位相を定めたものを**上限位相**といい，$\mathcal{O}_u$ と書く．上で記したように，$\{(a,b) \subset \mathbb{R}|a,b \in \mathbb{R}\}$ を開基とした位相空間は $(\mathbb{R}, \mathcal{O}_{d_1})$ であった．

ここで，次の定義をする．

定義 2.17（位相の強弱） 集合 X 上の位相 $\mathcal{O}_1$, $\mathcal{O}_2$ において，$\mathcal{O}_1 \subset \mathcal{O}_2$ かつ $\mathcal{O}_1 \neq \mathcal{O}_2$ である場合，$(X, \mathcal{O}_2)$ は $(X, \mathcal{O}_1)$ より**強い位相**をもつ（または $(X, \mathcal{O}_1)$ は $(X, \mathcal{O}_2)$ より**弱い位相**をもつ）といい，$(X, \mathcal{O}_1) < (X, \mathcal{O}_2)$ と書く．X 上の位相 $\mathcal{O}_1, \mathcal{O}_2$ が $\mathcal{O}_1 = \mathcal{O}_2$ であるとき，それらの位相は**同値**であるという．

この不等号は X 上の位相空間全体の集合に順序関係を与える．任意の集合上の位相では離散位相が最強，密着位相が最弱の位相である．次を示そう．

例題 2.38 $(\mathbb{R}, \mathcal{O}_{d_1}) < (\mathbb{R}, \mathcal{O}_l)$ であることを示せ．

（解答） $\mathcal{O}_{d_1} \subset \mathcal{O}_l$ かつ $\mathcal{O}_{d_1} \neq \mathcal{O}_l$ であることを示せばよい．半開区間を用いると，$\bigcup_{n\in\mathbb{N}} [a+\frac{1}{n}, b) = (a,b)$ が証明できる[*27]．位相の条件 (III) から $(a,b) \in \mathcal{O}_l$ であることがわかった．$\mathcal{O}_l$ には $\mathcal{O}_{d_1}$ の開基のすべての元が含まれるので，$\mathcal{O}_{d_1} \subset \mathcal{O}_l$ がわかる．

次に，$[0,1) \notin \mathcal{O}_{d_1}$ を示す．もし，$[0,1) \in \mathcal{O}_{d_1}$ であるとすると，$\exists c,d \in \mathbb{R}(0 \in (c,d) \subset [0,1))$ となるが，$c < 0$ と $0 \leq c$ が両方成り立つので矛盾する．よって $(\mathbb{R}, \mathcal{O}_{d_1}) < (\mathbb{R}, \mathcal{O}_l)$ である．□

例題 2.39 $(\mathbb{R}, \mathcal{O}_l)$ は，可分であるが，第2可算公理を満たさないことを示せ．

（解答） $\mathbb{Q} \subset \mathbb{R}$ が稠密部分集合であることを示そう[*28]．$\forall x \in \mathbb{R}$ に対して，$x \in U \in \mathcal{O}_l$ となる任意の開集合 U をとる．$\mathcal{O}_l$ の開基として，例 2.15 の $\mathcal{B}_l$ をとることで，$x \in \exists[a,b) \subset U$ となる．有理数の（通常の距離位相での）稠密性から，$\exists c \in \mathbb{Q}\ (x < c < b)$ となる．ゆえに $\mathbb{Q} \cap U \neq \emptyset$ となり，$\mathbb{Q}$ は稠密部分集合である．よって，$\mathbb{Q}$ は可算集合であるので $(\mathbb{R}, \mathcal{O}_l)$ は可分である．

---

*27） 注 1.5 参照．

*28） ある部分集合が稠密部分集合かどうかは，その位相構造に依存する．通常の距離位相で $\mathbb{Q} \subset \mathbb{R}$ が稠密であっても，それより強い位相空間の場合，稠密性は保証されない．例えば，離散位相では，$\mathbb{Q} \subset \mathbb{R}$ は稠密ではない．

次に，$(\mathbb{R}, \mathcal{O}_l)$ が第 2 可算公理を満たさないことを示そう．$\mathcal{B}$ を $(\mathbb{R}, \mathcal{O}_l)$ の任意の開基とする．$\forall a \in \mathbb{R}$ と開集合 $[a, a+1) \in \mathcal{O}_l$ に対して，$a \in U_a \subset [a, a+1)$ かつ $U_a \in \mathcal{B}$ となる開集合 U_a が存在する．ここで，$\min(U_a) = a$ であるので，$a \neq b$ ならば，$U_a \neq U_b$ である．つまり，$\mathcal{B}$ には，少なくとも $|\mathbb{R}|$ 個の開集合を含む必要がある．よって，$(\mathbb{R}, \mathcal{O}_l)$ は第 2 可算公理を満たさない． □

注 2.14 例題 2.39 より，ゾルゲンフライ直線は可分と第 2 可算公理の同値性を満たさないので例題 2.36 から距離化可能でない，つまり距離化不可能とわかる．では，可分位相空間は第 2 可算公理を満たせば距離化可能であろうか？ 一般に，位相空間が距離化可能かどうか判定する問題は重要だが難しい．よく知られている結果として，ウリゾーンの距離化定理や長田–スミルノフの距離化定理がある．これらは次章以降で紹介することになる．

いままでのことから以下の順序関係が成り立つ．

$$(\mathbb{R}, \{\emptyset, \mathbb{R}\}) < (\mathbb{R}, \mathcal{O}_{\mathrm{cf}}) < (\mathbb{R}, \mathcal{O}_{d_1}) < (\mathbb{R}, \mathcal{O}_l) < (\mathbb{R}, \mathcal{P}(\mathbb{R})).$$

ここで，$\mathcal{O}_{\mathrm{cf}}$ は $\mathbb{R}$ 上の補有限位相である．$\forall p \in \mathbb{R}$ に可算個の基本近傍系 $\mathcal{N}^*(p)$ があれば，それらの共通集合は p 以外の点を必ず含む．その点を q とすると $\mathbb{R} \backslash \{q\}$ は p の近傍だが $\mathcal{N}^*(p)$ のどの近傍も含まれない．よって，$(\mathbb{R}, \mathcal{O}_{\mathrm{cf}})$ は第 1 可算公理を満たさない．2 番目の不等式は，任意の有限集合は $\mathcal{O}_{d_1}$ において閉集合であることと，$\mathcal{O}_{\mathrm{cf}}$ が距離化不可能であることからわかる．最後の不等式は，例題 2.39 より $(\mathbb{R}, \mathcal{O}_l)$ が可分であるが，$(\mathbb{R}, \mathcal{P}(\mathbb{R}))$ はそうでないことからわかる．同じように，$(\mathbb{R}, \mathcal{O}_{d_1}) < (\mathbb{R}, \mathcal{O}_u) < (\mathbb{R}, \mathcal{P}(\mathbb{R}))$ が成り立つが，$(\mathbb{R}, \mathcal{O}_u)$ と $(\mathbb{R}, \mathcal{O}_l)$ は比較可能ではない[*29]．もし $\mathcal{O}_u \subset \mathcal{O}_l$ として任意の半開区間 $(a, b]$ が $\mathcal{O}_l$ の元であるとすると，$\forall a \in \mathbb{R}$ に対して，$(a-1, a] \cap [a, a+1) = \{a\} \in \mathcal{O}_l$ となり，$\mathcal{O}_l$ と $\mathcal{P}(\mathbb{R})$ が同値になり矛盾する．

2.4 相対位相・直積位相・商位相

この節では，位相空間の部分集合，直積集合，商集合に自然に定義される位相について例題を解いていこう．

2.4.1 生成される位相

次の定義をしよう．

定義 2.18 X を集合とし，$\mathcal{S} \subset \mathcal{P}(X)$ とする．$\mathcal{S}$ のすべての元を開集合として含む X 上の最弱の位相を $\langle \mathcal{S} \rangle$ と書き，**$\mathcal{S}$ によって生成される位相**という．

*29) $x \mapsto -x$ なる写像によって同相ではある．

注 2.15 離散位相を考えれば，$\mathcal{S}$ を包む位相は必ず一つ以上は存在する．また，$\mathcal{S} \subset \mathcal{P}(X)$ に対して $\cap\{\mathcal{O}|\mathcal{O}\colon X$ 上の開集合系$, \mathcal{S} \subset \mathcal{O}\}$ は X 上の位相となる[*30)][*31)]．この位相は定義から $\langle\mathcal{S}\rangle$ と同値である．特に，$\mathcal{S}$ によって生成される位相は存在しただ一つである．

例 2.16 $(X, \mathcal{O})$ を位相空間とすると，$\langle\mathcal{O}\rangle = \mathcal{O}$ である．また，$\mathcal{B}$ を $(X, \mathcal{O})$ の任意の開基としても $\langle\mathcal{B}\rangle = \mathcal{O}$ を満たす．以下に示すように $\langle\mathcal{S}\rangle = \mathcal{O}$ を満たす集合 S は開基だけではない．

開集合系の条件から，$\langle\mathcal{S}\rangle$ は $\mathcal{S}$ の元の任意の**有限共通集合**（$\mathcal{U} := \{U_1, \cdots, U_n\} \subset \mathcal{S}$ に対して $\cap\mathcal{U} = U_1 \cap \cdots \cap U_n$ のこと）や，任意の有限共通集合の任意個の和集合も含む．$\mathcal{S}$ から $\langle\mathcal{S}\rangle$ の具体的な特徴づけを与える．

例題 2.40 $\mathcal{S} \subset \mathcal{P}(X)$ とする．$\mathcal{S}$ のすべての有限共通集合全体の集合 $\{U_1 \cap \cdots \cap U_n | n \in \mathbb{N}_0,\ 1 \leq \forall i \leq n (U_i \in \mathcal{S})\}$ は $\langle\mathcal{S}\rangle$ の開基となることを示せ[*32)]．

（解答） $\mathcal{B} = \{U_1 \cap \cdots \cap U_n | n \in \mathbb{N}_0,\ 1 \leq \forall i \leq n\ (U_i \in \mathcal{S})\}$ とし，$\mathcal{O} = \{\cup\mathcal{B}' | \mathcal{B}' \subset \mathcal{B}\}$ とおく．もし $\mathcal{O}$ が開集合系であれば，生成される位相の定義から $\langle\mathcal{S}\rangle \subset \mathcal{O}$ である．また，定義 2.7 の開集合系の条件から $\mathcal{O}$ の任意の元は $\langle\mathcal{S}\rangle$ に含まれるので，$\mathcal{O} = \langle\mathcal{S}\rangle$ が成り立つことがわかる．また $\mathcal{B}$ は $\mathcal{O}$ の開基の条件（例題 2.34）を満たしているので，$\mathcal{B}$ は $\mathcal{O}$ の開基であることがわかる．そこで $\mathcal{O}$ が開集合系であることを定義 2.7 の条件 (I), (II), (III) に沿って証明する．

条件 (I)：$\mathcal{B} = \emptyset \subset \mathcal{B}$ をとれば $\mathcal{O}$ は $\emptyset$ を含む．また，脚注 32 より $X \in \mathcal{B}$ である．

条件 (II)：$\mathcal{B}_1, \mathcal{B}_2 \subset \mathcal{B}$ に対して，

$$(\cup\mathcal{B}_1) \cap (\cup\mathcal{B}_2) = \cup\{V_1 \cap V_2 | V_1 \in \mathcal{B}_1, V_2 \in \mathcal{B}_2\} \tag{$*$}$$

である．$\mathcal{B}$ の任意の元は，有限共通集合に関して閉じているので，$V_1 \in \mathcal{B}_1 \wedge V_2 \in \mathcal{B}_2 \to V_1 \cap V_2 \in \mathcal{B}$ である．よって $(*)$ は $\mathcal{O}$ の元である[*33)]．

条件 (III)：$\forall\lambda \in \Lambda(\mathcal{B}_\lambda \subset \mathcal{B})$ とすると，

$$\bigcup_{\lambda \in \Lambda} \cup\mathcal{B}_\lambda = \cup\{V | \lambda \in \Lambda, V \in \mathcal{B}_\lambda\} \tag{$**$}$$

である．$\{V | \lambda \in \Lambda, V \in \mathcal{B}_\lambda\} \subset \mathcal{B}$ であるので，$(**)$ は $\mathcal{O}$ の元である．

---

*30） X 上の位相の集合 $\{\mathcal{O}_\lambda | \lambda \in \Lambda\}$ に対して，その共通集合 $\cap\{\mathcal{O}_\lambda | \lambda \in \Lambda\}$ は再び位相となる．

*31） このような共通集合，和集合の記号の使い方に慣れない読者は公理 1.7 の直後を参照されたい．

*32） 0 個の共通集合は X と約束する．

*33） 定義 1.4 の直前の等式を参照せよ．

ゆえに，$\mathcal{O}$ は開集合系となる． □

$\langle \mathcal{S} \rangle$ の任意の開集合は，$\mathcal{S}$ のいくつかの有限共通集合の和集合として得られることがわかった．一般に，位相空間 $(X, \mathcal{O})$ に対して $\mathcal{O} = \langle \mathcal{S} \rangle$ となるような $\mathcal{S} \subset \mathcal{P}(X)$ を $\mathcal{O}$ の**準開基**という．

注 2.16 開基 $\mathcal{B} \subset \mathcal{O}$ には空集合を含める必要はなかった[*34)]ので $\mathcal{S}$ の元としても空集合を含める必要はない．

例 2.16 より開基は準開基になるが，準開基は開基にはなるとは限らない．そのような例を次にあげる．

例 2.17 $(\mathbb{R}, \mathcal{O}_{d_1})$ の開基は任意の有界な開区間 (a,b) 全体の集合 $\mathcal{B} = \{(a,b)|a,b \in \mathbb{R}\}$ をとることができる．$\mathcal{S} = \{(a,\infty)|a \in \mathbb{R}\} \cup \{(-\infty,b)|b \in \mathbb{R}\}$ とする．$\mathcal{S}$ の有限共通集合全体の集合は，$\mathcal{S} \cup \mathcal{B} \cup \{\mathbb{R}\}$ である．任意の $\mathcal{S}$ の元もしくは $\mathbb{R}$ は，有界開区間の和集合で構成できる．例えば，$(-\infty, b) = \bigcup_{n=1}^{\infty} (b-n-1, b-n+1)$ である．よって，$\mathcal{B}$ を開基とする位相も $\mathcal{S} \cup \mathcal{B} \cup \{\mathbb{R}\}$ を開基とする位相も同じ $\mathcal{O}_{d_1}$ である．つまり，$\langle \mathcal{S} \rangle = \mathcal{O}_{d^1}$ である．

また，この $\mathcal{S}$ は $\mathcal{O}_{d^1}$ の準開基であるが，開基ではない．というのは，$\mathcal{S}$ の開区間のいくつかの和集合をとっても，有界な開区間を作ることができないからである．

任意の実数はある単調な有理数列の極限値として実現できるので，$\mathcal{O}_{d_1}$ の開基は $\{(a,b)|a,b \in \mathbb{Q}\}$ で十分であり，従って準開基も $\{(a,\infty)|a \in \mathbb{Q}\} \cup \{(-\infty,b)|b \in \mathbb{Q}\}$ でよい．

$\{(Y_\lambda, \mathcal{O}_{Y_\lambda})|\lambda \in \Lambda\}$ を位相空間の族とする．写像の族 $\mathcal{F} := \{f_\lambda|\lambda \in \Lambda, f_\lambda : X \to Y_\lambda\}$ を考える．$\mathcal{S} = \{f_\lambda^{-1}(U_\lambda)|\lambda \in \Lambda, U_\lambda \in \mathcal{O}_{Y_\lambda}\}$ とすると，$\langle \mathcal{S} \rangle$ は任意の $\mathcal{F}$ の元を連続にする X 上の最弱の位相である．この位相 $\langle \mathcal{S} \rangle$ を $\mathcal{F}$ によって**誘導された位相**（もしくは，$\mathcal{F}$ **による誘導位相**）といい，$\langle \mathcal{F} \rangle$ や $\langle f_\lambda|\lambda \in \Lambda \rangle$ と書く．Λ が有限集合であれば，誘導位相は $\langle f_1, \cdots, f_n \rangle$ と書く．特に $n = 1$ のとき，$f : X \to Y$ とし，Y 上の位相を $\mathcal{O}_Y$ とすると $\langle f \rangle$ は f を連続にする X 上の最弱の位相であり，$\langle f \rangle = \{f^{-1}(U)|U \in \mathcal{O}_Y\}$ となる[*35)]．次を示そう．

例題 2.41 $(X, \mathcal{O}_X)$ と $(Y, \mathcal{O}_Y)$ を位相空間とする．$\mathcal{S}$ を $\mathcal{O}_Y$ の準開基とする．このとき，$f : X \to Y$ が連続であるための必要十分条件は $\forall U \in \mathcal{S} \to f^{-1}(U) \in \mathcal{O}_X$ を満たすことであることを示せ．

---

*34) $\mathcal{B}$ のいくつかの和集合で開集合を作るとき，$\mathcal{B}$ から何もとらないという選択肢をとることで空集合を構成できる．

*35) 部分集合族 $\{A_\lambda \subset Y|\lambda \in \Lambda\}$ に対して，$f^{-1}(\bigcup_{\lambda \in \Lambda} A_\lambda) = \bigcup_{\lambda \in \Lambda} f^{-1}(A_\lambda)$，および $f^{-1}(\bigcap_{\lambda \in \Lambda} A_\lambda) = \bigcap_{\lambda \in \Lambda} f^{-1}(A_\lambda)$ が成り立つことを用いればよい．

（解答） f が連続であるとする．$\mathcal{S} \subset \mathcal{O}_Y$ であるから，$\forall U \in \mathcal{S} \to f^{-1}(U) \in \mathcal{O}_X$ が自然に成り立つ．逆に，$\forall U \in \mathcal{S} \to f^{-1}(U) \in \mathcal{O}_X$ が成り立つとする．$\forall V \in \mathcal{O}_Y$ とする．$\{V_\lambda | \lambda \in \Lambda\}$ を開基の部分集合として $V = \bigcup_{\lambda \in \Lambda} V_\lambda$ と書ける．例題 2.40 より，V_λ は $\mathcal{S}$ の元のある有限共通集合とできる．脚注 35 を用いれば，$f^{-1}(V_\lambda) \in \mathcal{O}_X$ であり，再び脚注 35 を用いて $f^{-1}(V) \in \mathcal{O}_X$ がわかる．□

2.4.2 相対位相・部分位相空間

部分集合に位相を定義しよう．

定義 2.19 $(X, \mathcal{O})$ を位相空間とする．部分集合 $A \subset X$ に対して，A 上の開集合系を，$\mathcal{O}_A = \{A \cap U | U \in \mathcal{O}\}$ とすると，$(A, \mathcal{O}_A)$ は位相空間となる．この位相 $(A, \mathcal{O}_A)$ を**相対位相**といい，そのような位相空間のことを $(X, \mathcal{O})$ の A における**部分位相空間**という．

例題 2.42 部分位相空間 $(A, \mathcal{O}_A)$ が位相空間であることを確かめよ．

（解答） $\emptyset = A \cap \emptyset$ かつ $A = A \cap X$ であるので，開集合系の条件 (I) が満たされる．n 個の任意の開集合 $U_1, \cdots, U_n \in \mathcal{O}$ をとる．このとき，$\bigcap_{k=1}^{n} (A \cap U_k) = A \bigcap_{k=1}^{n} U_k \in \mathcal{O}_A$ であることから開集合系の条件 (II) を満たす．$\{A \cap U_\lambda | \lambda \in \Lambda, U_\lambda \in \mathcal{O}\}$ とすると $\bigcup_{\lambda \in \Lambda} (A \cap U_\lambda) = A \cap (\bigcup_{\lambda \in \Lambda} U_\lambda) \in \mathcal{O}_A$ であり開集合系の条件 (III) を満たす．よって $(A, \mathcal{O}_A)$ は位相空間である．□

相対位相は包含写像による誘導位相であることを示そう．

例題 2.43 位相空間 $(X, \mathcal{O})$ に対して，部分集合 $A \subset X$ の相対位相 $\mathcal{O}_A$ は包含写像 $i : A \to X$ による誘導位相 $\langle i \rangle$ と同値であることを示せ．

（解答） $U \in \mathcal{O}$ に対して，$i^{-1}(U) = A \cap U$ が成り立つことを示せばよい．$\forall x \in i^{-1}(U)$ なら，$i(x) \in U$ かつ $i(x) = x \in A$ であるので $x \in A \cap U$ が成り立つ．逆に，$x \in A \cap U$ ならば，$i(x) = x \in U$ なので，$x \in i^{-1}(U)$ である．□

距離空間において，距離関数を部分集合に制限することで**部分距離空間**を構成できる．以下を示そう．

例題 2.44 距離空間 (X, d) の部分集合 $A \subset X$ に制限された部分距離空間 (A, d_A) の距離位相空間 $(A, \mathcal{O}_{d_A})$ は，$(X, \mathcal{O}_d)$ の A における部分位相空間 $(A, (\mathcal{O}_d)_A)$ と同値であることを示せ．

（解答） $\forall a \in A$ に対して $B_{d_A}(a, \epsilon) = A \cap B_d(a, \epsilon)$ であることを用いる．$\forall U \in \mathcal{O}_d$ と $\forall a \in A \cap U$ に対して $\exists \epsilon > 0 (B_d(a, \epsilon) \subset U)$ を満たす．$B_{d_A}(a, \epsilon) = A \cap B_d(a, \epsilon) \subset A \cap U$ より $A \cap U \in \mathcal{O}_{d_A}$ である．$(\mathcal{O}_d)_A$ の

任意の元は $A \cap U$ とかけるので，$(\mathcal{O}_d)_A \subset \mathcal{O}_{d_A}$ である．

$\mathcal{O}_{d_A}$ の開基は $\{B_{d_A}(a,\epsilon)|a \in A, \epsilon > 0\} = \{A \cap B_d(a,\epsilon)|a \in A, \epsilon > 0\}$ であり，条件からこれは $\{A \cap B_d(x,\epsilon)|x \in X, \epsilon > 0\}$ に包まれている．後者は $(\mathcal{O}_d)_A$ の開基であるので，自然に $\mathcal{O}_{d_A} \subset (\mathcal{O}_d)_A$ が成り立つ．

よって，$\mathcal{O}_{d_A} = (\mathcal{O}_d)_A$ がいえる． □

例 2.18 例題 2.44 から $\mathbb{Q} \subset \mathbb{R}$ 上の通常の距離位相空間は，$\mathbb{R}$ 上の距離位相空間の部分位相，$(\mathcal{O}_{d_1})_{\mathbb{Q}} = \{\mathbb{Q} \cap U|U \in \mathcal{O}_{d_1}\}$ と同値である．

注 2.17 位相空間がある**位相的性質**（同相によって変わらない性質）をもつとき，その任意の部分空間もその性質をもつことがある．そのような性質を**遺伝的性質**という．例えば，第 1 可算公理を満たすかどうかや，第 2 可算公理を満たすかどうかは遺伝的性質である．中には遺伝的ではない位相的性質もある．

例題 2.45 可分空間の部分空間で可分ではないものを構成せよ．

（解答） p を $p \notin \mathbb{R}$ なる点とする．$X = \mathbb{R} \sqcup \{p\}$ とし，$\mathcal{S} = \{\{x,p\}|x \in \mathbb{R}\}$ とする．X 上の位相を $\mathcal{O} = \langle \mathcal{S} \rangle$ と定義する．$\mathcal{S}$ の有限共通集合全体は $\{\{p\}\} \cup \mathcal{S} \cup \{X\}$ であり，例題 2.40 からこの集合は $\mathcal{O}$ の開基である．$\mathcal{O}$ の任意の開集合は，$\emptyset \neq A \in \mathcal{P}(\mathbb{R})$ を任意にとり $\bigcup_{x \in A} \{x,p\} = A \cup \{p\}$ と表せるか $\{p\}$ かもしくは空集合である．ここで，$\{p\}$ を含む閉集合は X のみである．なぜなら，上で書いたように空ではないすべての開集合は p を含む．よって，$\overline{\{p\}} = X$ であり，特に $(X, \mathcal{O})$ は可分である．しかし，部分集合 $\mathbb{R} \subset X$ における相対位相を考えると，$\forall x \in \mathbb{R}$ に対して $\{x\} = \mathbb{R} \cap \{x,p\} \in \mathcal{O}_{\mathbb{R}}$ であるから，相対位相 $\mathcal{O}_{\mathbb{R}}$ は，$\mathbb{R}$ 上の離散位相と同値である．例 2.14 の直前に書いたことから部分位相空間 $(\mathbb{R}, \mathcal{O}_{\mathbb{R}})$ は可分空間ではない． □

2.4.3 直積位相空間

2.4.3.1 有限直積位相空間

まず，有限直積集合上の位相を定義しよう．

定義 2.20 n を自然数として，$(X_1,\mathcal{O}_1),(X_2,\mathcal{O}_2),\cdots,(X_n,\mathcal{O}_n)$ を位相空間とする．$\{U_1 \times \cdots \times U_n | 1 \leq \forall i \leq n \ (U_i \in \mathcal{O}_i)\}$ を開基とする位相空間を直積集合 $X_1 \times X_2 \times \cdots \times X_n = \prod_{i=1}^{n} X_n$ 上の（**有限**）**直積位相**といい，$\mathcal{O}_1 \times \mathcal{O}_2 \times \cdots \times \mathcal{O}_i = \prod_{i=1}^{n} \mathcal{O}_i$ と書く．また，その位相空間を（**有限**）**直積位相空間**という[*36]．

例 2.19 $\mathbb{R}^n$ 上に，n 個の $(\mathbb{R}, \mathcal{O}_{d_1})$ の直積位相 $\mathcal{O}_{d_1}^n$ が存在する．実際，この

*36) $\mathcal{O}_1 \times \mathcal{O}_2$ は 2 つの集合の直積集合の意味ではなく，2 つの開集合系から作られる直積位相の記号として濫用しているので注意されたい．

位相は $(\mathbb{R}^n, \mathcal{O}_{d_n})$ と同値である．

例 2.19 に記述された同値性を $n=2$ の場合に証明しよう．一般の n に対しても証明は同じである．

例題 2.46 $\mathbb{R}^2$ 上の直積位相 $\mathcal{O}_{d_1}^2$ は $\mathbb{R}^2$ 上の距離 d_2 に関する距離位相空間 $\mathcal{O}_{d_2}$ と同値であることを示せ．

（解答） 同値であることを示すには，互いに，一方の開基の任意の元がもう片方の開集合であればよい．直積位相 $\mathcal{O}_{d_1} \times \mathcal{O}_{d_1}$ の開基 $U_1 \times U_2$ に対して，$\forall (x,y) \in U_1 \times U_2$ をとる．このとき，$\exists \epsilon > 0 (B_{d_1}(x,\epsilon) \times B_{d_1}(y,\epsilon) \subset U_1 \times U_2)$ を満たす．$\forall (x',y') \in B_{d_2}((x,y),\epsilon)$ とすると，

$$\epsilon > d_2((x,y),(x',y')) = \sqrt{(x-x')^2 + (y-y')^2} \geq |x'-x|$$

が成り立ち，同様に $|y-y'| < \epsilon$ も成り立つ．よって，$B_{d_2}((x,y),\epsilon) \subset B_{d_1}(x,\epsilon) \times B_{d_1}(y,\epsilon)$ が成り立つので，$U_1 \times U_2 \in \mathcal{O}_{d_2}$ である．また，$U \in \mathcal{O}_{d_2}$ とすると，$\forall (x,y) \in U$ に対して $\exists \epsilon > 0$ $(B_{d_2}((x,y),\epsilon) \subset U)$ が成り立つ．$(x',y') \in B_{d_1}(x,\epsilon/2) \times B_{d_1}(y,\epsilon/2)$ に対して，三角不等式を用いて，

$$\begin{aligned} d_2((x,y),(x',y')) &\leq d_2((x,y),(x',y)) + d_2((x',y),(x',y')) \\ &= |x-x'| + |y-y'| < \epsilon \end{aligned}$$

が成り立つ．よって $B_{d_1}(x,\epsilon/2) \times B_{d_1}(y,\epsilon/2) \subset B_{d_2}((x,y),\epsilon)$ であることがわかり $U \in \mathcal{O}_{d_1} \times \mathcal{O}_{d_1}$ が成り立つ．ゆえに，$\mathcal{O}_{d_2} = \mathcal{O}_{d_1} \times \mathcal{O}_{d_1}$ が成り立つ．□

直積位相空間 $\mathcal{O}_1 \times \mathcal{O}_2$ の誘導位相を用いた特徴づけをしよう．

例題 2.47 位相空間 $(X_i, \mathcal{O}_i)$ $(i=1,2)$ の直積位相 $\mathcal{O}_1 \times \mathcal{O}_2$ は，自然射影 $\mathrm{pr}_i : X_1 \times X_2 \to X_i$ をどちらも連続にする最弱の位相 $\langle \mathrm{pr}_1, \mathrm{pr}_2 \rangle$ と同値であることを示せ．

（解答） 直積位相の定義から $\mathrm{pr}_i : (X_1 \times X_2, \mathcal{O}_1 \times \mathcal{O}_2) \to (X_i, \mathcal{O}_i)$ は連続であり，$\langle \mathrm{pr}_1, \mathrm{pr}_2 \rangle \subset \mathcal{O}_1 \times \mathcal{O}_2$ である．一方，$\forall U_1 \in \mathcal{O}_1, \forall U_2 \in \mathcal{O}_2$ に対して，$U_1 \times U_2 = \mathrm{pr}_1^{-1}(U_1) \cap \mathrm{pr}_2^{-1}(U_2)$ である．直積位相の開基の任意の元が，$\langle \mathrm{pr}_1, \mathrm{pr}_2 \rangle$ に含まれるので，$\mathcal{O}_1 \times \mathcal{O}_2 \subset \langle \mathrm{pr}_1, \mathrm{pr}_2 \rangle$ である．□

2.4.3.2 一般の直積位相空間

$\{(X_\lambda, \mathcal{O}_\lambda) | \lambda \in \Lambda\}$ を任意個の位相空間の族とし，その直積集合上に位相を定義しよう．選択公理を認め，直積集合 $\prod_{\lambda \in \Lambda} X_\lambda$ に対して，任意の選択関数 $f \in \prod_{\lambda \in \Lambda} X_\lambda$ に対して，**標準射影** $\mathrm{pr}_\lambda : \prod_{\lambda \in \Lambda} X_\lambda \to X_\lambda$ を $\mathrm{pr}_\lambda(f) = f(\lambda) \in X_\lambda$ と定義する．

定義 2.21 任意の標準射影を連続にする最弱の位相 $\langle \mathrm{pr}_\lambda | \lambda \in \Lambda \rangle$ を $\prod_{\lambda \in \Lambda} X_\lambda$ 上の**直積位相**といい $\prod_{\lambda \in \Lambda} \mathcal{O}_\lambda$ と書く．そのような位相をもつ直積集合上の位相空間を**直積位相空間**という[*37]．直積位相空間 $\prod_{\lambda \in \Lambda} X_\lambda$ に対して，それぞれの成分の位相空間 $(X_\lambda, \mathcal{O}_\lambda)$ のことを**因子空間**という．$\forall \lambda \in \Lambda (\mathcal{O}_\lambda = \mathcal{O})$ の場合，直積位相を $\mathcal{O}^\Lambda$ と書く．

注 2.18 $\{(X_\lambda, \mathcal{O}_\lambda) | \lambda \in \Lambda\}$ を位相空間の任意の族（無限族でもよい）とする．このとき，例題 2.40 より，直積位相 $\langle \mathrm{pr}_\lambda | \lambda \in \Lambda \rangle$ の開基は，$\{\mathrm{pr}_\lambda^{-1}(U_\lambda) | \lambda \in \Lambda\}$ の有限共通集合である．つまり，直積位相とは，$\{\mathrm{pr}_\lambda^{-1}(U_\lambda) | \lambda \in \Lambda, U_\lambda \in \mathcal{O}_\lambda\}$ を準開基とする位相のことである．

標準射影は直積位相において連続であるが，開写像でもある．

例題 2.48 直積位相において，任意の標準射影 $\mathrm{pr}_\lambda : \prod_{\lambda \in \Lambda} X_\lambda \to X_\lambda$ は開写像であることを示せ．また，標準射影は閉写像とは限らないことを示せ．

（解答） まずは前半部分を示す．開基の任意の開集合の像が開集合であることを示せば十分である[*38]．Λ の任意の有限部分集合 $\{\lambda_1, \cdots, \lambda_n\} \subset \Lambda$ に対して，$U_{\lambda_i} \in \mathcal{O}_{\lambda_i}$ をとる．$\mathrm{pr}_\mu(\bigcap_{i=1}^{n} \mathrm{pr}_{\lambda_i}^{-1}(U_{\lambda_i}))$ は U_{λ_i} もしくは X_μ のどちらかであり，特に開集合である．

次に後半部分を示す．$\mathbb{R}^2$ 上に直積位相 $\mathcal{O}_{d_1} \times \mathcal{O}_{d_1}$ を考える．$F = \{(x, y) \in \mathbb{R}^2 | xy = 1\}$ とする．$\mathcal{O}_{d_1}$ において 1 元集合は開集合ではないので，$\mathrm{pr}_1(F) = \mathbb{R} \setminus \{0\}$ は閉集合ではない．F がこの直積位相における閉集合であることを示す．$f : \mathbb{R}^2 \to \mathbb{R}$ を $f(x, y) = xy$ とすると，f は多項式関数であるので，特に連続である．F は閉集合の逆像 $f^{-1}(1)$ であるので F は閉集合である． □

次を示そう．

例題 2.49 位相空間 $(Z, \mathcal{O}_Z)$ から直積位相空間 $(\prod_{\lambda \in \Lambda} X_\lambda, \prod_{\lambda \in \Lambda} \mathcal{O}_\lambda)$ への写像 f が連続であるための必要十分条件は，$\forall \lambda \in \Lambda$ に対して $\mathrm{pr}_\lambda \circ f : Z \to X_\lambda$ が連続であることを示せ．

（解答） f が連続であれば，連続写像 pr_λ と合成することで $\mathrm{pr}_\lambda \circ f$ も連続である．逆に，$\forall \lambda \in \Lambda$ に対して $\mathrm{pr}_\lambda \circ f$ が連続であるとする．直積位相の準開基 $\{\mathrm{pr}_\lambda^{-1}(U_\lambda) | \lambda \in \Lambda, U_\lambda \in \mathcal{O}_\lambda\}$ をとる．$f^{-1}(\mathrm{pr}_\lambda^{-1}(U_\lambda)) = (\mathrm{pr}_\lambda \circ f)^{-1}(U_\lambda)$ であり，条件よりこれは開集合である．例題 2.41 より f は連続である． □

---

*37） 脚注 36 と同様，$\prod_{\lambda \in \Lambda} \mathcal{O}_\lambda$ の記号 $\prod$ も直積位相の記号として濫用している．

*38） 例題 1.10 (1) は任意個の和集合の場合も成り立つからである．すなわち，$f(\bigcup_{\lambda \in \Lambda} A_\lambda) = \bigcup_{\lambda \in \Lambda} f(A_\lambda)$．証明は容易であるので省略する．

有限直積位相から一般の直積位相へのもう 1 つの自然な拡張として，$\left\{\prod_{\lambda\in\Lambda} U_\lambda \middle| \forall\lambda\in\Lambda(\emptyset\neq U_\lambda\in\mathcal{O}_\lambda)\right\}$ を開基とする位相がある．それを**箱型積位相**といい，$\underset{\lambda\in\Lambda}{\boxtimes}\mathcal{O}_\lambda$ と書く．無限積集合上において箱型積位相と直積位相は一般に同値ではない[*39]．同値ではない直接の原因は，一般の直積位相では $\prod_{\lambda\in\Lambda} U_\lambda = \bigcap_{\lambda\in\Lambda}\mathrm{pr}_\lambda^{-1}(U_\lambda)$ が開集合であることを示すのに開集合系の条件 (II) が使えないからである．実際，次の例題を示そう．

例題 2.50　集合 $\mathbb{R}^{\mathbb{N}}$ 上に $(\mathbb{R},\mathcal{O}_{d_1})$ 直積位相 $\mathcal{O}_{d_1}^{\mathbb{N}}$ を入れる．この位相において $(0,1)^{\mathbb{N}}\subset\mathbb{R}^{\mathbb{N}}$ は開集合ではないことを示せ．

(解答)　直積位相 $(\mathbb{R}^{\mathbb{N}},\mathcal{O}_{d_1}^{\mathbb{N}})$ の準開基として $\{\mathrm{pr}_n^{-1}(U_n)|n\in\mathbb{N}, U_n\in\mathcal{O}_{d_1}\}$ をとる．$(0,1)^{\mathbb{N}}$ を直積位相の開集合と仮定しよう．このとき，$\forall\boldsymbol{x}\in(0,1)^{\mathbb{N}}$ に対して，$\boldsymbol{x}\in U\subset(0,1)^{\mathbb{N}}$ となる開基の元 U が存在する．よって，十分大きい $n\in\mathbb{N}$ に対して，$\mathrm{pr}_n(U)=\mathbb{R}$ である．しかし，$\mathbb{R}=\mathrm{pr}_n(U)\subset\mathrm{pr}_n((0,1)^{\mathbb{N}})=(0,1)$ であるので矛盾する．□

注 2.19　例題 2.48 は直積位相の代わりに箱型積位相にしても成り立つことに注意しておく．しかし，例題 2.49 は証明に直積位相の準開基を使っており，任意の箱型積位相では成り立たない．

箱型積位相を直積集合上の“自然な”直積位相と言わないのは，その 2 つの位相空間の位相的性質を比較すると納得できるであろう．ここでは距離化可能性をとりあげる．

例題 2.51　$\forall n\in\mathbb{N}$ に対して $(X_n,\mathcal{O}_{\delta_n})$ を距離位相空間とする．このとき，$\prod_{n\in\mathbb{N}} X_n$ 上の直積位相空間は距離化可能であることを示せ．

(解答)　$\mathcal{O}_n=\mathcal{O}_{\delta_n}$ とおく．距離位相空間 $(X_n,\mathcal{O}_n)$ に対して，$X:=\prod_{n\in\mathbb{N}} X_n$ かつ $\mathcal{O}:=\prod_{n\in\mathbb{N}}\mathcal{O}_n$ とおく．$\mathcal{O}=\mathcal{O}_d$ となる X 上の距離関数 d が存在することを示す．

$\forall n\in\mathbb{N}$ に対して $(X_n,\mathcal{O}_n)$ は，X_n の直径が 1 以下となる X_n 上のある距離による距離位相空間と同値である[*40]．δ_n を X_n 上の距離関数で X_n の直径は 1 以下と仮定してよい．$d: X\times X\to\mathbb{R}$ を $d(\boldsymbol{x},\boldsymbol{y})=\sum_{n=1}^{\infty}\frac{\delta_n(x_n,y_n)}{2^n}$ と定義する．ただし，$\boldsymbol{x}=(x_n)_{n\in\mathbb{N}}$ かつ $\boldsymbol{y}=(y_n)_{n\in\mathbb{N}}$ とする[*41]．d が X 上の距離関数であることを示すことは容易なので省略する．示すべきことは，$\mathcal{O}=\mathcal{O}_d$

*39)　任意の有限直積集合上の箱型積位相は直積位相のことである．

*40)　距離空間 (X,d) に対して，$d'(x,y):=\frac{d(x,y)}{1+d(x,y)}$ と定義すると，d' は X の直径が 1 以下の距離関数となり，$\mathcal{O}_d=\mathcal{O}_{d'}$ を満たす．三角不等式に関しては，注 2.20 を参照せよ．

*41)　$\boldsymbol{x}=(x_n)_{n\in\mathbb{N}}\in\mathbb{R}^{\mathbb{N}}$ は，$n\in\mathbb{N}$ に対して，$x_n\in\mathbb{R}$ を割り当てる関数を意味する．$\boldsymbol{y}=(y_n)_{n\in\mathbb{N}}$ も同様の意味である．

である．

$\mathcal{O} \subset \mathcal{O}_d$ であること．直積位相の定義から $\forall n \in \mathbb{N}$ に対して標準射影 pr_n が $(X, \mathcal{O}_d)$ から $(X_n, \mathcal{O}_n)$ への連続写像であることを示せばよい*42)．$\forall U \in \mathcal{O}_n$ とすると，$\forall \boldsymbol{x} \in \mathrm{pr}_n^{-1}(U)$ に対して $\epsilon > 0$ を十分小さくすれば，$B_{\delta_n}(x_n, 2^n\epsilon) \subset U$ が成り立つ．$\forall \boldsymbol{y} \in B_d(\boldsymbol{x}, \epsilon)$ に対して，$\frac{\delta_n(x_n, y_n)}{2^n} \leq \sum_{n=1}^{\infty} \frac{\delta_n(x_n, y_n)}{2^n} < \epsilon$ であるから $B_d(\boldsymbol{x}, \epsilon) \subset \mathrm{pr}_n^{-1}(B_{\delta_n}(x_n, 2^n\epsilon))$ がわかる．ゆえに，

$$\boldsymbol{x} \in B_d(\boldsymbol{x}, \epsilon) \subset \mathrm{pr}_n^{-1}(B_{\delta_n}(x_n, 2^n\epsilon)) \subset \mathrm{pr}_n^{-1}(U)$$

より $\mathrm{pr}_n^{-1}(U) \in \mathcal{O}_d$ であることがわかる．よって pr_n は連続である．

$\mathcal{O}_d \subset \mathcal{O}$ であること．$\forall U \in \mathcal{O}_d$ とする．$\forall \boldsymbol{x} \in U$ に対して，$B_d(\boldsymbol{x}, \epsilon) \subset U$ となる $\epsilon > 0$ が存在する．また，十分大きい $N \in \mathbb{N}$ に対して $\frac{1}{2^{N-1}} < \epsilon$ が成り立つ．ここで，$\forall \boldsymbol{y} \in \bigcap_{n=1}^{N} \mathrm{pr}_n^{-1}(B_{\delta_n}(x_n, \epsilon))$ とする．このとき，

$$\begin{aligned}\sum_{n=1}^{\infty} \frac{\delta_n(x_n, y_n)}{2^n} &= \sum_{n=1}^{N} \frac{\delta_n(x_n, y_n)}{2^n} + \sum_{n=N+1}^{\infty} \frac{\delta_n(x_n, y_n)}{2^n} \\ &\leq \epsilon \sum_{n=1}^{N} \frac{1}{2^n} + \sum_{n=N+1}^{\infty} \frac{1}{2^n} < \frac{\epsilon}{2} + \frac{1}{2^N} < \epsilon\end{aligned}$$

であるから $\bigcap_{n=1}^{N} \mathrm{pr}_n^{-1}(B_{\delta_n}(x_n, \epsilon)) \subset B_d(\boldsymbol{x}, \epsilon)$ となる．よって $U \in \mathcal{O}$ となる．

つまり，$\mathcal{O}_d = \mathcal{O}$ であることがわかる． □

注 2.20 非負実数 u, v, w に対して $u + v \geq w$ ならば，

$$\frac{u}{1+u} + \frac{v}{1+v} - \frac{w}{1+w} = \frac{u + v - w + uv(2+w)}{(1+u)(1+v)(1+w)} \geq 0$$

より，距離関数 d に関して $d'(x, y) := \frac{d(x,y)}{1+d(x,y)}$ なる d' は三角不等式を満たす．

一方，箱型積位相は一般に距離化不可能である．以下の例題を解こう．

例題 2.52 $(\mathbb{R}, \mathcal{O}_{d_1})$ の $\mathbb{N}$ 個からなる箱型積位相を $(\mathbb{R}^{\mathbb{N}}, \mathcal{O}_{d_1}^{\boxtimes \mathbb{N}})$ と書くと，この位相は，第 1 可算公理を満たさないことを示せ．

（解答） $(\mathbb{R}^{\mathbb{N}}, \mathcal{O}_{d_1}^{\boxtimes \mathbb{N}})$ が第 1 可算公理を満たすと仮定する．$\forall \boldsymbol{x} = (x_n) \in \mathbb{R}^{\mathbb{N}}$ に対して，$\mathcal{N}^*(\boldsymbol{x}) = \{N_n | n \in \mathbb{N}\}$ を $\boldsymbol{x}$ の可算基本近傍系とする．標準射影は開写像（注 2.19）であるので $\mathrm{pr}_n(N_n) \in \mathcal{N}_{d_1}(x_n)$ である*43)．任意の $n \in \mathbb{N}$ に対して $x_n \in U_n \subsetneq \mathrm{pr}_n(N_n)$ となる開集合 $U_n \in \mathcal{O}_{d_1}$ が存在する*44)．$U = \prod_{n \in \mathbb{N}} U_n$

*42) $\mathcal{O}$ はすべての標準射影が連続となる最弱の位相であることを思い出そう．

*43) $\boldsymbol{x} \in V \subset N_n$ となる開集合 V に対して $x_n \in \mathrm{pr}_n(V) \subset \mathrm{pr}_n(N_n)$ より，$\mathrm{pr}_n(N_n) \in \mathcal{N}_{\mathcal{O}_{d_1}}(x_n)$ である．

*44) 例えば $\mathrm{pr}_n(\boldsymbol{x}) = x_n$ のとき，$x_n \in (a, b) \subset \mathrm{pr}_n(N_n)$ なる開区間をとり，(a, b) を x_n を中心に 1/2 縮小させたものをとればよい．

とおくと，U は位相 $\mathcal{O}_{d_1}^{\boxtimes\mathbb{N}}$ における $\boldsymbol{x}$ の開近傍である．基本近傍系の定義から，$\exists n \in \mathbb{N}(N_n \subset U)$ が成り立つ．しかし，$\forall n \in \mathbb{N}(\mathrm{pr}_n(U) \subsetneq \mathrm{pr}_n(N_n))$ であることから，$\forall n \in \mathbb{N}(N_n \not\subset U)$ であり矛盾する．よって $\mathcal{O}_{d_1}^{\boxtimes\mathbb{N}}$ は第 1 可算公理を満たさない． □

2 つのゾルゲンフライ直線（例 2.15）の直積位相 $(\mathbb{R}^2, \mathcal{O}_l^2)$ は $\{[a,b) \times [c,d) | a,b,c,d \in \mathbb{R}\}$ を開基とする $\mathbb{R}^2$ 上の位相空間である．この位相空間を**ゾルゲンフライ平面**という．最後に以下を示そう．

例題 2.53 $i = 1, 2$ として $f_i : \mathbb{R} \to \mathbb{R}^2$ を $f_1(x) = (x, 0), f_2(x) = (x, -x)$ とする．$\mathbb{R}, \mathbb{R}^2$ をそれぞれ位相 $\mathcal{O}_l, \mathcal{O}_l^2$ に関する位相空間とするとき，f_1 は連続であるが，f_2 は連続でないことを示せ．

(解答) $\mathrm{pr}_1 \circ f_1, \mathrm{pr}_2 \circ f_1$ はゾルゲンフライ直線上の恒等写像, および定値写像であるので, 例題 2.49 より f_1 は連続である．一方，$f_2^{-1}([x, x+1) \times [-x, -x+1)) = \{x\}$ であるから f_2 が連続であるとすると $\mathcal{O}_l$ は離散位相でなければならない．しかし，例題 2.39 で示したように $\mathcal{O}_l$ は可分であるので矛盾する． □

2.4.4 商位相空間

集合の章で集合の基本的な操作の 1 つとして同値関係から商集合を作ることを学んだ．商集合上に与えられる自然な位相空間を考えよう．

注 2.21 以後，ユークリッド空間 $\mathbb{R}^n$ や $\mathbb{S}^{n-1} \subset \mathbb{R}^n$（単位球）などの部分集合上に位相の指定がないときは $\mathcal{O}_{d_n}$ やその相対位相を意味する．

まず以下を定義しよう．

定義 2.22（商写像） X, Y を集合とし，$f : X \to Y$ を全射とする．X 上の位相を $\mathcal{O}_X$，Y 上の位相を $\mathcal{O}_Y$ とするとき，以下の同値関係を満たす写像 f を**商写像**という．

$$f^{-1}(U) \in \mathcal{O}_X \leftrightarrow U \in \mathcal{O}_Y.$$

例題 2.54 商写像は連続であることを示せ．また連続で全射な開写像は商写像であることを示せ．

(解答) 定義 2.22 の左向きの条件は f が連続であることを示している．f が連続で全射な開写像であれば，$f^{-1}(U) \in \mathcal{O}_X$ ならば $f(f^{-1}(U)) = U \in \mathcal{O}_X$ となり右向きの条件も成り立つので f は商写像となる． □

同じようにして，連続な全射 f が閉写像であるときも f は商写像となることが示せる．

例 2.20 標準射影 $\mathrm{pr}_\lambda : \prod_{\lambda \in \Lambda} X_\lambda \to X_\lambda$ は連続で全射な開写像なので商写像である．

例題 2.55 開でも閉でもない商写像の例をあげよ[*45]．

（解答） X_4, X_2 をそれぞれ 4 元および 2 元集合とし，$X_4 = \{0,1,2,3\}$, $X_2 = \{0,1\}$ とする．$\mathcal{O}_4 = \langle\{1\},\{0,2\},\{2,3\}\rangle$, $\mathcal{O}_2 = \langle\{0\}\rangle$ としてそれぞれ，X_4, X_2 上の位相とする．$\forall x \in X_4$ に対して x を 2 で割った余りを $f(x)$ として写像 $f : X_4 \to X_2$ を定義する．$\{U \in \mathcal{P}(X_2) | f^{-1}(U) \in \mathcal{O}_4\} = \{\emptyset, \{0\}, X_2\} = \mathcal{O}_2$ であり，f は商写像である．$\{1\}$ は $\mathcal{O}_4$ において開集合であるが，像 $f(\{1\}) = \{1\}$ は開集合ではない．また，$\{0\}$ は $\mathcal{O}_4$ において閉集合であるが，$f(\{0\}) = \{0\}$ は $\mathcal{O}_2$ において閉集合ではない．よって f は開でも閉でもない． □

例題 2.56 $f : X \to Y$ を全射とし，$\mathcal{O}_X$ を X 上の位相とする．f を商写像とする Y 上の位相は f を連続にする最強の位相でもあることを示せ[*46]．

（解答） Y 上の位相 $\mathcal{O}_Y$ が $f : X \to Y$ を商写像とするなら，商写像の条件から $\mathcal{O}_Y = \{U \subset Y | f^{-1}(U) \in \mathcal{O}_X\}$ でなければならない．例題 2.54 から f は連続である．また，Y 上の位相 $\mathcal{O}$ に対し，f が $(X, \mathcal{O}_X)$ から $(Y, \mathcal{O})$ への連続写像であるなら，$U \in \mathcal{O} \to f^{-1}(U) \in \mathcal{O}_X$ であるから $U \in \mathcal{O}_Y$ となる．ゆえに，$\mathcal{O} \subset \mathcal{O}_Y$ がわかる．つまり $\mathcal{O}_Y$ は f を連続にする Y 上の最強の位相である．□

位相空間 $(X, \mathcal{O})$ と全射 $f : X \to Y$ に対して f を連続にする Y 上の最強の位相を $\mathcal{O}_f$ と書く．例題 2.56 から $f : (X, \mathcal{O}) \to (Y, \mathcal{O}_f)$ は商写像となる．

定義 2.23（商位相空間） 位相空間 $(X, \mathcal{O})$ と同値関係 $(X, \sim)$ と，その自然な射影を $p : X \to X/\sim$ とする．このとき，$\mathcal{O}_p$ を $X/\sim$ に与えられた**商位相**といい，$(X/\sim, \mathcal{O}_p)$ を**商（位相）空間**という．

さて，同値関係 $(X, \sim)$ は自然な射影 $p : X \to X/\sim \ (x \mapsto [x])$ を与える．一方，全射 $f : X \to Y$ が与えられると X 上に以下のような同値関係 $\sim_f$ を入れることができる．

$$\forall x, x' \in X (x \sim_f x' \leftrightarrow f(x) = f(x'))$$

このような同値関係を今後 $\sim_f$ のように表す．$\sim_f$ の自然な射影は，$\varphi([x]) = f(x)$ で定義される全単射 $\varphi : X/\sim_f \to Y$ を通して f とみなすことができる．

φ は $[x]$ の代表元 x を選んで定義されており，見かけ上代表元の取り方に依っている．しかし，φ はその選び方に依らずに定義されていることを示して

*45) 解答の例以外にも $f : [0,2) \to \mathbb{S}^1$ を $f(\theta) = (\cos \pi\theta, \sin \pi\theta)$ としても開でも閉でもない商写像を作ることができる．

*46) 特に f を商写像とする位相は唯一つ存在する．

おく*47)．$x \sim_f x'$ のとき，$\varphi([x]) = f(x) = f(x') = \varphi([x'])$ となり，φ の well-defined 性が示された．ゆえに φ は写像となる．

例題 2.57 φ は下の図式を可換*48)にする全単射であることを示せ．

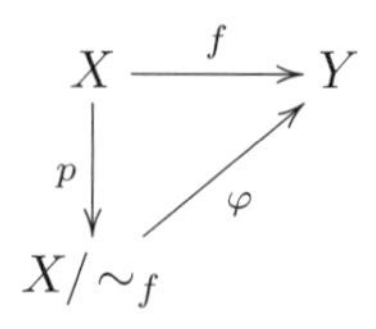

(解答) $\forall x \in X$ において $f(x) = \varphi([x]) = \varphi(p(x))$ であるから上の図式は可換である．また，f は全射であるので，例題 1.11 (2) から φ も全射である．φ の単射性は，$\varphi([x_1]) = \varphi([x_2]) \to f(x_1) = f(x_2) \to x_1 \sim_f x_2 \to [x_1] = [x_2]$ であることからわかる．□

よって，φ を通して f は自然な射影 p と同一視される．f が商写像の場合，φ は同相写像を与える．

例題 2.58 $f : (X, \mathcal{O}) \to (Y, \mathcal{O}_f)$ を商写像とする．また，φ を例題 2.57 で用いたものとする．このとき，φ は $(X/\sim_f, \mathcal{O}_p)$ から $(Y, \mathcal{O}_f)$ の間の同相写像を与えることを示せ．

$$\begin{array}{ccc} (X, \mathcal{O}) & \xrightarrow{f} & (Y, \mathcal{O}_f) \\ {\scriptstyle p}\downarrow & \nearrow{\scriptstyle \varphi} & \\ (X/\sim_f, \mathcal{O}_p) & & \end{array}$$

(解答) $\forall x \in X$ に対して $p^{-1}([x])$ と $f^{-1}(\varphi([x])) = f^{-1}(f(x))$ はどちらも x と同値な X の元全体であり，集合として等しい．よって，$U \subset X/\sim_f$ に対して $p^{-1}(U) = f^{-1}(\varphi(U))$ である．ゆえに，p, f が商写像であることから，

$$U \in \mathcal{O}_p \leftrightarrow p^{-1}(U) \in \mathcal{O} \leftrightarrow \varphi(U) \in \mathcal{O}_f$$

となり，φ は同相写像であることがわかる．□

$\mathbb{S}^1 \subset \mathbb{R}^2$ を単位円とする．$\mathbb{S}^1$ には，$\mathcal{O}_{d_2}$ の相対位相の他に，全射 $f : \mathbb{R} \to \mathbb{S}^1$ $(f(\theta) = (\cos 2\pi\theta, \sin 2\pi\theta))$ が商写像となる位相 $\mathcal{O}_{d_1,f}$ を入れることもできる．例題 2.58 より，この位相空間は $\mathbb{R}$ 上の同値関係（$x \sim_f y \leftrightarrow x - y \in \mathbb{Z}$）による商空間 $(\mathbb{R}/\sim_f, \mathcal{O}_{d_1,p})$ と同相である．p はこの同値関係の自然な射影とする．実は，単位円 $\mathbb{S}^1$ 上のこの 2 つの位相は一致する．

---

*47) 代表元のとり方に依存せず写像が定まることを **well-defined** 性という．つまり商集合上の不変量のことである．

*48) $\varphi \circ p = f$ が成立すること．

例題 2.59 相対位相 $(\mathcal{O}_{d_2})_{\mathbb{S}^1}$ と商位相 $\mathcal{O}_{d_1,f}$ は同値であることを示せ．

（解答） $(\mathcal{O}_{d_2})_{\mathbb{S}^1}$ の開基は $\mathcal{O}_{d_2}$ 上の開基を $\mathbb{S}^1$ に制限したものである．$\mathcal{O}_{d_2}$ の開基を $\{B_{d_2}(\boldsymbol{x},\epsilon)|\boldsymbol{x}\in\mathbb{R}^2,\epsilon>0\}$ とするとき，$\mathbb{S}^1\cap B_{d_2}(\boldsymbol{x},\epsilon)$ を考えよう．$\mathbb{S}^1$ と $\partial B_{d_2}(\boldsymbol{x},\epsilon)$ は平面上の 2 円であるので，その共通集合は $\mathbb{S}^1$ か，1 点で接するか，2 点で交わるか，もしくは $\emptyset$ である[*49]．共通集合が 2 点でない場合，$\mathbb{S}^1$ と $\partial B_{d_2}(\boldsymbol{x},\epsilon)$ は，$\mathbb{S}^1=\partial B_{d_2}(\boldsymbol{x},\epsilon)$ であるか，一方が他方の完全に内側になるか，完全に外側になるかのどれかである．よって $\mathbb{S}^1\cap B_{d_2}(\boldsymbol{x},\epsilon)=\emptyset$ もしくは $\mathbb{S}^1$ である．また，共通集合が 2 点である場合，$\mathbb{S}^1\cap B_{d_2}(\boldsymbol{x},\epsilon)$ は，その 2 点で区切られた $\mathbb{S}^1$ の部分集合の片方であり，$\{(\cos 2\pi\theta,\sin 2\pi\theta)|\alpha<\theta<\beta\}$ と書ける．それを $(\alpha,\beta)_{S^1}$ とおくと $\{(\alpha,\beta)_{S^1}|\alpha,\beta\in\mathbb{R}\}$ は $(\mathcal{O}_{d_2})_{\mathbb{S}^1}$ の開基となる．

全射 $f:(\mathbb{R},\mathcal{O}_{d_1})\to(\mathbb{S}^1,(\mathcal{O}_{d_2})_{\mathbb{S}^1})$ が連続かつ開写像であることを示せば，f が商写像となり，商位相の一意性（例題 2.56）より，$(\mathcal{O}_{d_2})_{\mathbb{S}^1}=\mathcal{O}_{d_1,f}$ となる．f が連続であることや開写像であることは，開基に対してのみ確かめればよい．$f^{-1}((\alpha,\beta)_{S^1})=\cup\{(\alpha',\beta')|\exists n\in\mathbb{Z}(\alpha-\alpha'=\beta-\beta'=n)\}\in\mathcal{O}_{d_1}$ となる．また，$f((a,b))=(a,b)_{S^1}\in\mathcal{O}_{d_1}$ であるので，f は連続かつ開である． □

注 2.22 上の例題の f を閉区間 $[0,1]$ に制限した全射 $\bar{f}:[0,1]\to\mathbb{S}^1$ を用いた $\mathbb{S}^1$ 上の商位相も $(\mathcal{O}_{d_1})_{\mathbb{S}^1}$ と同値となる[*50]．同値関係 $\sim_{\bar{f}}$ は，$x\sim_{\bar{f}}y\leftrightarrow(x=y\vee\{x,y\}=\{0,1\})$ である．つまり，$\mathbb{S}^1$ は，$[0,1]$ の $\{0,1\}$ を 1 点に同一視してできる商集合上の商位相空間と同相である．位相空間 $(X,\mathcal{O})$ のある部分集合 A を一点に同一視してできる商位相空間を $(X_{/A},\mathcal{O}_{/A})$ と書くことにすれば，$\mathbb{S}^1$ は $([0,1]_{/\{0,1\}},\mathcal{O}_{d_1/\{0,1\}})$ と同相となる．

注 2.23 位相空間 $(W,\mathcal{O}_W),(Z,\mathcal{O}_Z)$ に対して，W が集合 X の部分集合であり $\mathcal{O}_W$ が X 上の位相空間 $(X,\mathcal{O}_X)$ の W における相対位相であるとする．つまり $\mathcal{O}_W=(\mathcal{O}_X)_W$ である．写像 $f:W\to Z$ が連続であるためには，f を拡張した写像 $\tilde{f}:X\to Z$ が連続であれば十分である．f を $\tilde{f}$ に拡張するとは，包含写像 $i:W\to X$ に対して，$\tilde{f}\circ i=f$ となること，つまり下の図式が可換になることを意味する．もし f を拡張した写像 $\tilde{f}$ が連続であるとすると，$\mathcal{O}_W$ は i を連続にする位相であるから f は連続となる．

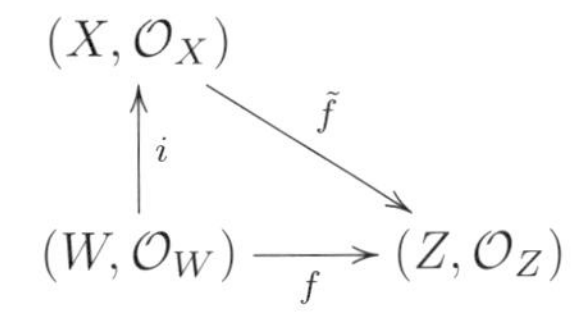

次が成り立つことを示そう．

*49) 2 つの円の方程式を連立して解けばよい．その次の事実も同様である．
*50) $\bar{f}$ は全射で連続な閉写像であるので商写像である．

例題 2.60 $f:(X,\mathcal{O}_X)\to(Y,\mathcal{O})$ が連続写像であるとする．このとき，終域を像 $f(X)$ に縮めた同じ写像 $\hat{f}:(X,\mathcal{O}_X)\to(f(X),\mathcal{O}_{f(X)})$ も連続であることを示せ．

（解答） $\forall U\in\mathcal{O}_{f(X)}$ とすると $\exists\hat{U}\in\mathcal{O}(U=f(X)\cap\hat{U})$ となる．よって

$$\hat{f}^{-1}(U)=f^{-1}(U)=f^{-1}(f(X)\cap\hat{U})=f^{-1}(f(X))\cap f^{-1}(\hat{U})=f^{-1}(\hat{U})\in\mathcal{O}_X$$

であるから $\hat{f}$ は連続である． □

$\mathbb{R}_0^{n+1}$ を $\mathbb{R}^{n+1}$ から原点を除いた集合とする．この集合に，$\boldsymbol{x},\boldsymbol{x}'\in\mathbb{R}_0^{n+1}$ に対して，$\boldsymbol{x}\sim\boldsymbol{x}'\leftrightarrow\exists c>0(\boldsymbol{x}=c\cdot\boldsymbol{x}')$ のように同値関係をいれる．この同値関係は $n=1$ の場合は例題 1.26 において扱った．以下を示そう．今回は全単射 $\mathbb{R}_0^{n+1}/\sim\to\mathbb{S}^n$ は同相写像を与えることを示す．

例題 2.61 商空間 $\mathbb{R}_0^{n+1}/\sim$ は $\mathbb{R}^{n+1}$ 内の単位球 $\mathbb{S}^n$ と同相であることを示せ．

（解答） 写像 $\tilde{P}:\mathbb{R}_0^{n+1}\to\mathbb{R}_0^{n+1}\times\mathbb{R}_{>0}$ を $\tilde{P}(\boldsymbol{x})=(\frac{\boldsymbol{x}}{||\boldsymbol{x}||},||\boldsymbol{x}||)$ と定義する．また，$\tilde{Q}:\mathbb{R}_0^{n+1}\times\mathbb{R}_{>0}\to\mathbb{R}_0^{n+1}$ を $\tilde{Q}(\boldsymbol{x},r)=r\cdot\boldsymbol{x}$ と定義する．このとき，$\tilde{P},\tilde{Q}$ は連続写像であり[*51]，$\tilde{Q}\circ\tilde{P}$ は恒等写像である．ゆえに，例題 2.60 と注 2.23 を用いると，$\tilde{P}$ の終域を $\tilde{P}$ の像に縮めた写像を P とすると，P の逆写像は $\tilde{Q}$ の $\tilde{P}$ の像に制限した写像 Q であり，注 2.23 より Q の拡張 $\tilde{Q}$ が連続であるので $P:\mathbb{R}_0^{n+1}\to\mathbb{S}^n\times\mathbb{R}_{>0}$ は同相写像となる．P と第 1 射影との合成写像 $f:=\mathrm{pr}_1\circ P:\mathbb{R}_0^{n+1}\to\mathbb{S}^n$ は連続で全射な開写像であるから，例題 2.54 より商写像である．f によって導入された $\mathbb{R}_0^{n+1}$ 上の同値関係 $\sim_f$ は，上記の $\sim$ と一致するので，例題 2.58 から商空間 $\mathbb{R}_0^{n+1}/\sim$ は $\mathbb{S}^n$ と同相となる． □

例 2.21 $\mathbb{R}_0^{n+1}$ 上の同値関係 $\boldsymbol{x},\boldsymbol{y}\in\mathbb{R}_0^{n+1}$ に対して，$\boldsymbol{x}\sim\boldsymbol{y}\leftrightarrow\exists c\in\mathbb{R}(\boldsymbol{x}=c\cdot\boldsymbol{y})$ から得られる商空間は $\mathbb{S}^n$ の任意の対蹠点どうしの同値関係 $-\boldsymbol{x}\sim\boldsymbol{x}$ による商空間 $\mathbb{S}^n/\sim$ と同相である．それを **n 次元実射影空間**といい，$\mathbb{R}P^n$ と書く．これは $\mathbb{R}^{n+1}$ の原点を通る直線全体からなるモジュライ空間[*52]とみなすことができる．同じようにして複素ベクトル空間の場合は **n 次元複素射影空間** $\mathbb{C}P^n$ が構成できる．

2.5 実数・カントール集合

この節では実数とその部分集合であるカントール集合について扱う．

---

*51） $\tilde{P},\tilde{Q}$ は多項式関数やそれらの平方根，また連続関数の商 f/g などの合成であり連続である．

*52） モジュライに商位相や部分位相などを用いて位相を与えたもの．

2.5.1 実数

これまで実数とは何かを定義せずに扱ってきた．ここでは，実数を公理から再定義をし，構成しておく．また，実数の性質として区間縮小法の原理，アルキメデスの原理を導いておく[*53]．

加法 $+$ と乗法 $\cdot$ の演算，また，加法および乗法の単位元 $0, 1$ をもつ可換環 F が $\forall a \in F(a \neq 0 \to \exists b \in F(a \cdot b = 1))$ を満たすとき F を'**体**という．F が**順序体**であるとは，部分集合 $P \subset F$ が存在して以下の 3 つの条件を満たすことをいう．ここで $-x$ は x の加法の逆元とし，$y - x$ によって $y + (-x)$ を表す．また $-P = \{-x \in F | x \in P\}$ とする．

(1) $P \cap (-P) = \emptyset$, (2) $F = P \sqcup \{0\} \sqcup (-P)$, (3) $\forall x, y \in P(x + y \in P \land x \cdot y \in P)$

順序体 F に $x < y \leftrightarrow y - x \in P$ のようにして順序 $<$ を与えることで F は全順序集合となる．また，乗法の単位元 1 を用いて，自然数，整数，有理数の集合 $\mathbb{N}, \mathbb{Z}, \mathbb{Q}$ を F に自然に埋め込むことができる．また，F は $\{(-\infty, b) | (b \in F)\} \cup \{(a, \infty) | a \in F\}$ を準開基とする位相 $\mathcal{O}_<$[*54] を導入することができる．次を示しておこう．

例題 2.62 F を順序体とする．このとき，$\forall z \in F(x < y \to x + z < y + z)$ かつ $\forall z \in P(x < y \to x \cdot z < y \cdot z)$ が成り立つことを示せ．

(解答) $x < y$ であるなら，$y - x \in P \leftrightarrow (y - z) - (x - z) \in P$ であるから最初の主張は成り立つ．$x < y$ かつ $z \in P$ であるなら，P の条件 (3) より $(y - x) \cdot z \in P$ であるから，$x \cdot z < y \cdot z$ が成り立つ． □

順序集合 F の点列 $(a_n) \in F^\omega$ が**単調増加**（もしくは**単調減少**）であるとは，$\forall n < \omega(a_n \leq a_{n+1})$（もしくは $\forall n < \omega(a_{n+1} \leq a_n)$）であることをいい，$(a_n)$ が単調増加もしくは単調減少であるとき**単調**という．点列の収束を定義しよう．

定義 2.24（点列の収束） $(X, \mathcal{N})$ を位相空間とする．点列 $(x_n) \in X^\omega$ が $x \in X$ に**収束する**とは，$\forall U \in \mathcal{N}(x)$ に対して $\exists N < \omega \forall n > N(x_n \in U)$ を満たすことをいい，$x_n \to x$ と書く．

連続性の公理を導入し，実数を定義しておく．

公理 2.1（連続性公理） 任意の上に有界で単調増加な点列は収束する．

定義 2.25 連続性公理を満たす順序体を**実数**といい $\mathbb{R}$ と書く．

実数において，連続性公理を満たす点列を -1 倍することで，下に有界な単

*53) 有理数や無理数の稠密性も証明できるが，紙面の都合上割愛する．

*54) 一般に全順序集合 $(x, <)$ に入れたこのような位相を**順序位相**という．

調減少な点列も収束する．連続性公理を満たす順序体について以下が知られている．

定理 2.1 連続性公理を満たす順序体は同型を除きただ1つである．

有理数を用いて実数を構成しよう．$\mathbb{Q}$ を有理数として，

$$\mathcal{C} = \{(a_n) \in \mathbb{Q}^\omega | \forall \epsilon \in \mathbb{Q}_{>0} \exists N < \omega, \forall k, l > N(|a_k - a_l| < \epsilon)\}$$

とおく*55)．$\mathbb{Q}$ を $\mathbb{Q}$ の絶対値 $|\cdot|$ による距離関数 $d(x, y) = |x - y|$ からなる距離位相空間としておく．今，以下のように $\mathcal{C}$ 上の同値関係 $\sim$ を定義する．

$$(a_n) \sim (b_n) \leftrightarrow a_n - b_n \to 0.$$

このとき，$\mathcal{C}/\sim$ は定値数列 $\mathbb{Q}$ を自然に含み，連続性の公理を満たす順序体となる*56)．実数の公理を用いて区間縮小法の原理とアルキメデスの原理を示そう．

例題 2.63（区間縮小法の原理） $\forall n < \omega$ に対して，$I_n \subset \mathbb{R}$ を閉区間 $I_n = [a_n, b_n]$ とし，$I_n \supset I_{n+1}$ かつ $b_n - a_n \to 0$ なら，$\bigcap_{n=0}^{\infty} I_n = \{x\}$ となる $x \in \mathbb{R}$ が存在することを示せ．

（解答） $I_n = [a_n, b_n]$ とする．a_n, b_n はそれぞれ単調増加，単調減少であり，$a_1 \leq a_n \leq b_n \leq b_1$ であるので，連続性公理から $a_n \to a$ かつ $b_n \to b$ となる $a, b \in \mathbb{R}$ が存在する．収束性から $a = \sup\{a_n | n < \omega\}$ であり*57) $\forall x \in \bigcap_{n=0}^{\infty} I_n$ は数列 (a_n) の上界であるので $a \leq x$ である．同様に $x \leq b$ である．$0 < b - a$ と仮定する．$0 \leq b_n - a_n \to 0$ から $\exists n(b_n - a_n < b - a)$ となる．これは $\forall n(a_n \leq a < b \leq b_n)$ に矛盾する．ゆえに $x = a = b$ がわかる． □

例題 2.64（アルキメデスの原理） $\forall a \in \mathbb{R}$ に対して $n \in \mathbb{N}$ が存在して，$a < n$ となることを示せ．

（解答） $\exists a \in \mathbb{R} \forall n < \omega(n \leq a)$ が成り立つと仮定する．よって，単調増加数列 (n) は上界を持つので，連続性公理からある $r \in \mathbb{R}$ に収束する．脚注 56 より $\sup\{n | n < \omega\} = r$ であり，$r - 1 < m$ なる $m \in \mathbb{N}$ が存在する．しかし例題 2.62 を用いれば，$r < m + 1$ となり $r = \sup\{n | n < \omega\}$ に矛盾する． □

2.5.2 カントール集合

カントール集合を定義しその上の位相空間について取り上げる．

---

*55) $\mathcal{C}$ の元は**コーシー列**といわれる．

*56) この事実には詳しい証明が必要であるがここでは省略する．

*57) もし a が (a_n) の上界でないとすると，$\exists N < \omega(a < a_N)$ であり，$a \in (2a - a_N, a_N) = U$ に対して $\forall n > N(a_n \notin U)$ であり $a_n \to a$ であることに反する．また $\forall n(a_n \leq a' < a)$ とすると，収束性から $\exists n < \omega(a_n \in (a', 2a - a'))$ より a' が (a_n) の上界であることに反する．

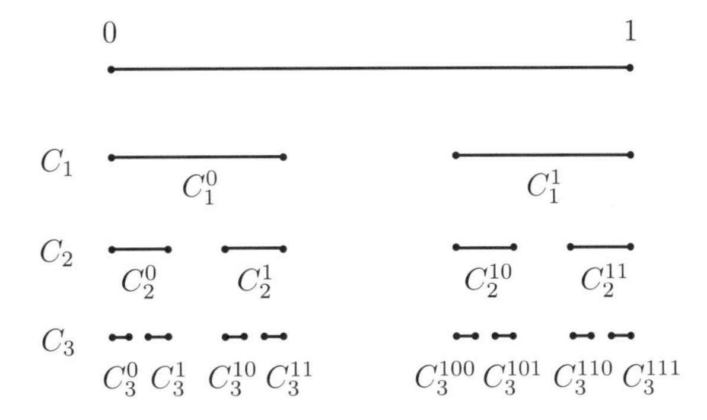

図 2.2　閉区間族の列の構成.

例 2.22　$\mathbb{R}$ 上で次のような閉区間の族を考えよう. $C_1^0 = [0, 1/3]$, $C_1^1 = [2/3, 1]$, $C_1 = C_1^0 \sqcup C_1^1$ とする. ある $n \in \mathbb{N}$ に対して 2^n 個の閉区間族 $C_n = \bigsqcup_{m=0}^{2^n-1} C_n^m \subset [0,1]$ が構成できたとする. ただし C_n^m の m は 2 進数表記を用いる. このとき C_n に包まれる 2^{n+1} 個の閉区間 C_{n+1} を以下のように構成する. C_n^m を 3 等分して得られる 3 つの閉区間のうち, 最も左のものを C_{n+1}^{m0} とし, 最も右のものを C_{n+1}^{m1} とする. つまり, $C_n^m = [a, b]$ なら, $C_{n+1}^{m0} = [a, (2a+b)/3]$, $C_{n+1}^{m1} = [(a+2b)/3, b]$ である. このようにして新しく構成された 2^{n+1} 個の閉区間 $C_{n+1}^0, C_{n+1}^1, C_{n+1}^{10}, \cdots, C_{n+1}^{11\cdots1}$ の和集合を C_{n+1} と書く[*58]. このようにして帰納的に閉区間族の列 $C_1, C_2, C_3, \cdots$ を構成する. 図 2.2 は C_3 まで構成したところである[*59]. $\bigcap_{n=1}^{\infty} C_n$ を**カントール集合**といい C と書く.

注 2.24　C_n は閉区間の互いに交わらない有限和集合であるから閉集合であり, C はそれらの無限共通集合なので閉集合である.

例題 2.65　$\lvert C \rvert = \mathfrak{c}$ であることを示せ.

(解答)　全単射 $\varphi : C \to \{0,1\}^{\mathbb{N}}$ を与える[*60]. $\{0,1\}^{\mathbb{N}}$ の元を **0,1 無限列**と呼ぼう. $\forall x \in C$ に対して $\forall n \in \mathbb{N}(x \in C_n)$ であり, $x \in C_n^{m_n}$ となる $0 \leq m_n < 2^n$ がただ 1 つ決まる. このように定まった数列 $m_1, m_2, m_3, \cdots$ は $C_{n+1}^{m_{n+1}} \subset C_n^{m_n}$ を満たすので $m_{n+1} = m_n 0$ もしくは $m_n 1$ である. ゆえに, この数列 (m_n) に対してある 0,1 無限列 (e_n) を使って $m_n = e_1 e_2 \cdots e_n$ と書ける[*61]. $\varphi(x) = (e_n)$ と定義することで写像 φ を構成する.

次にこの対応の逆を考える. $\forall (e_n) \in \{0,1\}^{\mathbb{N}}$ に対し, 次のような増大列

$$e_1, e_1 e_2, e_1 e_2 e_3, \cdots, e_1 e_2 \cdots e_n, \cdots$$

---

*58)　$m = 0$ のとき $m0$ は 0, $m1$ は 1 のことである.

*59)　閉区間族 $\{C_n^m \mid 0 \leq m < 2^n\}$ は $[0,1]$ 上に m の小さい順に並ぶ.

*60)　集合 X 上の点列の集合 $X^{\mathbb{N}}$ の元 $(x_n)_{n\in\mathbb{N}}$ の ${}_{n\in\mathbb{N}}$ を省略して単に (x_n) と書く.

*61)　$0 \cdots 0 e_k e_{k+1} = e_k e_{k+1}$ のように先頭の 0 は取り除く.

を $m_1, m_2, m_3, \cdots$ とおく．数列 (m_n) は，m_{n+1} が 2 進数表記において m_n0 もしくは m_n1 となる自然数列であり，閉区間の縮小列 $C_1^{m_1} \supset C_2^{m_2} \supset C_3^{m_3} \supset \cdots$ を与える．ゆえに，$\varphi^{-1}((e_n)) = \bigcap_{n=1}^{\infty} C_n^{m_n}$ である．

一方，区間縮小法の原理（例題 2.63）により，$\bigcap_{n=1}^{\infty} C_n^{m_n}$ は 1 点のみである．よって，写像 φ は全単射であることがわかった．

例題 1.36 から $|\{0,1\}^{\mathbb{N}}| = \mathfrak{c}$ であるので $|C| = \mathfrak{c}$ である． □

上の証明から，C の元，0,1 無限列，$C_1^{m_1} \supset C_2^{m_2} \supset C_3^{m_3} \supset \cdots$ なる閉区間の縮小列の 3 つは 1 対 1 に対応する．写像 $\varphi : C \to \{0,1\}^{\mathbb{N}}$ をまとめると，$\varphi(x) = (e_n) \in \{0,1\}^{\mathbb{N}}$ のとき，$\{x\} = \bigcap_{n=1}^{\infty} C_n^{e_1 e_2 \cdots e_n}$ を満たす．

距離位相 $(\mathbb{R}, \mathcal{O}_{d_1})$ のカントール集合 C における部分位相空間 $(C, (\mathcal{O}_{d_1})_C)$ のことも慣習にならいカントール集合という．

注 2.25 $x \in C$ に対する $\{x\} = \bigcap_{n=1}^{\infty} C_n^{m_n}$ となる閉区間列 $\{C_n^{m_n} | n \in \mathbb{N}\}$ に対して，$\mathcal{N}^*(x) = \{C \cap C_n^{m_n} | n \in \mathbb{N}\}$ は x の基本近傍系となることに注意しよう．というのも任意の閉区間 C_n^m はカントール集合に制限すると開集合になる．なぜなら，その補集合は $C \cap \sqcup\{C_n^k | k \neq m\}$ のように閉集合であるからである．

一方，$\{0,1\}^{\mathbb{N}}$ には $\{0,1\}$ 上の離散位相 $\mathcal{O}_{\mathrm{dis}}$ の $\mathbb{N}$ 個の直積位相 $\mathcal{O}_{\mathrm{dis}}^{\mathbb{N}}$ を入れておく．例題 2.65 の φ は $(\mathcal{O}_{d_1})_C$ と $\mathcal{O}_{\mathrm{dis}}^{\mathbb{N}}$ の間の同相写像を与えることを以下で示す．まずは次の例題を示そう．

例題 2.66 $\varphi : (C, (\mathcal{O}_{d_1})_C) \to (\{0,1\}^{\mathbb{N}}, \mathcal{O}_{\mathrm{dis}}^{\mathbb{N}})$ は連続であることを示せ．

（解答） 例題 2.49 より $\forall k \in \mathbb{N}$ に対して $\mathrm{pr}_k \circ \varphi$ が連続であることを示せばよい．$\forall e \in \{0,1\}$ に対して $U = (\mathrm{pr}_k \circ \varphi)^{-1}(e)$ が開集合であることを示す．$\forall a \in U$ に対して $\varphi(a) = (e_n)$, $m_n = e_1 e_2 \cdots e_n$ とおくと以下が成り立つ．

$$a \in U \leftrightarrow e_k = e \leftrightarrow m_k \equiv e \bmod 2.$$

したがって，$U = C \cap \sqcup\{C_k^{m_k} | m_k \equiv e \bmod 2\}$ と，注 2.25 から U は開集合である． □

次に φ が開写像であることを示そう．

例題 2.67 φ は開写像であることを示せ．

（解答） 開写像であることを示すには，開基の像が開集合であることを示せば十分である．注 2.25 で書いた基本近傍系 $\mathcal{N}^*(x)$ はすべて開集合であるから，$\mathcal{B} := \bigcup_{x \in C} \mathcal{N}^*(x) = \{C \cap C_n^m | n \in \mathbb{N}, 0 \leq m < 2^n\}$ は C の開基となる．$\forall C \cap C_n^m \in \mathcal{B}$ とし，m の 2 進数表記を $m = e_1 \cdots e_n$ とする．このとき，$C \cap C_n^m$

に含まれる点は，最初の n 桁までが $e_1e_2\cdots e_n$ であるようなすべての $0,1$ 無限列に対応しており，$\varphi(C\cap C_n^m)=\mathrm{pr}_1^{-1}(e_1)\cap\cdots\cap\mathrm{pr}_n^{-1}(e_n)$ が成り立つ．よって，これは直積位相の開集合である． □

さて，位相空間の孤立点を持たない部分集合を**自己稠密**といい，自己稠密な閉集合を**完全集合**という．$C\subset\mathbb{R}$ の自己稠密性を証明しておこう．

例題 2.68 C は $(\mathbb{R},\mathcal{O}_{d_1})$ の自己稠密な部分集合であること示せ．

(解答) $x\in C$ に対して $\varphi(x)=(e_n)$ とする．任意の近傍 $U\in\mathcal{N}(x)$ をとる．注 2.25 から，$\exists n\in\mathbb{N}(C\cap C_n^{e_1\cdots e_n}\subset U)$ となる．$C\cap C_n^{e_1\cdots e_n}$ には無限個の点が存在するので，C の任意の点は孤立点ではない． □

注 2.24 と例題 2.68 からカントール集合 $C\subset\mathbb{R}$ は完全集合である．

第 3 章
位相的性質

この章から位相空間の位相的性質についてみていく．

3.1 連結性

1 つ目は，連結性である．

3.1.1 連結

連続性とは，写像がつながっているという概念であったが，空間がつながっているとはどういうことだろうか？

3.1.1.1 連結の定義といくつかの性質

まずは位相空間が連結であることを以下のように定義する．

定義 3.1（連結） 位相空間 $(X, \mathcal{O})$ が**連結**であるとは，X が空ではない $U, V \in \mathcal{O}$ によって $X = U \sqcup V$ と表せないことをいう．また，連結な位相空間を**連結空間**という．位相空間 $(X, \mathcal{O})$ が連結ではないとき X は**非連結**であるという．つまり，どちらも空ではない開集合 $U, V \in \mathcal{O}$ が存在し，$X = U \sqcup V$ となることである．

連結の定義の対偶をとることで，$(X, \mathcal{O})$ が連結であることの定義は以下と同値である．

$$U, V \in \mathcal{O}((X = U \sqcup V) \to (U = \emptyset \vee V = \emptyset))$$

注 3.1 部分集合 $A \subset X$ が開集合かつ閉集合であるとき，A のことを**開かつ閉集合**という．閉集合系を $\mathcal{C}$ と書くことにすれば，開かつ閉集合のなす集合は $\mathcal{O} \cap \mathcal{C}$ である．また，A が開かつ閉集合であることは，$\partial A = \emptyset$ であることと同値である．開かつ閉集合を用いて位相空間 $(X, \mathcal{O})$ の連結性を以下のように言い換えることもできる.

$$\forall U \in \mathcal{O} \cap \mathcal{C}(U \neq \emptyset \to U = X)$$

つまり，連結であることは，$\mathcal{O} \cap \mathcal{C} = \{\emptyset, X\}$ と同値である．この言い換えは便利なので後の例題の証明で頻繁に用いる．

注 3.2 位相空間 $(X, \mathcal{O})$ の**部分集合** $A \subset X$ **が連結**であるとは，A が部分位相空間 $(A, \mathcal{O}_A)$ において連結であるということである．$\mathcal{C}, \mathcal{C}_A$ を X, A の閉集合系とすると，部分集合の連結性は以下*1)，

$$\forall U \in \mathcal{O}, \forall V \in \mathcal{C}(A \cap U = A \cap V \neq \emptyset \to A \subset U \vee A \subset V)$$

または簡単に

$$\mathcal{O}_A \cap \mathcal{C}_A = \{\emptyset, A\}$$

が成り立つことと同値である

例 3.1 $\mathbb{R}$ 上の通常の位相 $\mathcal{O}_{d_1}$ を考える．このとき，$X = [0, 1] \cup [2, 3]$ は非連結である．直感としては，X は $\mathbb{R}$ の離れた 2 つの閉区間からなっている．しかしそれだけの観察では定義から証明したことにならない．証明のためには以下のようにする．$\mathbb{R}$ の開集合 $U = (-1, 3/2)$ と $V = (3/2, 4)$ を用いて $X = [0, 1] \sqcup [2, 3] = (X \cap U) \sqcup (X \cap V)$ となるのでどちらも空ではない X の開集合の和集合になっている．よって X は非連結である．

例題 3.1 位相空間が連結かどうかは位相的性質であることを示せ．

(解答) 位相空間 X, Y の間に同相写像 $f : X \to Y$ が存在すると仮定する．$U \subset X$ が開かつ閉集合であるなら，$f(U)$ も Y において開かつ閉集合であり，その逆も成り立つ．よって，f により X と Y の開かつ閉集合は 1 対 1 に対応する．よって X と Y が連結であるかどうかの条件は一致する． □

例題 3.2 $f : X \to Y$ を位相空間の間の連続写像とする．X の連結部分集合 $A \subset X$ の像 $f(A)$ も連結であることを示せ．

(解答) 空ではない任意の $B \in \mathcal{O}_{f(A)} \cap \mathcal{C}_{f(A)}$ をとる．f の連続性から $f^{-1}(B) \in \mathcal{O}_A \cap \mathcal{C}_A$ であり，$f^{-1}(B) \neq \emptyset$ であるから，A の連続性から $f^{-1}(B) = A$．つまり，$B = f(A)$ であるから $f(A)$ は連結である． □

$x \in X$ に対して，x を含む X の最大の連結部分集合を x の**連結成分**といい，$C(x)$ と書く*2)．全体集合 X を明示する場合は，$C_X(x)$ のように書く．

*1) 結論の条件 $A \subset U \vee A \subset V$ は，仮定から $A \subset U \wedge A \subset V$ が成り立つ．
*2) X が連結であることと，各点 x において $C(x) = X$ であることは同値である．

注 3.3　$U \subset X$ を開かつ閉集合とすれば，$\forall x \in U (C(x) \subset U)$ であることに注意しよう．なぜなら，ある開かつ閉集合 U が $C(x) \cap U^c \neq \emptyset$ を満たすなら，$C(x) = (C(x) \cap U) \sqcup (C(x) \cap U^c)$ のような $C(x)$ が 2 つの開集合の和によって表すことができ，$C(x)$ の連結性に矛盾するからである．

例題 3.3　位相空間 $(X, \mathcal{O})$ の連結集合 A, B が $A \cap B \neq \emptyset$ ならば，$A \cup B$ も連結であることを示せ．

(解答)　共通部分をもつ連結集合 A, B に対して $A \cup B$ が連結ではないとする．$\forall U \in \mathcal{O}_{A \cup B} \cap \mathcal{C}_{A \cup B}$ とする．$U \neq \emptyset$ のとき $A \cap U \neq \emptyset$ としてよい．このとき，$U \cap A \in \mathcal{O}_A \cap \mathcal{C}_A$ であるから，A の連結性より $A \subset U$ である．$A \cap B \neq \emptyset$ より $B \cap U \neq \emptyset$ であり，B は連結であることから同様に $B \subset U$ となる．よって，$U = A \cup B$ であるから，$A \cup B$ は連結である．　□

注 3.4　連結空間の族 $\{A_\lambda | \lambda \in \Lambda\}$ が，その任意の 2 つの空間に共通部分があるなら，$\cup \{A_\lambda | \lambda \in \Lambda\}$ が連結であることも同様に証明できる．

また，この例題から，位相空間 $(X, \mathcal{O})$ において $C(x) \cap C(y) \neq \emptyset$ ならば，$C(x) \cup C(y)$ も連結であり，連結成分の最大性から，$C(x) = C(y)$ でなければならない．これにより，X は連結成分に一意的に分割される．このことは，$\forall x, y \in X$ に対して，$x \sim y \Leftrightarrow (x, y$ が同じ連結成分に属する$)$ とした同値関係を定義したとき，連結成分 $C(x)$ は x を含む同値類を意味する．

例題 3.4　$A \subset X$ が連結な部分集合であるとき，$A \subset B \subset \bar{A}$ となる任意の部分集合 B は連結であることを示せ．また，任意の連結成分 $C(x)$ は閉集合であることを示せ．

(解答)　まず，前半の主張を示そう．空ではない $U \in \mathcal{O}_B \cap \mathcal{C}_B$ を任意にとる．$U = B \cap U'$ となる $U' \in \mathcal{O}_X$ が存在し，$\emptyset \neq B \cap U' \subset \bar{A} \cap U'$ であるから，$A \cap U' = A \cap U \neq \emptyset$ である．$A \cap U \in \mathcal{O}_A \cap \mathcal{C}_A$ と A の連結性から $A \subset U$ が成り立つ．$U = B \cap V$ となる $V \in \mathcal{C}_X$ をとると，$A \subset V$ であり閉包の定義から $\bar{A} \subset V$ であるから，$B = B \cap \bar{A} \subset B \cap V = U$ となる．つまり $B = U$ が成り立ち，B は連結であることがわかる．

次に後半の主張を示そう．閉包の性質から $C(x) \subset \overline{C(x)}$ である．また，$C(x)$ に対して上の例題を適用させれば $\overline{C(x)}$ も x を含む連結な部分集合なので，$\overline{C(x)} \subset C(x)$ がわかる．よって $C(x) = \overline{C(x)}$ が成り立つので連結成分 $C(x)$ は閉集合である．　□

注 3.5　例題 3.4 で $C(x)$ はいつでも閉集合であったが，開集合となるとは限らない．例えば，次の節で示すように $\mathbb{Q}$ の各連結成分は 1 元集合であり閉集合だがそれは開集合にはならない．

3.1.1.2　完全不連結

$\forall x \in X$ に対して $C(x) = \{x\}$ である場合，位相空間 X は**完全不連結**であるという．例題 3.1 から，同相写像によって連結成分は連結成分に写されるので，完全不連結かどうかも位相的性質である．例題 3.4 を用いることで完全不連結空間の任意の 1 元部分集合は閉集合である．

例 3.2　離散空間の各点は開かつ閉集合であるので，完全不連結である．その他の完全不連結空間の例は，次の定義をしてから紹介する．

定義 3.2　空ではない位相空間 $(X, \mathcal{O})$ が開かつ閉集合からなる開基をもつとき，**零次元**であるという．

零次元であることは，任意の点で開かつ閉集合からなる基本近傍系をもつことと同値である．

例題 3.5　$(X, \mathcal{O})$ を任意の点が閉集合となる位相空間とする．このとき，$(X, \mathcal{O})$ は零次元ならば完全不連結であることを示せ．

（解答）　位相空間 $(X, \mathcal{O})$ の任意の点が閉集合とする．X が 1 元集合ならば，$(X, \mathcal{O})$ は零次元かつ完全不連結である．X は 2 点以上あるとする．異なる 2 点 $x, y \in X$ をとる．$X \setminus \{y\} \in \mathcal{N}(x)$ であるから，$x \in U \subset X \setminus \{y\}$ となる開かつ閉集合 U が存在する．$C(x) \subset U$ であるから，x, y は異なる連結成分に属する．ゆえに $(X, \mathcal{O})$ は完全不連結である．　□

注 3.6　零次元ならば無条件に完全不連結ではない．2 点以上ある密着空間は零次元だが完全不連結ではない．

例題 3.6　$\mathcal{O}_{d_1}$ の相対位相において $\mathbb{Q}$ は零次元であることを示せ．

（解答）　$\forall r \in \mathbb{Q}$ において，$\mathcal{N}^*(r) = \{\mathbb{Q} \cap B_{d_1}(r, s) | s \in \mathbb{P}_{>0}\}$ とする[*3]．$\mathbb{Q}$ において，$\mathrm{Cl}_{\mathbb{Q}}(\mathbb{Q} \cap B_{d_1}(r, s)) = \mathbb{Q} \cap B_{d_1}(r, s)$ であるから $\mathcal{N}^*(r)$ は開かつ閉集合からなる．$\mathcal{N}^*(r)$ は基本近傍系であることを示す．$\forall V \in \mathcal{N}(r)$ に対して $\exists t > 0 (B_{d_1}(r, t) \subset V)$ であり，無理数の稠密性から $\exists s \in \mathbb{P}\ (0 < s < t)$ となる．ゆえに，$r \in B_{d_1}(r, s) \subset B_{d_1}(r, t)$ であるから $\mathcal{N}^*(r)$ は基本近傍系であることがわかる．よって $\mathbb{Q}$ は零次元である．　□

$\mathbb{Q}$ は距離空間であるので任意の点は閉集合であり，この例題から $\mathbb{Q}$ は完全不連結であることがわかる．

例 3.3　ゾルゲンフライ直線 $(\mathbb{R}, \mathcal{O}_l)$ の各点は閉集合であり，半開区間 $[a, b)$ は開かつ閉集合であるので零次元であり特に完全不連結である．また，カ

---

*3)　$\mathbb{P}_{>0}$ は正の無理数全体の集合を表す．

ントール集合 C も距離空間であるから各点は閉集合であり，さらに，開基 $\{C \cap C_n^m | n \in \mathbb{N},\ 0 \le m < 2^n\}$ は開かつ閉集合であったことから零次元であり特に完全不連結である．

また，例題 3.5 の逆は一般には成り立たない．可分距離空間においても，零次元ではないが，完全不連結な空間は存在する．

3.1.1.3 実数空間上の連結性

例 3.3 にあるようにゾルゲンフライ直線は完全不連結であったが，通常の距離位相 $(\mathbb{R}, \mathcal{O}_{d_1})$ は連結である．これを示そう．

例題 3.7 $(\mathbb{R}, \mathcal{O}_{d_1})$ は連結であることを示せ．

(解答) $\mathbb{R} = U \sqcup V$ となる空ではない開集合 U, V が存在したとする．$x \in U$ に対して，$\{x\}$ の上界となる V の元の存在を仮定しておく*4)．実数の連続性の公理から $c = \inf\{z \in V | x \le z\}$ となる $c \in \mathbb{R}$ が存在する．$c \in U$ とすると $\exists B(c, \epsilon) \subset U$ が存在するが，これは c が V のある部分集合の下限であることに反する．また，$c \in V$ とすると，$\exists B(c, \delta) \subset V$ となり，$c - \frac{\delta}{2} \in \{z \in V | x \le z\}$ であり，c が $\{z \in V | x \le z\}$ の下限であることに反する．ゆえに c が $\mathbb{R}$ のどの点にも属さないことになり矛盾．つまり $\mathbb{R}$ は空ではない開集合 U, V の互いに交わらない和集合として $\mathbb{R} = U \sqcup V$ のように表せない．よって $(\mathbb{R}, \mathcal{O}_{d_1})$ は連結な位相空間である．□

この例題により，$\mathbb{R}$ と同相な任意の開集合 (a, b) は連結であることがわかる．また例題 3.4 から $[a, b]$ や $[a, b)$, $(a, b]$ も連結である．次に，直積位相と連結性の関係を示そう．

例題 3.8 X, Y を連結な位相空間とする．このとき，直積位相空間 $X \times Y$ も連結であることを示せ．

(解答) $\forall (x, y), (x', y') \in X \times Y$ が同じ連結成分に属することを示そう．同じ連結成分に属することを同値関係 $\sim$ で表す．$\{x\} \times Y \subset X \times Y$ は連結な部分集合なので，$\{x\} \times Y \subset C((x, y))$ である．つまり $(x, y) \sim (x, y')$ となる．同様に，$X \times \{y'\}$ は連結な部分集合なので，$X \times \{y'\} \subset C((x, y'))$ である．つまり，$(x, y') \sim (x', y')$ となる．ゆえに，$X \times Y$ は連結である．□

この例題を繰り返すことにより，連結な位相空間の有限直積空間も連結であることがわかる．また，連結空間の無限直積位相空間も連結である．連結空間の族 $\{X_\lambda | \lambda \in \Lambda\}$ に対して，$y = (y_\lambda) \in \prod_{\lambda \in \Lambda} X_\lambda$ を固定し，

---

*4) もしそうでなければ下界となる V の元は存在し，以後の議論を不等式を逆にして行えば良い．

$$Z = \bigcup_{S \subset \Lambda \wedge |S| < \aleph_0} \{(x_\lambda) | (\lambda \in \Lambda \setminus S) \to x_\lambda = y_\lambda\}$$

とおこう．この和集合の各成分は有限直積空間と同相であり，y を含むので，注 3.4 の記述より Z は連結である．また，直積位相において，閉包 $\overline{Z}$ は $\prod_{\lambda \in \Lambda} X_\lambda$ であることが証明できる．例題 3.4 により，任意の連結空間の族の直積位相空間が連結であることがわかる．例えば，$(\mathbb{R}^\omega, \mathcal{O}_{d_1}^\omega)$ は連結である．

一方，箱型積位相は連結とは限らない．例えば，$(\mathbb{R}^\omega, \mathcal{O}_{d_1}^{\boxtimes\omega})$ は連結ではない*5)．有界数列全体 B と非有界数列全体 U は箱型積位相において互いに交わらない開集合であり，$\mathbb{R}^\omega = B \sqcup U$ となる．

以下を示そう．

例題 3.9 順序位相空間 $(X, \mathcal{O}_\leq)$ の連結部分集合 A に対して，$a, b \in A$ であるなら，$[a, b] \subset A$ であることを示せ．

（解答） 順序位相空間 $(X, \mathcal{O}_\leq)$ において $\exists c \in (a, b)\ (c \notin A)$ が満たすとする．$A \cap (-\infty, c) = A \cap (-\infty, c] \neq \emptyset$ が成り立つ．A の連結性から，$A \subset (-\infty, c)$ となるが，これは $b \in A$ であることに矛盾する．ゆえに，$\forall c \in [a, b] \to c \in A$ である． □

微積分学において，実数上の連続関数の性質として中間値の定理を学ぶ．この定理は，連結な位相空間上の実数値関数の性質として以下のように一般化される．

例題 3.10（中間値の定理） $(X, \mathcal{O})$ を連結な位相空間とする．f を X 上の $\mathbb{R}$ に値をもつ連続関数とする．$a, b \in X$ を $f(a) < f(b)$ を満たす点とする．このとき，$f(a) < \forall z < f(b)$ に対して $\exists c \in X(f(c) = z)$ となることを示せ．

（解答） X は連結であるので $f(X)$ も連結である．例題3.9より，$[f(a), f(b)] \subset f(X)$ であるので，$\forall z \in [f(a), f(b)] \subset f(X)$ に対して $c \in X$ が存在して $z = f(c)$ となる． □

次に実数直線 $\mathbb{R}$ と実数平面 $\mathbb{R}^2$ を比べよう．$|\mathbb{R}| = |\mathbb{R}^2| = \mathfrak{c}$ であり，全単射 $\mathbb{R} \to \mathbb{R}^2$ を作ることはできるが，同相写像を作ることはできない．

例題 3.11 $\mathbb{R}$ と $\mathbb{R}^2$ は同相ではないことを示せ．

（解答） 同相写像 $\varphi : \mathbb{R} \to \mathbb{R}^2$ が存在すると仮定する．$\mathbb{R}^2$ の適当な平行移動を φ に合成することで，$\varphi(0) = (0, 0)$ と仮定してよい．ここで，$\mathbb{R}_0 = \mathbb{R} \setminus \{0\}$，$\mathbb{R}_0^2 = \mathbb{R}^2 \setminus \{(0, 0)\}$ とおく．このとき，φ を $\mathbb{R}_0$ に制限することで全単射

*5) $\mathcal{O}_{d_1}^{\boxtimes\omega}$ によって可算個の $\mathcal{O}_{d_1}$ の箱型積位相を表す．

$\varphi_0 : \mathbb{R}_0 \to \mathbb{R}_0^2$ を作ることができるが，これは同相写像でもある[*6]．今，連続な全射 $\mathbb{R}^2 \to \mathbb{R}_0^2$ を $(r,t) \mapsto (e^r \cos t, e^r \sin t)$ と定義する．例題3.8より $\mathbb{R}^2$ は連結であり，例題3.2を用いることで $\mathbb{R}_0^2$ は連結となる．しかし，$\mathbb{R}_0 = (-\infty, 0) \sqcup (0, \infty)$ と開集合の和で表され，非連結であるので矛盾する．□

3.1.2　弧状連結

連結性の定義は包まれる開集合の自然な性質ではあったが，繋がっている直感となかなか結びつかなかったかもしれない．次に取り上げる弧状連結性は繋がっている感覚は理解しやすいだろう．まずは，下の例題を解いておく．

> **例題 3.12**　$(X, \mathcal{O})$ が連結であることと，任意の2点 $x, y \in X$ に対して，$x, y \in A$ となる連結な部分集合 A が存在することは同値であることを示せ．

（解答）　$(X, \mathcal{O})$ が連結であるなら，条件の A として X をとることができる．$x \in X$ をとる．このとき，$\forall y \in X$ に対して $x, y \in A$ となる連結な部分集合 A が存在し，$A \subset C(x)$ を満たす．特に，$y \in C(x)$ である．X の任意の元が x と同じ連結成分に属するので $C(x) = X$ となり $(X, \mathcal{O})$ は連結となる．□

閉区間 $[0,1]$ に $\mathcal{O}_{d_1}$ からの相対位相を入れておく．連続写像 $f : [0,1] \to X$ の連続像 $f([0,1])$ を**弧**といい，連続像 $f([0,1])$ が $f(0) = x$ かつ $f(1) = y$ を満たすとき，x と y は**弧によって結ばれる**という．例題3.2より，弧は連結である．次の定義をしよう．

> **定義 3.3**（弧状連結）　位相空間 $(X, \mathcal{O})$ が**弧状連結**であるとは，$\forall x, y \in X$ が X 内のある弧によって結ばれることとして定義する．また，位相空間の部分集合 A が**弧状連結**であるとは，部分位相空間として A が弧状連結であることである．

注 3.7　例題3.12により，連結性は，任意の2点に対しての連結な集合 A が存在することとして言い換えられた．弧状連結とは，連結な集合 A として特に2点を結ぶ弧がいつでも取れるという条件を課している．上で書いたように弧は連結であり，弧状連結ならば連結である．この命題をこの認識なしに証明するには以下のようにすればよい．X が弧状連結なら $\forall x, y \in X$ に対して $x, y \in f([0,1])$ となる連続写像 $f : [0,1] \to X$ が存在する．例題3.2から $f([0,1])$ は連結である．ゆえに，x, y は同じ連結成分に属するので，$C(x) = X$ がいえる．つまり X は連結である．

では，連結ではあるが弧状連結ではない位相空間は存在するだろうか？ 位相空間の教科書でよく出てくる次の例についての例題を解いていこう．

---

*6)　同相写像 $f : X \to Y$ に対して部分集合 $A \subset X$ に制限される写像 $A \to f(A)$ も同相写像であることは定義から容易に証明できる．読者はこの証明を試みるとよい．

例題 3.13 $\mathbb{R}^2$ において部分集合 $J = \{(x, \sin\frac{1}{x}) \in \mathbb{R}^2 | x > 0\}$ と $I = \{(0,t) \in \mathbb{R}^2 | -1 \leq t \leq 1\}$ をとる．$X = I \sqcup J$ とし，X に $(\mathbb{R}^2, \mathcal{O}_{d_2})$ の相対位相を入れる．この位相空間は連結であることを示せ．

（解答） J は $\mathbb{R}_{>0}$ からの連続像なので例題 3.2 より連結である．$\forall(0,t) \in I$ とする．アルキメデスの原理から，$\forall\epsilon > 0$ に対して，$0 < \frac{1}{\mathrm{Arcsin}(t)+2n\pi} < \epsilon$ となる $n \in \mathbb{N}$ が存在する．よって，$(\frac{1}{\mathrm{Arcsin}(t)+2n\pi}, t) \in J \cap B_{d_2}((0,t),\epsilon)$ となるので，I の任意の点は J の触点であり，$J \subset X \subset \mathrm{Cl}_X(J)$ である．例題 3.4 より X は連結であることがわかる． □

例題 3.14 例題 3.13 の X は弧状連結ではないことを示せ．

（解答） X が弧状連結であるとする．$\mathbf{0}, \boldsymbol{p} \in X$ をそれぞれ $(0,0), (1/\pi, 0)$ とする．このとき，連続写像 $f : [0,1] \to X$ が存在して $f(0) = \mathbf{0}$ かつ $f(1) = \boldsymbol{p}$ を満たす．さらに，$f^{-1}(\mathbf{0}) = 0$ と仮定することができる[*7]．f の 0 での連続性より，$\exists\delta > 0(f([0,\delta)) \subset X \cap B_{d_2}(\mathbf{0}, \frac{1}{2}))$ を満たす．$A = \mathrm{pr}_1 \circ f([0,\delta))$ とおく．$f^{-1}(\mathbf{0}) = 0$ であることから $\exists a \in A(a \neq 0)$ となる．A は 0 と a を含む $\mathbb{R}$ の連結集合であるので例題 3.9 より $[0,a] \subset A$ である．アルキメデスの原理から $\exists n \in \mathbb{N}(\frac{2}{(4n+1)\pi} \in [0,a))$ である．そのような n に対して，$f(b) = (\frac{2}{(4n+1)\pi}, 1)$ となる $b \in [0,\delta)$ が存在し，$f(b) \notin B_{d_2}(\mathbf{0}, \frac{1}{2})$ となる．これは上の $f(b) \in B_{d_2}(\mathbf{0}, \frac{1}{2})$ に矛盾する．よって，X は弧状連結ではない． □

注 3.8 位相空間 $(X, \mathcal{O})$ において，$x \in X$ に対して x とある弧によって結ばれる点全体の集合を x の**弧状連結成分**といい，$C_{\mathrm{path}}(x)$ と書く．X が弧状連結であることは，$\forall x \in X$ において $C_{\mathrm{path}}(x) = X$ であることと同値である．例題 3.13 の X の連結成分 X は 2 つの弧状連結成分 $C_{\mathrm{path}}(\mathbf{0}) = I$，$C_{\mathrm{path}}(\boldsymbol{p}) = J$ に分かれる．このことから，一般に弧状連結成分は閉集合とは限らない．

例 3.4 例題 3.13 における J において，$J_0 = \{(0,0)\} \cup J$ とする．$J \subset J_0 \subset \bar{J}$ なので，例題 3.4 から J_0 は連結である．標準射影 $\mathbb{R}_{\geq 0} \times \mathbb{R} \to \mathbb{R}_{\geq 0}$ を J_0 に制限して得られる写像 $p : J_0 \to \mathbb{R}_{\geq 0}$ は全単射かつ連続である．J_0 は，0 で不連続な関数 $f(x) = \begin{cases} \sin\frac{1}{x} & x > 0 \\ 0 & x = 0 \end{cases}$ のグラフなので，p^{-1} は連続ではない．このように，不連続な関数を用いれば全単射連続だが，同相ではない例をすぐに作ることができる．この写像 $p : J_0 \to \mathbb{R}_{\geq 0}$ は，連結集合から連結集合への全単射連続写像だが，逆写像が連続でない例にもなっている．

---

*7) $A = \{t \in [0,1] | f(t) = \mathbf{0}\}$ とする．このとき，A は閉集合であり，$t_0 := \sup(A)$ は A の触点であるので，$t_0 \in A$ である．$\phi(t) = (1-t)t_0 + t$ なる 1 次関数を用いて，f を $f \circ \phi$ に取り替えればよい．

3.1.3 局所連結・局所弧状連結

まず，以下の定義をしよう．

定義 3.4 位相空間 $(X,\mathcal{O})$ が**局所連結**であるとは，任意の $x \in X$ に対して連結な近傍からなる基本近傍系 $\mathcal{N}^*(x)$ が存在することをいう．また，$(X,\mathcal{O})$ が**局所弧状連結**であるとは，任意の $x \in X$ の基本近傍系 $\mathcal{N}^*(x)$ として弧状連結なものがとれることをいう．

以下の例題を解こう．

例題 3.15 $(X,\mathcal{O})$ が局所連結であることと，X の開集合 U の任意の連結成分*8)が開集合になることは同値であることを示せ*9)．

(解答) 位相空間 $(X,\mathcal{O})$ が局所連結とする．このとき，$\forall U \in \mathcal{O}$ と $\forall x \in U$ に対して，連結な近傍 $V \in \mathcal{N}^*(x)$ が存在して，$V \subset U$ となる．よって，$V \subset C_U(x)$ であるから，$C_U(x)$ は開集合である．

逆に $(X,\mathcal{O})$ の開集合の任意の連結成分が開集合になると仮定する．このとき，$\forall x \in X$ と $\forall V \in \mathcal{N}(x)$ に対して，内部 V° の連結成分 $C_{V^\circ}(x)$ は開集合であるので，$C_{V^\circ}(x) \in \mathcal{N}(x)$ となり，$x \in C_{V^\circ}(x) \subset V$ となる連結な近傍が見つかる．ゆえに，X は局所連結である． □

例題 3.16 例題 3.13 の連結集合 X は局所連結ではないことを示せ．

(解答) $(0,0)$ を含む X の，$A \cap J \neq \emptyset$ を満たす連結部分集合 A は，y 座標が 1 の点を含むことを証明する．A が $(0,0)$ を含み $A \cap J \neq \emptyset$ となる連結部分集合であるとき，$(a, \sin\frac{1}{a}) \in A$ とすると，x 座標への標準射影の X の制限を p とすると，$0, a \in p(A)$ より，$p(A)$ の連結性から $[0,a] \subset p(A)$ であり，ある自然数 n に対して，A は $(\frac{2}{(4n+1)\pi}, 1)$ となる点を含む．

$(0,0)$ の近傍 $B = X \cap B_{d_2}((0,0), \frac{1}{2})$ をとる．B に包まれる任意の $(0,0)$ の近傍 V に対して $V \cap J \neq \emptyset$ である．例えば，十分大きい自然数 N に対して $(\frac{1}{N\pi}, 0) \in V \cap J$ となる．よって，上で証明したように，V には y 座標が 1 の点を含む必要があるが，そもそも B にはそのような点は含まないので矛盾する．

□

注 3.9 連結性と局所連結性にはお互い関係性はない．$\mathbb{R}$ は連結かつ局所連結である．例 3.1 の X は非連結だが，局所連結である．例題 3.13 の X は連結であるが局所連結ではない．また，例題 3.15 を考慮すれば，完全不連結かつ離散空間ではない $\mathbb{Q}$，カントール集合，ゾルゲンフライ直線は連結でも局所連結で

---

*8) U の連結成分とは $(U, \mathcal{O}_U)$ での連結成分のことであり，$C_U(x)$ と書く．

*9) X が局所連結とは，「X の各点において連結な近傍が（少なくとも 1 つ）存在すること」と同値ではない．「」の中の条件は，X のすべての連結成分 $C(x)$ が開集合となることと同値である．

もない.

3.2 分離公理

2 つ目の位相的性質は分離公理である.

3.2.1 分離公理

位相空間 $(X, \mathcal{O})$ において，部分集合 $A, B \subset X$ が $\exists U, V \in \mathcal{O}(A \subset U \wedge B \subset V \wedge U \cap V = \emptyset)$ を満たすとき，A, B **は開集合によって分離される**という．分離公理とは位相空間の 2 つの部分集合 A, B が開集合によって分離されるかを規定するものであり，A, B のとり方や分離のされ方などによりいくつかのヴァリエーションがある．分離公理を理解することは重要である．例えば位相空間がいつ距離化可能かという問題は分離公理と密接に関わっている．

まずは位相空間 $(X, \mathcal{O})$ に課される各種分離公理を定義していこう．

公理 3.1（T_0 公理） 任意の異なる 2 点 $p, q \in X$ に対して，

$$\exists U \in \mathcal{O}((p \in U \wedge q \notin U) \vee (q \in U \wedge p \notin U))$$

を満たす.

公理 3.2（T_1 公理） 任意の異なる 2 点 $p, q \in X$ に対して，

$$\exists U, V \in \mathcal{O}((p \in U \wedge q \notin U) \wedge (q \in V \wedge p \notin V))$$

を満たす.

公理 3.3（T_2 公理） X の任意の異なる 2 点が開集合によって分離される.

公理 3.4（T_3 公理） X の任意の 1 点とその点を含まない任意の閉集合が開集合によって分離される.

公理 3.5（T_4 公理） X の互いに交わらない任意の 2 つの閉集合が開集合によって分離される.

公理 3.6（T_5 公理） 任意の部分空間が T_4 公理を満たす.

T_n 公理を満たす位相空間を $\boldsymbol{T_n}$ **空間**という．条件から直ちに，T_2 空間は T_1 空間であり，T_1 空間は T_0 空間である．T_2 空間のことを特に**ハウスドルフ空間**という．T_1 かつ T_3 空間のことを**正則空間**，T_1 かつ T_4 空間のことを**正規空間**，T_1 かつ T_5 空間のことを**全部分正規空間**という．正則空間および正規空間はハウスドルフ空間でもあるので正則空間を T_2 かつ T_3 空間，正規空間を T_2

かつ T_4 空間と定義しても同じである．

まとめると以下の関係が成り立つことがわかる．このいずれの関係の逆も成り立たないことは，後に述べられる．

$$\text{全部分正規} \Rightarrow \text{正規} \Rightarrow \text{正則} \Rightarrow \text{ハウスドルフ} \Rightarrow T_1 \Rightarrow T_0$$

例 3.5 $\mathbb{R}$ 上の開集合系 $\mathcal{O}=\{(-\infty,a)|a\in\mathbb{R}\}\cup\{\emptyset\}\cup\{\mathbb{R}\}$ を考える．$p,q\in\mathbb{R}$ に対して $p<q$ ならば，$U=(-\infty,\frac{p+q}{2})$ とおくと，$p\in U\wedge q\notin U$ であるので $(\mathbb{R},\mathcal{O})$ は T_0 空間であるが，q を含む開集合は p も含むので T_1 空間ではない．

n 点からなる有限集合上の位相空間 $(X_n,\mathcal{O})$ がハウスドルフ空間であるなら，任意の $p\in X_n$ と，$\forall q\in X\setminus\{p\}$ に対して p,q を分離する開集合で p を含むものを U_q とすれば $\cap\{U_q|q\in X\setminus\{p\}\}=\{p\}\in\mathcal{O}$ である．例題 2.22 より $(X_n,\mathcal{O})$ は離散位相空間である．例えば，$(\{a,b,c\},\langle\{a,b\},\{b,c\}\rangle)$ は T_0 空間であるが T_1 空間でない．$(\{a,b,c\},\langle\{a,b\}\rangle)$ なら T_0 空間でもない．

T_1 空間の特徴づけを与えよう．

例題 3.17 位相空間が T_1 空間であることと 1 点が閉集合であることは同値であることを示せ．

(解答) $(X,\mathcal{O})$ が T_1 空間であるとする．$\forall p\in X$ に対して，$\forall q\in X\setminus\{p\}$ とする．ある開集合 U が存在して $q\in U\subset X\setminus\{p\}$ を満たすので，q は $X\setminus\{p\}$ の内点であり，$\{p\}$ は閉集合である．逆に $(X,\mathcal{O})$ の 1 点が閉集合であれば，$X\setminus\{p\}$ は開集合であり p と異なる q において $q\in X\setminus\{p\}$ となるので $(X,\mathcal{O})$ は T_1 空間であることがわかる． □

例 3.6 例題 2.45 に登場した位相空間 $(\mathbb{R}\sqcup\{p\},\langle S\rangle)$ は，$\forall x\in\mathbb{R}$ に対して x を含む開集合は p も含むので，$\{p\}$ は閉集合にならず T_1 空間ではない．

3.2.2 ハウスドルフ空間

次にハウスドルフ空間について考察する．T_2 空間は T_1 空間でもあるので，ハウスドルフ空間の任意の 1 元部分集合は閉集合である．まずは，次の 2 つの例題でハウスドルフ性と同値な性質をみていこう．

例題 3.18 位相空間 $(X,\mathcal{O})$ がハウスドルフ空間であることと，直積 $X\times X$ の対角集合 $\Delta=\{(x,x)|x\in X\}$ が閉集合であることは同値であることを示せ．

(解答) $(X,\mathcal{O})$ をハウスドルフ空間とする．$\forall(x,y)\in\Delta^c$ とすると，$x\neq y$ であり，X がハウスドルフであることから，x,y を分離する $U,V\in\mathcal{O}$ が存在する．つまり，$x\in U$，$y\in V$，$U\cap V=\emptyset$ であり，最後の条件は $(U\times V)\cap\Delta=\emptyset$ を意味する．よって $U\times V\subset\Delta^c$ であり，$U\times V$ は，(x,y) の開近傍であるこ

とから (x,y) は Δ^c の内点であり，Δ は閉集合である．

対角集合 Δ が閉集合であるとする．$x,y \in X$ を任意の異なる元とすると，$(x,y) \in \Delta^c$ であるから Δ^c は開集合である．直積位相空間 $X \times X$ の開基は $\mathcal{B} = \{U \times V | U, V \in \mathcal{O}\}$ であったから，$\exists U \times V \in \mathcal{B}((x,y) \in U \times V \subset \Delta^c)$ を満たす．よって，$x \in U \wedge y \in V \wedge U \cap V = \emptyset$ を満たし，x,y は開集合によって分離される． □

例題 3.19 位相空間 $(X, \mathcal{O})$ がハウスドルフ空間であることと，$\forall x \in X(\{x\} = \cap\{\overline{W} | W \in \mathcal{N}(x)\})$ であることは同値であることを示せ*10)．

(解答) $(X, \mathcal{O})$ をハウスドルフ空間とする．$\forall x \in X$ とし，$x \neq y$ となる $y \in X$ をとる．x, y を分離する開集合を U, V とする．$x \in U \subset V^c$ であるから，V^c は y を含まない x の閉近傍であり $\cap\{\overline{W} | W \in \mathcal{N}(x)\} \subset V^c$ より $y \notin \cap\{\overline{W} | W \in \mathcal{N}(x)\}$ を満たす．ゆえに $\cap\{\overline{W} | W \in \mathcal{N}(x)\} = \{x\}$ である．

$\forall x \in X(\{x\} = \cap\{\overline{W} | W \in \mathcal{N}(x)\})$ を仮定する．$x, y \in X$ を相異なる 2 点とする．$y \notin F$ となる x の閉近傍 F が存在する*11)．このとき，F^c は y を含む開集合であり，F° は x の開近傍である．$F^\circ \cap F^c = \emptyset$ であることから，F° と F^c は x, y を分離する開集合となる． □

ハウスドルフ空間の例と満たす性質について見ていこう．

例題 3.20 距離位相空間はハウスドルフ空間であることを示せ．

(解答) X 上の距離位相空間 $(X, \mathcal{O}_d)$ を考える．任意の異なる 2 点 $p, q \in X$ に対して $\delta = d(p,q)$ とし，$U = B_d(p, \delta/2)$, $V = B_d(q, \delta/2)$ はそれぞれ p, q を含む開集合である．$r \in U \cap V$ と仮定すると，$\delta > d(p,r) + d(r,q) \geq d(p,q) = \delta$ となり矛盾するので，$U \cap V = \emptyset$ である．任意の 2 点 p, q は開集合 U, V によって分離されるので $(X, \mathcal{O})$ はハウスドルフ空間となる． □

例題 3.21 $\{X_\lambda | \lambda \in \Lambda\}$ をハウスドルフ空間の族とするとき，その直積位相空間もハウスドルフ空間であることを示せ．

(解答) 異なる 2 点 $\boldsymbol{p}, \boldsymbol{q} \in \prod_{\lambda \in \Lambda} X_\lambda$ に対して $\exists \lambda \in \Lambda(\mathrm{pr}_\lambda(\boldsymbol{p}) \neq \mathrm{pr}_\lambda(\boldsymbol{q}))$ となる．この λ に対して $\mathrm{pr}_\lambda(\boldsymbol{p}) \in U$ かつ $\mathrm{pr}_\lambda(\boldsymbol{q}) \in V$ となる X_λ の開集合 U, V で $U \cap V = \emptyset$ となるものが存在する．$\boldsymbol{p}$ と $\boldsymbol{q}$ は互いに交わらない開集合 $\mathrm{pr}_\lambda^{-1}(U)$ と $\mathrm{pr}_\lambda^{-1}(V)$ によって分離されるので直積位相空間はハウスドルフ空間である．

□

---

*10) 任意の $x \in X$ に対して $\{x\} = \cap\{W | W \in \mathcal{N}(x)\}$ が成り立つことは X が T_1 空間であることと同値である．

*11) もし存在しないとすると，x の閉近傍はいつでも y を含むことになり仮定に反する．

例題 3.22 X, Y を位相空間とする．$D \subset X$ を稠密な部分集合とし，Y をハウスドルフ空間とする．$F, G : X \to Y$ を連続写像とし，F, G の D への制限写像 $F|_D, G|_D : D \to Y$ が $F|_D = G|_D$ を満たすとき，$F = G$ を示せ．

（解答） D への制限写像が一致する連続写像 F, G に対して，ある $x \in X$ が存在して，$F(x) \neq G(x)$ を満たすとする．$F(x), G(x)$ を分離する開集合を U_1, U_2 としよう．連続性から，$F^{-1}(U_1)$ と $G^{-1}(U_2)$ は x の開近傍であるから，$F^{-1}(U_1) \cap G^{-1}(U_2) =: U$ も x の開近傍である．$D \cap U \neq \emptyset$ であるから，$\exists a \in D \cap U (F(a) = G(a) \in U_1 \cap U_2)$ であり $U_1 \cap U_2 = \emptyset$ に矛盾する．よって，$F = G$ となる． □

つまりハウスドルフ空間 Y への連続写像 $X \to Y$ は，X の稠密部分集合 $D \subset X$ からの連続写像 $D \to Y$ から一意的に定まる．またハウスドルフ空間の性質として例題 4.18 も参照されたい．最後にハウスドルフ空間ではない T_1 空間の例を挙げておく．

例 3.7 k を可換体とし，k 上の多項式環 $R = k[X_1, \cdots, X_n]$ のイデアル $I \subset R$ に対して，$V_I = \{\boldsymbol{x} \in k^n | \forall f \in I(f(\boldsymbol{x}) = 0)\}$ とする．R のイデアル全体にわたって V_I を集めることにより閉集合系 $\mathcal{C}$ を k^n 上に定義することができる．この位相空間 $(k^n, \mathcal{C})$ を k^n 上の**ザリスキー位相**といい，代数幾何において用いられる．ザリスキー位相は，一般に T_1 空間ではあるが，T_2 空間ではない．

3.2.3 正則空間と正規空間

次に正則空間，正規空間について考察する．下の例題 3.23 と注 3.5 で T_3 公理，T_4 公理と同値な性質をそれぞれ導いておこう．

例題 3.23 $(X, \mathcal{O})$ が T_3 空間であることは，$\forall x \in X$ の任意の開近傍 U に対して，$\exists V \in \mathcal{O}\ (x \in V \subset \overline{V} \subset U)$ であることと同値であることを示せ．

別の言い方をすれば，T_3 空間であることは各点において閉近傍からなる基本近傍系が存在することと同値である．

（解答） $(X, \mathcal{O})$ が T_3 空間であるとする．$\forall x \in X$ の任意の開近傍 U をとる．x と U^c を分離する開集合 V, W が存在して，$x \in V \subset W^c \subset U$ を満たす．W^c は閉集合であるので，$V \subset \overline{V} \subset W^c \subset U$ を満たす．

$x \in \forall U \in \mathcal{O}$ に対して，$\exists V \in \mathcal{O}(x \in V \subset \overline{V} \subset U)$ を満たすとする．$\forall x \in X$ と閉集合 F で $x \notin F$ を満たすものをとる．$x \in F^c$ に対して条件を用いると，$x \in V \subset \overline{V} \subset F^c$ となる開集合 V が存在する．よって，$x \in V$ かつ $F \subset (\overline{V})^c$ かつ $V \cap (\overline{V})^c = \phi$ となるので，$(X, \mathcal{O})$ は T_3 空間である． □

注 3.10 上の例題と同様に，下の (1) と (2) の同値性も証明できる．

(1)　$(X, \mathcal{O})$ は T_4 空間である．

(2)　$F \subset G$ を満たす任意の閉集合 F と開集合 G に対して，$\exists V \in \mathcal{O}\ (F \subset V \subset \overline{V} \subset G)$ を満たす．

T_4 空間のこの言い換えは，後のウリゾーンの補題を示すときに重要な役割を担う．

ウリゾーンの補題を示すまで，いくつかの例と例題を紹介しておこう．

例題 3.24　距離位相空間は正規空間であることを示せ．

(解答)　$(X, \mathcal{O}_d)$ を任意の距離空間とする．距離空間の 1 点は閉集合なので T_1 空間である．F, G を互いに交わらない閉集合とする．$U = \{x \in X | d(x, F) < d(x, G)\}$，$V = \{x \in X | d(x, F) > d(x, G)\}$ とおく．$U \cap V = \emptyset$ は明らかである．$\forall x \in F$ なら x は閉集合 G に含まれないので例題 2.18 から $d(x, G) > 0$ であり $F \subset U$ を満たす．同様に $G \subset V$ である．U, V が開集合であることは，例題 2.17 から写像 $x \mapsto d(x, F) - d(x, G)$ が連続写像であることから従う．よって U, V は F, G を分離する開集合であり $(X, \mathcal{O}_d)$ は正規空間である．　□

$f : X \to I$ を $f(x) = \frac{d(x,F)}{d(x,F)+d(x,G)}$ とおくと，$f(F) = \{0\}$ かつ $f(G) = \{1\}$ となる連続関数であるので，この後半に示すウリゾーンの補題から $(X, \mathcal{O})$ が正規空間であることを示すこともできる．

距離位相空間の任意の部分空間も距離空間なので，この例題を認めれば距離位相空間は自然に全部分正規空間でもある．また，距離空間ではない正規空間も存在する．次の例題を示そう．

例題 3.25　ゾルゲンフライ直線 $(\mathbb{R}, \mathcal{O}_l)$ は正規空間であることを示せ．

(解答)　$\mathcal{O}_{d_1} < \mathcal{O}_l$ であるので任意の 1 点集合は閉集合であることがわかる．次に T_4 公理を満たすことを示そう．閉集合 F と開集合 G が $F \subset G$ を満たすとする．$\forall p \in F$ に対して，$\exists \epsilon_p > 0([p, p + \epsilon_p) \subset G)$ を満たす．これらの半開区間の和を $V := \bigcup_{p \in F} [p, p + \epsilon_p)$ とおくと，V は開集合であり $F \subset V \subset G$ を満たす．次に V が閉集合でもあることを示す．$\forall q \in \overline{V} \setminus V$ をとる．このとき，$\forall \delta > 0 \exists p \in F([q, q + \delta) \cap [p, p + \epsilon_p) \neq \emptyset)$ である．この δ に対して決まる $p \in F$ を p_δ とすると，$q \notin V$ から $\forall \delta > 0(q < p_\delta)$ を満たす．ゆえに，$\forall \delta > 0([q, q + \delta) \cap F \neq \emptyset)$ であり，$\{[q, q + \delta) | \delta > 0\}$ は $\mathcal{N}(q)$ の基本近傍系をなすから，$q \in \overline{F}$ を意味する．今，F は閉集合であるから，$q \in F \subset V$ であり，仮定に矛盾する．ゆえに，$\overline{V} = V$ となり V は閉集合でもある．よって，$F \subset V = \overline{V} \subset G$ となる開集合 V が存在したので注 3.10 よりゾルゲンフライ直線 $(\mathbb{R}, \mathcal{O}_l)$ は正規空間である．　□

ハウスドルフ空間であるが，正則空間でない例として半円盤位相がある．

例 3.8 (半円盤位相)　H を上半平面 $\{(x,y)\in\mathbb{R}^2|y>0\}$ とし，$R=\{(x,0)|x\in\mathbb{R}\}$ とおく．$H\cup R$ 上に位相を与える．$\boldsymbol{x}\in R$ に対して，半円盤近傍 $B_{\mathrm{hd}}(\boldsymbol{x},r):=(H\cap B_{d_2}(\boldsymbol{x},r))\cup\{\boldsymbol{x}\}$ を定義しておく．$\mathcal{B}_1=\{B_{d_2}((x,y),r)|(x,y)\in H,0<r<y\}$ とし，$\mathcal{B}_2=\{B_{\mathrm{hd}}((x,0),r)|x\in\mathbb{R},r>0\}$ とおく．$\mathcal{B}_1\cup\mathcal{B}_2$ を開基とするような $H\cup R$ 上の位相 $\mathcal{O}_{\mathrm{hd}}$ を半円盤位相という．

> **例題 3.26**　半円盤位相 $(H\cup R,\mathcal{O}_{\mathrm{hd}})$ はハウスドルフ空間であるが，正則空間ではないことを示せ．

(解答)　$\boldsymbol{x}_1=(x_1,y_1),\boldsymbol{x}_2=(x_2,y_2)\in H\cup R$ とする．$d_2(\boldsymbol{x}_1,\boldsymbol{x}_2)=\delta$ とし，$\epsilon=\min(\{y_1,y_2,\frac{\delta}{2}\}\cap\mathbb{R}_{>0})$ とおく．$\boldsymbol{x}_i\in H\cup R$ のとき，$D_i=(H\cap B(\boldsymbol{x}_i,\epsilon))\cup\{\boldsymbol{x}_i\}$ は $\boldsymbol{x}_1,\boldsymbol{x}_2$ を分離する $\mathcal{O}_{\mathrm{hd}}$ の開集合であり，ハウスドルフ空間である．

$O=(0,0)$ とする．$H\cup\{O\}$ の各点において，$(x,y)\in H$ ならば $y\neq 0$ より，$B_{d_2}((x,y),y)\subset H$ であり，O であれば，$B_{\mathrm{hd}}(O,1)\subset H\cup\{O\}$ である．例題 2.19 から $H\cup\{O\}$ は開集合である．ゆえに，$R\backslash\{O\}$ は閉集合である．$\{O\}$ と $R\backslash\{O\}$ を分離する開集合 U, V が存在したと仮定する．$\exists\epsilon>0(B_{\mathrm{hd}}(O,\epsilon)\subset U)$ かつ $\exists\delta>0(B_{\mathrm{hd}}((\frac{\epsilon}{2},0),\delta)\subset V)$ を満たす．しかし，$B_{\mathrm{hd}}(O,\epsilon)\cap B_{\mathrm{hd}}((\frac{\epsilon}{2},0),\delta)\neq\emptyset$ であるから，U,V が，$\{O\}$ と $R\setminus\{O\}$ を分離する開集合であることに矛盾する．よって，$\{O\}$ と $R\cup\{O\}$ は開集合によって分離できないので正則空間ではない．□

例 3.9　零次元空間は例題 3.23 の同値性から T_3 空間である．また，例題 3.5 から正則な零次元空間は完全不連結である．

3.2.4　ウリゾーンの補題

次にウリゾーンの補題を示そう．

> **例題 3.27** (ウリゾーンの補題)　$(X,\mathcal{O})$ が T_4 空間であることと，以下の性質が成り立つことは同値であることを示せ．
> - 互いに交わらない閉集合 F,G に対して，ある連続関数 $f:X\to I$ が存在して，$f(F)=\{0\}$ かつ $f(G)=\{1\}$ を満たす．

(解答)　互いに交わらない閉集合 F,G に対して条件を満たす関数 f が存在したとする．$U=\{x\in X|f(x)<1/2\}$, $V=\{x\in X|f(x)>1/2\}$ とおくことで，U,V は F,G を分離する開集合となる．

$(X,\mathcal{O})$ を T_4 空間とする．F,G を互いに交わらない閉集合とし，$G^c=H(1)$ とおくと閉集合 F と開集合 $H(1)$ は $F\subset H(1)$ を満たす．注 3.10(2) を用いると $F\subset H(0)\subset\overline{H(0)}\subset H(1)$ となる開集合 $H(0)$ が存在する．次に $\overline{H(0)}\subset H(1)$ に対して注 3.10(2) を用いることで，$\overline{H(0)}\subset H(\frac{1}{2})\subset\overline{H(\frac{1}{2})}\subset H(1)$ を満たす開集合 $H(\frac{1}{2})$ が存在する．さらに，$\overline{H(0)}\subset H(\frac{1}{2})$ と $\overline{H(\frac{1}{2})}\subset H(1)$ に対して

注 3.10(2) を用いることで，

$$\overline{H(0)} \subset H\left(\frac{1}{4}\right) \subset \overline{H\left(\frac{1}{4}\right)} \subset H\left(\frac{1}{2}\right) \subset \overline{H\left(\frac{1}{2}\right)} \subset H\left(\frac{3}{4}\right) \subset \overline{H\left(\frac{3}{4}\right)} \subset H(1)$$

となる開集合 $H(\frac{1}{4})$ と $H(\frac{3}{4})$ が存在する．この操作を帰納的に繰り返すことで，正整数 m に対して

$$\overline{H\left(\frac{k}{2^{m-1}}\right)} \subset H\left(\frac{2k+1}{2^m}\right) \subset \overline{H\left(\frac{2k+1}{2^m}\right)} \subset H\left(\frac{k+1}{2^{m-1}}\right)$$

を満たす開集合族 $\{H(\frac{2k+1}{2^m})|\ 0 \leq k \leq 2^{m-1}-1)\}$ が得られる．特に $0 \leq k < k' \leq 2^m$ となる非負整数 m, k, k' に対して $\overline{H(\frac{k}{2^m})} \subset H(\frac{k'}{2^m})$ を満たすことがわかる．ここで，$t \in [0,1]$ に対して

$$H(t) = \cup \left\{ H\left(\frac{k}{2^m}\right) \middle| m, k \in \mathbb{Z}_{\geq 0},\ \frac{k}{2^m} \leq t \right\}$$

とする．このとき，$0 \leq t < s \leq 1$ であれば，$\overline{H(t)} \subset H(s)$ が成り立つ[*12]．いま，関数 $f : X \to [0,1]$ を $x \in H(1)$ に対して $f(x) = \inf\{t \in [0,1] | x \in H(t)\}$ かつ $x \in H(1)^c = G$ に対して $f(x) = 1$ とおく．$F \subset H(0)$ であるので $f(F) = \{0\}$ であり，f の定義より $f(G) = \{1\}$ である．

証明の途中ではあるがここで以下の例題を示しておこう．

例題 3.28 $f(x) < t \to x \in H(t)$ および，$x \in H(s) \to f(x) \leq s$ が成り立つことを示せ．

（解答） $f(x) < t$ となる任意の t に対して $f(x) \leq t' < t$ なる t' が存在して，$x \in H(t')$ が成り立つ．よって，脚注 12 から $x \in H(t)$ が成り立つ．また，$x \in H(s)$ ならば $f(x)$ は $\{t \in [0,1] | x \in H(t)\}$ の下界であるので $f(x) \leq s$ である． □

この例題から，$f(x) \in (s', s) \to x \in H(s) \setminus H(s')$ かつ，$x \in H(s) \setminus H(s') \to f(x) \in [s', s]$ が成り立つ．

例題 3.27 の証明に戻ろう．後は f が連続であることを示せばよい．$\forall x_0 \in X$ に対して $f(x_0) = t_0$ とし，$U(x_0, \epsilon) = H(t_0 + \epsilon) \setminus H(t_0 - \epsilon)$ とおこう．このとき $U(x_0, \epsilon)$ は x_0 の近傍である[*13]．

今，$\mathcal{N}^*(t_0) = \{\overline{B(t_0, \epsilon)} | \epsilon > 0\}$ とおくと，$\mathcal{N}^*(t_0)$ は I 上の基本近傍系であり，上記のことから，$f(U(x_0, \epsilon)) \subset \overline{B(t_0, \epsilon)}$ であるので，f は連続となる． □

*12） $0 \leq t < s \leq 1$ ならば，$H(t) \subset H(s)$ であるが，さらに $t \leq \frac{k}{2^m} < \frac{k+1}{2^m} < s$ となる非負整数 m, k が存在し，$H(t) \subset \overline{H(\frac{k}{2^m})} \subset H(\frac{k+1}{2^m}) \subset H(s)$ が成り立つので $\overline{H(t)} \subset H(s)$ が成り立つ．

*13） $x_0 \in H(t_0 + \epsilon) \setminus \overline{H(t_0 - \epsilon)} \subset U(x_0, \epsilon)$ となる開集合をとることができる．

注 3.11　写像 $f : X \to Y$ が $x \in X$ で連続であるためには，$y = f(x)$ の基本近傍系 $\mathcal{N}^*(y)$ に対して，$\forall V \in \mathcal{N}^*(y) \exists U \in \mathcal{N}(x)(f(U) \subset V)$ が成り立つことが必要十分である．

例題 3.27 より，正規空間では，互いに交わらない任意の閉集合を連続関数で分離することができる[*14]．つまり，正規空間では互いに交わらない閉集合の存在ごとに連続関数が存在する．さらに，ウリゾーンの補題の証明にある $H(t)$ の取り方にも任意性があるので，正規空間上には実数値連続関数が豊富に存在することがわかる．一方，正則空間の中には，実数値連続関数が定値写像のみであるものもあり，大きく性質が異なる．連続関数を使った次の分離公理を定義しておく．

公理 3.7（$T_{3\frac{1}{2}}$ 公理）　位相空間 $(X, \mathcal{O})$ の任意の 1 点 x と $x \notin F$ となる任意の閉集合 F が連続関数で分離可能である．

T_1 公理かつ $T_{3\frac{1}{2}}$ 公理を満たす位相空間を**完全正則空間**という．

注 3.12　完全正則空間ならば正則空間であることはすぐわかる．$(X, \mathcal{O})$ が完全正則ならば，$x \notin F$ となる任意の 1 点 x と閉集合 F を分離する連続関数 $f : X \to I$ をとり $f(x) = 0$ かつ $f(F) = \{1\}$ とする．このとき，開集合 $U = f^{-1}([0, 1/2))$ と $V = f^{-1}((1/2, 1])$ は，x と F を分離する開集合である．

ウリゾーンの補題から，正規空間は完全正則空間である．ただし，正規空間ではない完全正則空間も存在する（3.2.6 節で示す）．ゆえに，下の関係が成り立つが，この逆のいずれも成り立たない．

　正規空間 $\Rightarrow$ 完全正則空間 $\Rightarrow$ 正則空間

例題 3.29　T_3 公理は遺伝的性質であることを示せ．

（解答）　$(X, \mathcal{O})$ を T_3 空間とする．$(A, \mathcal{O}_A)$ を X の任意の部分位相空間とする．$\forall x \in A$ に対して $x \notin F \subset A$ となる閉集合 $F \in \mathcal{C}_A$ をとる．$F = A \cap F'$ となる X の閉集合 F' が存在し，$(X, \mathcal{O})$ は T_3 空間なので，$V \in \mathcal{O}$ が存在して $x \in V \subset \overline{V} \subset F'$ を満たす．よって $x \in A \cap V \subset A \cap \overline{V} \subset A \cap F' = F$ となる．ここで，$A \cap \overline{V} \in \mathcal{C}_A$ であるので，$x \in A \cap V \subset \mathrm{Cl}_A(A \cap V) \subset F$ より，$(A, \mathcal{O}_A)$ は T_3 空間である．　□

注 3.13　T_4 空間は遺伝的な位相的性質ではないことが知られている．そのような例はここでは割愛する．

---

*14)　互いに交わらない部分集合 $A, B \subset X$ が**連続関数で分離可能**とは，連続関数 $f : X \to I$ が存在して，$f(A) = \{0\}$ かつ $f(B) = \{1\}$ となることをいう．

3.2.5 一様収束

最後に関数の一様収束について書いておく．X を位相空間とする関数族 $\{f_n : X \to \mathbb{R} | n \in \mathbb{N}\}$ が f に**一様収束する**とは，$\forall \epsilon > 0 \exists N \in \mathbb{N} \forall n > N$ $\forall x \in X(|f_n(x) - f(x)| < \epsilon)$ を満たすことをいう．つまり，X の点に依存せず $\epsilon > 0$ に応じて $N \in \mathbb{N}$ が取れるということである．以下の 2 つの例題を示そう．

例題 3.30 連続関数族 $f_n : X \to \mathbb{R}$ が f に一様収束するなら f は連続であることを示せ．

（解答） $\forall x \in X$ と $\forall n \in \mathbb{N}$ に対して，$\forall \epsilon > 0 \exists V_{n,\epsilon} \in \mathcal{N}(x)(f_n(V_{n,\epsilon}) \subset B(f_n(x), \frac{\epsilon}{3}))$ となる．f_n は f に一様収束するから，$\forall \epsilon > 0 \exists N \in \mathbb{N} \forall n > N \forall x \in X(|f(x) - f_n(x)| < \frac{\epsilon}{3})$ となる．$n > N$ なる n をとると $\forall y \in V_{n,\epsilon}$ に対して

$$|f(y)-f(x)| \leq |f(y)-f_n(y)|+|f_n(y)-f_n(x)|+|f_n(x)-f(x)| < \frac{\epsilon}{3}+\frac{\epsilon}{3}+\frac{\epsilon}{3} = \epsilon$$

が成り立つ．$f(V_{n,\epsilon}) \subset B(f(x), \epsilon)$ であるから f は連続である． □

例題 3.31（ワイエルシュトラスの M 判定法） 位相空間 $(X, \mathcal{O})$ 上の連続関数族 $\varphi_n : X \to \mathbb{R}$ に対して，$\forall n \in \mathbb{N} \exists M_n \in \mathbb{R} \forall x \in X(|\varphi_n(x)| \leq M_n)$ が成り立ち，級数 $\sum_{n=1}^{\infty} M_n$ が収束するとき，$f(x) = \sum_{n=1}^{\infty} \varphi_n(x)$ によって定義される関数 $f : X \to \mathbb{R}$ は連続であることを示せ．

（解答） 任意の n に対して関数族の有限和 $f_n(x) = \sum_{k=1}^{n} \varphi_k(x)$ が $f(x)$ に一様収束することを示せばよい．正項無限級数 $\sum_{n=1}^{\infty} M_n$ は収束するので，$\epsilon > 0$ に対して $N \in \mathbb{N}$ が存在して $\forall n > N$ に対して $\sum_{k=n+1}^{\infty} M_k < \epsilon$ が成り立つ．よって，$\forall x \in X$ に対して $|f_n(x) - f(x)| \leq \sum_{k=n+1}^{\infty} M_k < \epsilon$ となる．よって $f_n(x)$ は $f(x)$ に一様収束するので $f(x)$ は連続関数である． □

3.2.6 ティーチェの拡張定理

前節までは，様々な分離公理の定義と，その性質や例などを紹介した．中でも T_4 公理は，任意の互いに交わらない閉集合がある連続関数 $f : X \to [0,1] =: I$ によって分離できることと同値であった（ウリゾーンの補題）．ウリゾーンの補題を用いて，以下の定理を証明しよう．

例題 3.32（ティーチェの拡張定理） $(X, \mathcal{O})$ を位相空間とし，I を閉区間 $[0,1]$ とするとき，以下は同値であることを示せ*15)．

*15) この定理における f の終域を，閉区間の代わりに開区間および $\mathbb{R}$ に変えても（省略するが）証明をすることができ，同様にティーチェの拡張定理と呼ぶ．

(1) $(X,\mathcal{O})$ は T_4 空間である．
(2) $A \subset X$ を任意の閉集合とする．閉区間への任意の連続写像 $f_A : A \to I$ は X 全体を始域とする連続写像 $f : X \to I$ に連続的に拡張できる*16)．

(解答) まずは (2) $\Rightarrow$ (1) を示す．$(X,\mathcal{O})$ が (2) を満たすとする．F, G を X の互いに交わらない閉集合とし，連続写像 $f : F \cup G \to I$ を $f(F) = \{0\}$ かつ $f(G) = \{1\}$ とするとき，f は X 上に連続的に拡張する．よって，ウリゾーンの補題により $(X,\mathcal{O})$ は T_4 空間である．

次に (1) $\Rightarrow$ (2) を示す．$(X,\mathcal{O})$ を T_4 空間としよう．$A \subset X$ を閉集合とし，$f_A : A \to [0,1]$ を連続写像とする．$I(r) := [-r, r]$ とおく．まず関数 $h(t) = 2t - 1$ を f_A と合成してできる連続写像を $f_1 = h \circ f_A : A \to I(1)$ とし，f_1 がある写像 $f^* : X \to I(1)$ に連続的に拡張できることを示す*17)．$E_1 = \{x \in A | f_1(x) \leq -\frac{1}{3}\}$ とし，$F_1 = \{x \in A | f_1(x) \geq \frac{1}{3}\}$ とおく．E_1, F_1 は A の閉集合なので，X においても閉集合となる．よって，ウリゾーンの補題により，連続関数 $\varphi_1 : X \to I(\frac{1}{3})$ が存在して，$\varphi_1(E_1) = \{-\frac{1}{3}\}$ かつ $\varphi_1(F_1) = \{\frac{1}{3}\}$ となる．ここで，関数 f_2 を $A \ni x \mapsto f_1(x) - \varphi_1(x)$ と定義すると，E_1, F_1 においてはそれらの定義から $|f_2(x)| \leq \frac{2}{3}$ が成り立つ．また，$A \setminus E_1 \cup F_1$ においても，同様に $|f_2(x)| \leq \frac{2}{3}$ が成り立つ．よって，f_2 は連続関数 $A \to I(\frac{2}{3})$ である．

次に $E_2 = \{x \in A | f_2(x) \leq -\frac{2}{9}\}$ とし，$F_2 = \{x \in A | f_2(x) \geq \frac{2}{9}\}$ とおく．このとき，ウリゾーンの補題を用いて連続関数 $\varphi_2 : X \to I(\frac{2}{9})$ で，$\varphi_2(E_2) = \{-\frac{2}{9}\}$ かつ $\varphi_2(F_2) = \{\frac{2}{9}\}$ となるものが存在する．さらに，f_3 を $x \in A$ に対して $f_3(x) = f_2(x) - \varphi_2(x)$ とおくことで，連続関数 $f_3 : A \to I(\frac{4}{9})$ が得られる．

整数 k を $k \geq 3$ とする．連続関数 $f_k : A \to I(\frac{2^{k-1}}{3^{k-1}})$ に対して閉集合 E_k, F_k を $E_k = \{x \in A | f_k(x) \leq -\frac{2^{k-1}}{3^k}\}$, $F_k = \{x \in A | f_k(x) \geq \frac{2^{k-1}}{3^k}\}$ とおく．ウリゾーンの補題から連続関数 $\varphi_k : X \to I(\frac{2^{k-1}}{3^k})$ が存在し $\varphi_k(E_k) = \{-\frac{2^{k-1}}{3^k}\}$ かつ $\varphi_k(F_k) = \{\frac{2^{k-1}}{3^k}\}$ を満たす．このとき，関数 f_{k+1} を $A \ni x \mapsto f_k(x) - \varphi_k(x)$ として定義すると，連続関数 $f_{k+1} : A \to I(\frac{2^k}{3^k})$ が得られる．この構成を帰納的に繰り返すことで，任意の $n \in \mathbb{N}$ に対して下のような連続関数が得られる．

$$
\begin{cases}
f_n : A \to I\left(\dfrac{2^{n-1}}{3^{n-1}}\right), \\
\varphi_n : X \to I\left(\dfrac{2^{n-1}}{3^n}\right), \\
f_{n+1}(x) = f_n(x) - \varphi_n(x).
\end{cases}
$$

*16) **連続的に拡張できる**とは，$f|_A = f_A$ かつ f が連続写像であることを意味する．
*17) f^* に $g(t) = (t+1)/2$ を合成することで f_A の連続的な拡張を構成できる．

$f^*(x) = \sum_{n=1}^{\infty} \varphi_n(x)$ とおく．$|\varphi_n(x)| \leq \frac{2^{n-1}}{3^n}$ かつ $\sum_{n=1}^{\infty} \frac{2^{n-1}}{3^n} = 1$ であるからワイエルシュトラスの M 判定法により連続関数 $f^* : X \to I(1)$ が得られる．

また，$x \in A$ に対して $\sum_{n=1}^{m} \varphi_n(x) = f_1(x) - f_{m+1}(x)$ であり，$\forall n \in \mathbb{N}(|f_n(x)| \leq \frac{2^{n-1}}{3^{n-1}})$ となるので $f_n(x)$ は 0 に一様収束し $f^*(x) = \lim_{m\to\infty}(f_1(x) - f_{m+1}(x)) = f_1(x)$ となる．よって f_1 は f^* に連続的に拡張する． □

例題 3.33 $\{(X_\lambda, \mathcal{O}_\lambda) | \lambda \in \Lambda\}$ を正則空間の族とする．このとき，この直積位相空間 $(\coprod_{\lambda\in\Lambda} X_\lambda, \prod_{\lambda\in\Lambda} \mathcal{O}_\lambda)$ も正則空間であることを示せ．

(解答) まず，正則 $= T_3 + T_2$ として $\{(X_\lambda, \mathcal{O}_\lambda) | \lambda \in \Lambda\}$ がハウスドルフ空間の族であれば，例題 3.21 を用いて直積位相空間も T_2 である．

$X = \prod_{\lambda\in\Lambda} X_\lambda$ とおく．$\mathrm{pr}_\lambda : X \to X_\lambda$ を標準射影とし，$\boldsymbol{x} \in X$ に対して $\mathrm{pr}_\lambda(\boldsymbol{x}) = x_\lambda$ と書く．U を $\boldsymbol{x}$ の開近傍とする．このとき，有限集合 $\{\lambda_1, \cdots, \lambda_n\} \subset \Lambda$ と $U_{\lambda_i} \in \mathcal{O}_{\lambda_i}$ が存在して $\boldsymbol{x} \in \bigcap_{i=1}^{n} \mathrm{pr}_{\lambda_i}^{-1}(U_{\lambda_i}) \subset U$ を満たす．$(X_\lambda, \mathcal{O}_\lambda)$ は正則であるので例題 3.23 より $\exists V_\lambda \in \mathcal{O}_\lambda(x_\lambda \in V_\lambda \subset \overline{V_\lambda} \subset U_\lambda)$ となる．$V := \bigcap_{i=1}^{n} \mathrm{pr}_{\lambda_i}^{-1}(V_{\lambda_i})$ とすると，$V \in \prod_{\lambda\in\Lambda} \mathcal{O}_\lambda$ であり，$V \subset \bigcap_{i=1}^{n} \mathrm{pr}_{\lambda_i}^{-1}(\overline{V_{\lambda_i}}) \subset U$ となる．また，$\bigcap_{i=1}^{n} \mathrm{pr}_{\lambda_i}^{-1}(\overline{V_{\lambda_i}})$ は V を包む閉集合であるから，閉包の定義より $V \subset \overline{V} \subset \bigcap_{i=1}^{n} \mathrm{pr}_{\lambda_i}^{-1}(\overline{V_{\lambda_i}})$ を満たす．ゆえに $\boldsymbol{x} \in V \subset \overline{V} \subset U$ となる開集合 V が存在したので例題 3.23 を用いて X は正則空間となる． □

注 3.14 X_λ が完全正則であるような任意の族の場合も，上記証明中の U_{λ_i} に対して，連続関数 $f_i : X_{\lambda_i} \to I$ が存在して，$f_i(x_{\lambda_i}) = 0$ かつ $f_i(U_{\lambda_i}^{c}) = 1$ が成り立つ．よって，$\boldsymbol{p} = (p_\lambda) \in X$ に対して，$\mathrm{pr}_\lambda(\boldsymbol{p}) = p_\lambda$ とするとき，連続関数 $f : X \to I$ を $f(\boldsymbol{p}) = \max\{f_i(p_{\lambda_i}) | i = 1, 2, \cdots, n\}$ として定義する．このとき $f(\boldsymbol{x}) = 0$ かつ $f(U^c) = 1$ を満たす．よって，完全正則空間の直積位相空間もまた，完全正則空間である．次の例題は正規性は直積位相では保たれないことを示している．

例題 3.34 ゾルゲンフライ平面 $(\mathbb{R}^2, \mathcal{O}_l^2)$ は正規空間ではないことを示せ．

(解答) $(\mathbb{R}^2, \mathcal{O}_l^2)$ が正規空間であると仮定する．$D = \{(x, -x) \in \mathbb{R} | x \in \mathbb{R}\}$ は $(\mathbb{R}^2, \mathcal{O}_l^2)$ の閉集合であることはすぐわかる．また，部分位相空間 $(D, \mathcal{O}_{l,D}^2)$ は離散空間である[*18]から，$f : D \to I$ となる任意の写像は連続である．さらに，ティーチェの拡張定理により f は連続写像 $\tilde{f} : \mathbb{R}^2 \to I$ に拡張できる．$|D| = \mathfrak{c}$ であるので，連続写像 $\mathbb{R}^2 \to I$ 全体の濃度は少なくとも

---

*18) $D \cap ([x, x+1) \times [-x, -x+1)) = \{(x, -x)\}$ は D の開集合であるから，例題 2.22 により D は離散空間である．

$|I|^{\mathfrak{c}} = \mathfrak{c}^{\mathfrak{c}} = (2^{\aleph_0})^{\mathfrak{c}} = 2^{\aleph_0 \times \mathfrak{c}} = 2^{\mathfrak{c}}$ 存在する．一方 $(\mathbb{R}^2, \mathcal{O}_l^2)$ は可分な空間なので，例題 3.22 から連続関数 $F : \mathbb{R}^2 \to I$ は $\mathbb{R}^2$ の稠密可算部分集合 $\mathbb{Q}^2$ からの写像によって一意的に決まる．つまり，連続関数 F 全体の集合は高々 $|I|^{\aleph_0} = (2^{\aleph_0})^{\aleph_0} = 2^{\aleph_0 \times \aleph_0} = 2^{\aleph_0} = \mathfrak{c}$ となる．しかし，$2^{\mathfrak{c}} > \mathfrak{c}$ なので，矛盾する．ゆえに，$(\mathbb{R}^2, \mathcal{O}_l^2)$ は正規空間ではない． □

3.2.7 ウリゾーンの距離化定理

距離空間の位相的性質を調べることは自然な課題であり，これまでもそのような例題を解いてきた．一方，いくつかの位相的性質からその空間が距離化可能かどうかを問うことはその逆問題として重要である．

正規性は距離化可能のための必要条件であるが，注 2.15 に書いたようにゾルゲンフライ直線 $(\mathbb{R}, \mathcal{O}_l)$（以下，$\mathbb{R}_l$ とおく）は距離化可能でないので，正規性は距離化可能のための十分条件ではない．また，$\mathbb{R}_l$ は第 2 可算公理を満たさない．では第 2 可算公理を満たす距離空間（可分距離空間と同値（例題 2.36））であれば，正規性は距離化可能のための十分条件であろうか？ 実はこれは正しい．図 3.1 のベン図が示しているように，第 2 可算公理を満たす空間において正規空間と距離空間は同値になる[*19]．これを証明したのはウリゾーンである．例題 2.36 より距離空間では第 2 可算公理を満たすことと可分であることは同値であるが，可分かつ正規としても距離化可能であるとは言えない．代表的な例は $\mathbb{R}_l$ である[*20]．

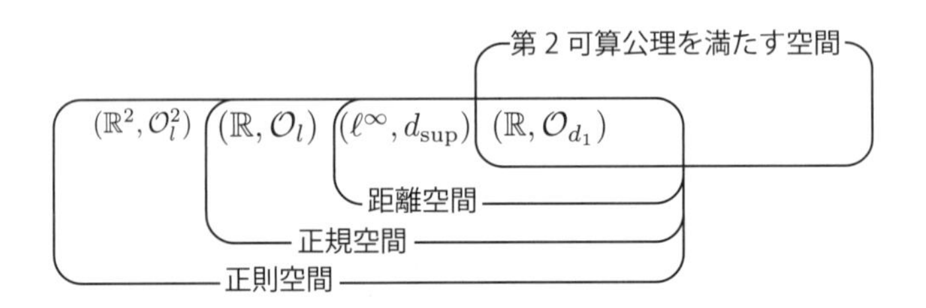

図 3.1 ウリゾーンの距離化定理の関係性といくつかの例．

ここで次の定義をしておく．

定義 3.5 位相空間 X, Y に対して，$f : X \to Y$ を単射な連続写像とし，$f(X)$ を $f(X) \subset Y$ によって与えられる部分位相空間とする．X と $f(X)$ が同相であるとき，f は**埋め込み写像**という．

*19） この同値条件は正規空間ではなく正則空間に代えても成り立つ．このことは後に示そう．

*20） 例題 2.39 を参照．

例題 3.35（ウリゾーンの距離化定理） 第2可算公理を満たす正規空間 $(X, \mathcal{O})$ は距離化可能であることを示せ.

(解答) $(X, \mathcal{O})$ の高々可算な開基を $\mathcal{B}$ とする. $U, V \in \mathcal{B}$ で $\overline{U} \subset V$ となるもの全体を考える. そのような (U, V) も高々可算個である. $S = \{(U, V) | U, V \in \mathcal{B}, \overline{U} \subset V\}$ とおき, それに整列順序 $S = \{(U_n, V_n) | n < \omega\}$ を入れておく. このとき, ウリゾーンの補題により $f_n(V_n^c) = \{0\}$ かつ $f_n(\overline{U_n}) = \{1\}$ となる連続写像 $f_n : X \to I$ が存在する. ここで次の例題を示そう.

例題 3.36 $\forall x \in X$ に対して W を x の開近傍とするとき, ある $n < \omega$ が存在して, $x \in f_n^{-1}((0, 1]) \subset W$ となることを示せ.

(解答) 開基の定義により $x \in W$ となる開近傍 W に対して, $V \in \mathcal{B}(x \in V \subset W)$ を満たす. $(X, \mathcal{O})$ の正則性を用いることで, ある開集合 T が存在して, $x \in T \subset \overline{T} \subset V \subset W$ となる. もう一度, 開基の定義を用いることで, $\exists U \in \mathcal{B}(x \in U \subset T)$ を満たすので $x \in U \subset \overline{U} \subset V \subset W$ となる. $(U, V) \in S$ であるから, $(U, V) = (U_n, V_n)$ とすると, $f_n(x) = 1$ が成り立つ. また, $\forall y \in W^c$ とすると, $y \in V_n^c$ であるから, f_n の定義より $f_n(y) = 0$ となる. よって $y \notin f_n^{-1}((0, 1])$ であるから, $f_n^{-1}((0, 1]) \subset W$ が成り立つ. □

例題3.35の証明に戻ろう. f_n を用いて写像 $f : X \to I^\omega$ を

$$x \mapsto (f_0(x), f_1(x), \cdots, f_n(x) \cdots)$$

と定義しよう. f_n はこの写像 f と n 番目の因子への標準射影と合成であるから, 例題 2.49 から f は連続写像である.

f が単射であることを示そう. $x, y \in X$ かつ $x \neq y$ であるとする. X は T_1 空間であるので $W \in \mathcal{O}(x \in W \land y \notin W)$ を満たす. 例題 3.36 より, そのような W に対して $n < \omega$ が存在して, $x \in f_n^{-1}((0, 1]) \subset W$ かつ $f_n(y) = 0$ となる. よって, $f_n(x) > 0$ であり $f_n(x) \neq f_n(y)$ であるから, 特に $f(x) \neq f(y)$ がいえる. よって f が単射であることがいえた.

f は単射連続であることが示されたから, f が埋め込み写像であるためには, $f : X \to f(X)$ が開写像であればよい. 例題3.36より, $\{f_n^{-1}((0, 1]) | n < \omega\}$ は X の開基である. $V_n = f_n^{-1}((0, 1])$ とすると, 例題2.48の証明と同様に, 任意の $n \in \mathbb{N}$ に対して, $f(V_n)$ が $f(X)$ で開集合であればよい. $W_n = \mathrm{pr}_n^{-1}((0, 1])$ とおくと, $f^{-1}(W_n) = V_n$ であるから, $f(V_n) = f(X) \cap W_n$ となる. よって $f(V_n)$ は $f(X)$ において開集合であることがわかる.

これにより, 埋め込み写像 $f : X \to I^\omega$ が存在する. よって $(X, \mathcal{O})$ は f の像と同相である. 例題 2.51 により, I^ω は距離位相空間であり例題 2.44 から $(X, \mathcal{O})$ は I^ω の距離を制限して得られる距離空間の距離位相空間である. つま

り，$(X, \mathcal{O})$ は距離化可能となる． □

注 3.15 ウリゾーンの距離化定理の証明の要点を整理するなら次のようになる．ウリゾーンの補題により閉集合を分離する連続関数が多く構成でき，それらの関数は任意の 2 点を区別する*21)．第 2 可算公理によって，そのような連続関数は高々可算個で十分である．このことが距離空間 I^ω への埋め込みを与えている*22)．

ウリゾーンの距離化定理は，第 2 可算公理と正規性というシンプルな条件のみで距離化可能性が保証される点で興味深く，また驚くべきことでもある．上の証明から，以下の性質が同値であることが直ちにわかる．

- 可分距離空間．
- 直積位相空間 I^ω の部分空間．
- 第 2 可算公理を満たす正則空間．

一方，第 2 可算公理を満たさない空間において距離化のための条件を考えることはそれほど易しくはない．そのような状況でも成り立つ距離化定理もいくつか証明されている．例えば，本書でも 5.2.2 節の長田–スミルノフの距離化定理をとりあげる．

次の例題により，ウリゾーンの距離化定理を，「第 2 可算公理を満たす正則空間は距離化可能である」と弱めることができる．

例題 3.37 第 2 可算公理を満たす正則空間は正規空間であることを示せ．

(解答) $\mathcal{B}$ を位相空間 $(X, \mathcal{O})$ の高々可算な開基としよう．F, G を X の互いに交わらない閉集合とする．X が正則空間であることから，$\forall p \in F$ に対して $\exists U_p \in \mathcal{O}(p \in U_p \subset \overline{U_p} \subset G^c)$ である（例題 3.23）．さらに U_p を小さく取り直すことで，$U_p \in \mathcal{B}$ としてよい*23)．同じように，$\forall q \in G$ に対して，$V_q \in \mathcal{B}$ が存在し，$q \in V_q \subset \overline{V_q} \subset F^c$ となる．$\mathcal{B}$ は可算集合であるので，$\{U_p | p \in F\}$ と $\{V_q | q \in G\}$ も高々可算集合である．そこで，この開集合の集合を $U_1, U_2, \cdots$, $V_1, V_2, \cdots$ のように番号付けをしよう．$U = \bigcup_{i \in \mathbb{N}} U_i$ かつ $V = \bigcup_{i \in \mathbb{N}} V_i$ とおくと，$F \subset U$ かつ $G \subset V$ となる*24)．ここで，任意の i, j に対して，$U_i \cap V_j = \emptyset$ であれば，$U \cap V = \emptyset$ であり，U, V は F, G を分離する．

$U \cap V \neq \emptyset$ であると仮定しよう．$\{V_k | k \leq i\}$ は有限集合なので，$U_i' =$

*21) $p \neq q$ に対してある関数 f_n が存在して，$f_n(p) \neq f_n(q)$ となる．

*22) 多くの関数の存在から，ある空間への埋め込みを作るというアイデアは，他の状況でもよく登場する．例えば，有名な小平の埋め込み定理は，あるケーラー多様体において正則切断が十分に存在することを使って，その多様体から複素射影空間への埋め込みの存在を導いた．

*23) 開基の性質を思い出すと，$p \in U \subset U_p$ となる $U \in \mathcal{B}$ が存在し，$p \in U \subset \overline{U} \subset G^c$ となり，この U を U_p として取り替えることができる．

*24) どちらも可算個の集合の場合に行う．どちらかが有限集合の場合も証明は同じである．

$U_i \setminus \bigcup_{k \leq i} \overline{V_k}$ は開集合である．$U' = \bigcup_{i \in \mathbb{N}} U'_i$ とおくと，U'_i は U_i から F に含まれない部分を除いているので，依然 $F \subset U'$ を満たす．同様に $V'_i = V_i \setminus \bigcup_{k \leq i} \overline{U_k}$ としておくと，V'_i は開集合であり，$V' = \bigcup_{i \in \mathbb{N}} V'_i$ とおくと，$G \subset V'$ となる．

このとき，$i \leq j$ を満たす任意の自然数に対して，$U'_i \cap V'_j \subset U_i \cap (V_j \setminus \bigcup_{k \leq j} \overline{U_k}) = \emptyset$ である．$j < i$ のときは，U'_i と V'_j の役目をいれかえることで同様に $U'_i \cap V'_j = \emptyset$ が証明できる．よって $\forall i, j \in \mathbb{N}(U'_i \cap V'_j = \emptyset)$ であるから，開集合 U' と V' は閉集合 F, G を分離する． □

注 3.16 例題 3.37 の証明において，互いに交わらない閉集合 F と G が高々可算個の開集合によって覆えたことが重要であった．もし F と G が非可算個の開集合でしか覆えないなら U' と V' を構成するのに無限個の開集合の共通集合（一般には開集合ではない）を扱うことになり，証明がうまく進まない．空間がどのような，あるいはどれほどの開集合によって覆えるか？ということは，位相的性質に大きな制約を課しているといえる．次の節以降で，その性質について取り上げよう．

3.3 被覆・リンデレフ空間・コンパクト空間

3.3.1 被覆・リンデレフ

まずは，以下の定義をしよう．

定義 3.6 位相空間 $(X, \mathcal{O})$ のある部分集合族 $\mathcal{U} \subset \mathcal{P}(X)$ が X の**被覆**であるとは，$\forall x \in X \exists A \in \mathcal{U}(x \in A)$，つまり $X = \cup \mathcal{U}$ であることである．被覆 $\mathcal{U}$ が $\mathcal{U} \subset \mathcal{O}$ であるとき，$\mathcal{U}$ を**開被覆**という．被覆 $\mathcal{U}$ が可算集合族なら**可算被覆**といい，有限集合族なら**有限被覆**という．また，被覆 $\mathcal{U}$ に対して，$\mathcal{V} \subset \mathcal{U}$ も X の被覆であるとき，$\mathcal{V}$ を $\mathcal{U}$ に対する X の**部分被覆**という．

注 3.17 部分集合 $A \subset X$ の開被覆とは，A を X の部分空間としたときの開被覆のことである．X の開集合族 $\mathcal{U}$ で，$A \subset \cup \mathcal{U}$ を満たすものを考えれば，$\{A \cap U | U \in \mathcal{U}\}$ は部分空間 A の開被覆を与える．逆に $\mathcal{U}_A$ を部分空間 A の開被覆とすれば，部分空間の性質から X の開集合族 $\mathcal{U}$ で，$\forall V \in \mathcal{U}_A \exists U \in \mathcal{U}(V = A \cap U)$ を満たすものをとることができて，$A \subset \cup \mathcal{U}$ がいえる*25)．このような $\mathcal{U}$ を A の開被覆ということがある．

例 3.10 距離位相空間 $(X, \mathcal{O}_d)$ において，$\mathcal{U} = \{B_d(x, 1) | x \in X\}$ とすると，$\mathcal{U}$ は X のある開被覆である．位相空間 $(X, \mathcal{O})$ の開基 $\mathcal{B}$ は定義から $X = \cup \mathcal{B}$ であるので開被覆の例でもある．

*25) この $\mathcal{U}$ のことも部分空間 A の開被覆と呼ぶ．

次に以下の定義をしよう．

定義 3.7 $\mathcal{U}$ を位相空間 $(X,\mathcal{O})$ の任意の開被覆とする[*26]．$\mathcal{U}$ の部分被覆で高々可算のものが存在するとき，$(X,\mathcal{O})$ を**リンデレフ（空間）**という．

はじめにリンデレフ空間の開基の性質を考えよう．

例題 3.38 $\mathcal{B}$ を位相空間 $(X,\mathcal{O})$ の開基とする．$(X,\mathcal{O})$ がリンデレフであることは，$\mathcal{B}$ からなる X の任意の被覆に対して可算部分被覆が存在することと同値であることを示せ．

（解答） $(X,\mathcal{O})$ がリンデレフであれば，$\mathcal{B}$ からなる任意の被覆も可算部分被覆が存在するので条件が成り立つ．逆に $\mathcal{B}$ からなる X の任意の被覆に対して可算部分被覆が存在したとする．$\mathcal{U}$ を X の任意の開被覆とする．このとき，$\forall U \in \mathcal{U} \exists \mathcal{B}_U \subset \mathcal{B}(U = \cup \mathcal{B}_U)$ である．ここで $\mathcal{B}' := \cup\{\mathcal{B}_U | U \in \mathcal{U}\}$ は X の $\mathcal{B}$ からなる被覆であるので $\mathcal{B}'$ には X の可算部分被覆 $\{B_i | i \in \mathbb{N}\}$ が存在する．よって，$\forall i \in \mathbb{N} \exists U_i \in \mathcal{U}(B_i \subset U_i)$ であるので $\{U_i | i \in \mathbb{N}\}$ は $\mathcal{U}$ に対する X の可算部分被覆であり，X はリンデレフとなる． □

つまりリンデレフであるためには任意の開被覆を考えなくても，すべて開基からなる開被覆だけを考えればよいということである．

次にリンデレフ空間の基本的な性質を明らかにしておこう．

例題 3.39 リンデレフ空間の任意の閉集合はリンデレフであり[*27]，第 2 可算公理を満たす位相空間はリンデレフであることを示せ[*28]．

（解答） まずは前半の主張を示す．$F \subset X$ を閉集合とする．F の任意の開被覆を $\mathcal{U}$ とすると $F \subset \cup \mathcal{U}$ を満たす．このとき，$\{X \setminus F\} \cup \mathcal{U}$ は X の開被覆である．条件から，$\mathcal{U}$ のある可算部分集合 $\mathcal{U}'$ をとることで，$\{X \setminus F\} \cup \mathcal{U}'$ は X の開被覆となる．$\mathcal{U}'$ は $\mathcal{U}$ に対する F の可算部分開被覆であるので，F はリンデレフである．

後半の主張を示そう．$\mathcal{B}$ を高々可算な開基とする．例題 3.38 から $\mathcal{B}$ による任意の開被覆が可算部分被覆を持つことを示せばよいが，$\mathcal{B}$ はすでに可算集合なので任意の部分被覆が可算被覆となりリンデレフである． □

例 3.11 リンデレフ空間の例は，第 2 可算公理を満たす空間である．例えば，$(\mathbb{R}, \mathcal{O}_{d_1})$ はリンデレフ空間である．リンデレフ性は弱遺伝的であるが，一般に

---

*26） 任意の開被覆をとることに注意せよ．

*27） 位相的性質が任意の閉部分集合に遺伝するとき，その性質は**弱遺伝的**という．よってリンデレフ性は弱遺伝的性質である．

*28） 可分性も第 2 可算公理を満たすための必要条件であるが，リンデレフであることと可分であることは直接の論理関係はない．

任意の部分空間に対して遺伝的[*29)]ではない．しかし，第 2 可算公理は遺伝的性質であるので，第 2 可算公理を満たす空間は，その任意の部分空間がリンデレフとなる．例として，$(\mathbb{R}, \mathcal{O}_{d_1})$ の任意の部分空間はリンデレフである．

ただし，リンデレフであるからといって，必ずしも第 2 可算公理を満たすわけではない[*30)]．その反例が $\mathbb{R}_l$ である．つまり，ウリゾーンの距離化定理の仮定のうち，第 2 可算公理をリンデレフに弱めることはできないことがわかる．$\mathbb{R}_l$ のリンデレフ性を示そう．

例題 3.40　$\mathbb{R}_l$ はリンデレフ空間であることを示せ．

（解答）　$\mathbb{R}_l$ の開基 $\mathcal{B}$ を $\{[a,b)|a,b \in \mathbb{R}\}$ とする．例題 3.38 より，$\mathcal{B}$ による任意の被覆を考えればよい．$\mathcal{U} = \{[a_\lambda, b_\lambda)|\lambda \in \Lambda\}$ を $\mathcal{B}$ による任意の被覆とする．$\mathcal{U}^\circ := \{(a_\lambda, b_\lambda)|\lambda \in \Lambda\}$ とし, $W := \cup \mathcal{U}^\circ$ とおく．このとき, $W^c \subset \{a_\lambda|\lambda \in \Lambda\}$ である．$\mathcal{U}^\circ$ は W における $(\mathbb{R}, \mathcal{O}_{d_1})$ の部分空間としての開被覆でもあるので例 3.11 の最後の記述より $\mathcal{U}^\circ$ は W に対する可算部分被覆をもつ．それを $\mathcal{U}_1$ とする．$\forall a_\lambda, a_\mu \in W^c$ に対して $\lambda \neq \mu$ なら $[a_\lambda, b_\lambda) \cap [a_\mu, b_\mu) = \emptyset$ である[*31)]．よって，W^c はいくつかの互いに交わらない $[a_\lambda, b_\lambda)$ によって被覆される．それらは高々可算な集合である[*32)]．なぜなら $\mathbb{R}$ に互いに交わらない $[a_\lambda, b_\lambda)$ が非可算個存在したとすると，有理数の稠密性から $r_\lambda \in [a_\lambda, b_\lambda) \cap \mathbb{Q}$ が選べる．これは，$\mathbb{Q}$ が可算集合であることに矛盾する．よって，W^c も $\mathcal{U}$ に対する可算部分被覆をもつ．それを $\mathcal{U}_2$ とすると，$\mathcal{U}_1 \cup \mathcal{U}_2$ は $\mathcal{U}$ に対する可算部分被覆であり $\mathbb{R}_l$ がリンデレフであることがわかる．　□

注 3.18　例題 3.37 の条件の第 2 可算公理をリンデレフに弱めることができる．つまり，リンデレフかつ正則空間は正規空間である．$\{U_p|p \in F\}$ は F の開被覆であり，例題 3.39 の前半の主張から，F はリンデレフである．よって，$\{U_p|p \in F\}$ の中から高々可算個の部分被覆 $\{U_i|i \in \mathbb{N}\}$ を取り出すことができる．$\{V_q|q \in G\}$ についても同じである．その部分被覆を用いることで，例題 3.37 の証明が再び進み出し，上手くいく．

例 3.12　リンデレフではない代表例は非可算個の点を含む離散空間である．例題 3.34 より，ゾルゲンフライ平面 $(\mathbb{R}^2, \mathcal{O}_l^2)$ は非可算個の離散空間を閉部分空間にもつので，例題 3.39 よりリンデレフではない．例題 3.40 より $\mathbb{R}_l$ はリンデレフだったので，リンデレフ性は直積位相において保たれないことがわかる．

---

*29)　任意の部分集合にその性質が伝わること．

*30)　距離空間では，リンデレフなら第 2 可算公理を満たす．

*31)　なぜなら，$a_\lambda < a_\mu$ かつ $[a_\lambda, b_\lambda) \cap [a_\mu, b_\mu) \neq \emptyset$ とすると，$a_\mu \in (a_\lambda, b_\lambda) \subset W$ となり矛盾するからである．

*32)　任意の互いに交わらない開集合族は高々可算であることを**可算鎖条件**を満たすという．一般に可分なら可算鎖条件を満たすが逆は成り立たない．

3.3.2　コンパクト

次に，コンパクト性について述べよう．コンパクト性とは，次のようにリンデレフ性における可算部分被覆の存在を，有限部分被覆の存在に替えて定義されるものである．

定義 3.8　位相空間 $(X, \mathcal{O})$ の任意の開被覆 $\mathcal{U}$ に対して，$\mathcal{U}$ に対する有限部分被覆 $\mathcal{V}$ が存在するとき，$(X, \mathcal{O})$ は**コンパクト**であるといい，コンパクトな位相空間を**コンパクト空間**という．

部分集合 $A \subset X$ が**コンパクト**であるとは，部分空間 $(A, \mathcal{O}_A)$ がコンパクトであることをいう．つまり，$\mathcal{U}$ を X の開集合族とし，$A \subset \cup\mathcal{U}$ であるとき，有限集合 $\{U_1, \cdots, U_n\} \subset \mathcal{U}$ が存在して，$A \subset \bigcup_{i=1}^{n} U_i$ となることをいう．

コンパクト性は，いくつかの非常によい性質をもち，数学の多くの状況で使われる．

例 3.13　$[0,1]$ はコンパクトであり，$\mathbb{R}$ はコンパクトではない．前者の証明は次節に回す．後者に関しては次のようにすればよい．$\mathcal{U} = \{(n, n+2) | n \in \mathbb{Z}\}$ は $\mathbb{R}$ の開被覆だが，$\mathcal{U}$ の任意の有限集合の和集合は $\mathbb{R}$ 上で有界であり $\mathbb{R}$ の被覆とならない．

例題 3.39 の前半の記述はリンデレフをコンパクトにしても成り立ち，以下のように証明もほぼ平行して行える．

例題 3.41　コンパクト空間 $(X, \mathcal{O})$ の任意の閉部分集合はコンパクトであることを示せ．

(解答)　$F \subset X$ を閉部分集合とする．$\mathcal{U}$ を $F \subset \cup\mathcal{U}$ を満たす任意の開被覆とする．$\{X \setminus F\} \cup \mathcal{U}$ は X の開被覆である．X はコンパクトであるから $\mathcal{U}$ の有限集合 $\{U_1, \cdots, U_n\}$ を選ぶことで，$\{X \setminus F\} \cup \{U_1, \cdots, U_n\} = X$ となる．$\{U_1, \cdots, U_n\}$ は F の開被覆であることから，F はコンパクトとなる．□

例題 3.42　$f : X \to Y$ を連続な全射とする．X がコンパクトであれば，Y もコンパクトであることを示せ*33)．

(解答)　$\mathcal{U}$ を Y の任意の開被覆とすると，$\{f^{-1}(U) | U \in \mathcal{U}\}$ は X の開被覆である．条件から有限部分集合 $\mathcal{V} \subset \mathcal{U}$ が存在し，$\{f^{-1}(U) | U \in \mathcal{V}\}$ は X の有限開被覆となる．$\mathcal{V}$ は Y の開被覆であるので Y はコンパクトである．□

この例題から，$f : X \to Y$ を同相写像とすれば，（X がコンパクト $\Leftrightarrow$ Y がコンパクト）が成り立つ．つまりコンパクトは位相的性質であることがわかる．

*33)　同様の性質はリンデレフにおいても成り立ち証明も平行して行える．

3.3.3 コンパクト空間の性質

位相空間 $(X, \mathcal{O})$ の任意の開被覆 $\mathcal{U}$ が有限な部分被覆を持つとき，$(X, \mathcal{O})$ はコンパクト空間というのであった．ここではコンパクト空間のなす性質について見ていこう．まずは以下の例題を示そう．

例題 3.43 ハウスドルフ空間の中の任意のコンパクト集合とそれに含まれない 1 点は開集合によって分離することができることを示せ．

(解答) A をハウスドルフ空間 $(X, \mathcal{O})$ のコンパクト集合とし，$\forall x \in A^c$ とする．$\forall p \in A$ をとるとき，x, p を分離する開集合をそれぞれ U_p, V_p とする．このとき，$\mathcal{V} = \{V_p | p \in A\}$ は A の開被覆である．コンパクト性から，A の有限部分被覆 $\{V_{p_1}, \cdots, V_{p_n}\} \subset \mathcal{V}$ が存在し，つまり $A \subset \cup\{V_{p_1}, \cdots, V_{p_n}\}$ を満たす．この右辺を V とおき，$U := \bigcap_{i=1}^{n} U_{p_i}$ とすると，任意の i に対して $U \cap V_{p_i} \subset U_{p_i} \cap V_{p_i} = \emptyset$ であるから，$U \subset A^c$ を満たす．よって，U, V は x, A を分離する開集合である．

□

注 3.19 ハウスドルフ空間の中の 2 つの互いに交わらないコンパクト集合は開集合によって分離される．証明は上とほぼ同じなので概略のみ述べる．F, G を互いに交わらないコンパクト集合とし，F と $p \in G$ を分離する開集合 U_p, V_p をとると，$\{V_p | p \in G\}$ は G の開被覆であり，その有限部分被覆をとることで，そうした有限個の p に対する V_p たちの和集合と U_p たちの共通集合が G, F をそれぞれ分離する．

例題 3.44 ハウスドルフ空間のコンパクト集合は閉集合であることを示せ．

(解答) A をハウスドルフ空間 $(X, \mathcal{O})$ のコンパクト集合とする．このとき，例題 3.43 から，A とそれに含まれない任意の点 x は，開集合 U, V によって分離されるので，$x \in V \subset A^c$ であり，特に A は閉集合である． □

例題 3.45 コンパクトハウスドルフ空間は正規空間であることを示せ．

(解答) コンパクトハウスドルフ空間の互いに交わらない閉集合は互いに交わらないコンパクト集合であり，注 3.19 で書いた通り，それらは開集合によって分離される．ハウスドルフ空間が T_4 公理を満たすので正規空間となる． □

注 3.20 次のように例題 3.45 の別証明をすることもできる．コンパクト空間の中の閉集合はコンパクトであることから，例題 3.43 より T_3 公理を満たす．コンパクト空間は自然にリンデレフ空間でもあるので，注 3.18 の記述から正規性がいえる．

コンパクト空間からハウスドルフ空間への連続写像は次の性質を持つ．

例題 3.46 コンパクト空間からハウスドルフ空間への連続写像は閉写像であることを示せ.

(解答) $f:(X,\mathcal{O}_X)\to(Y,\mathcal{O}_Y)$ をコンパクト空間からハウスドルフ空間への連続写像とする．$A\subset X$ を閉集合としよう．例題3.41から A は X のコンパクト集合である．例題3.42から $f(A)\subset Y$ はコンパクト集合である．例題3.44から $f(A)$ は閉集合である．よって f は閉写像である． □

注 3.21 この例題を用いることで，以下のことが直ちにわかる.

- コンパクト空間からハウスドルフ空間への連続な全単射は同相写像である.
- コンパクト空間からハウスドルフ空間への連続な全射は商写像である.

例題 3.47 閉区間 $[0,1]\subset\mathbb{R}$ はコンパクトであることを示せ.

(解答) $[0,1]$ のある開被覆 $\mathcal{U}$ に対する任意の有限部分被覆で $[0,1]$ を覆えないとする．このとき，$[0,1/2]$ と $[1/2,1]$ のうちどちらかは $\mathcal{U}$ に対する有限部分被覆にならない．もしどちらも有限部分被覆を持てば，それらの和集合は $[0,1]$ の有限部分被覆となり仮定に反する．$\mathcal{U}$ に対する有限部分被覆を持たないほうを $[a_1,b_1]$ とする．同じようにして，$[a_1,b_1]$ の分割 $[a_1,(a_1+b_1)/2]$ と $[(a_1+b_1)/2,b_1]$ の中でどちらかは $\mathcal{U}$ に対する有限部分被覆を持たず，それを $[a_2,b_2]$ とする．一般に，$\mathcal{U}$ に対する有限部分被覆を持たない閉区間 $[a_n,b_n]$ に対して，$[a_n,(a_n+b_n)/2]$ と $[(a_n+b_n)/2,b_n]$ のうちどちらかは $\mathcal{U}$ に対する有限部分被覆を持たないので，それを $[a_{n+1},b_{n+1}]$ とすることで，

$$[a_1,b_1]\supset[a_2,b_2]\supset\cdots$$

のようにして $\mathcal{U}$ に対する有限部分被覆を持たない区間の縮小列を帰納的に構成できる．このとき，区間縮小法の原理（例題2.63）により，$\{x\}=\bigcap_{n=1}^{\infty}[a_n,b_n]$ となる実数 x が存在する．縮小する区間列 $\{[a_n,b_n]|n\in\mathbb{N}\}$ の直径は 0 に収束するのでいくらでも小さい区間が存在する．よって $x\in U\in\mathcal{U}$ に対して，$x\in[a_n,b_n]\subset U$ となる n が存在する．これは，$[a_n,b_n]$ が $\mathcal{U}$ に対する有限部分被覆を持たないことに反する．よって $[0,1]$ はコンパクトである． □

同相写像 $\mathbb{R}\to\mathbb{R}$ $(x\mapsto a+(b-a)x)$ によって，閉区間 $[0,1]$ は閉区間 $[a,b]$ と同相になる．コンパクト性は位相的性質であることから，任意の閉区間はコンパクト集合である．次に $\mathbb{R}$ のコンパクト集合を特徴付けておこう.

例題 3.48（ハイネ–ボレルの被覆定理） 部分集合 $A\subset\mathbb{R}$ に対して以下の 2 つの条件は同値であることを示せ.

- A は $(\mathbb{R},\mathcal{O}_{d_1})$ のコンパクト集合である.
- A は $(\mathbb{R},d_1)$ の有界閉集合である.

（解答）　$A \subset \mathbb{R}$ がコンパクトであれば，例題 3.44 から A は閉集合である．$U_m = A \cap (-m, m)$ とすると，$\{U_m | m \in \mathbb{N}\}$ は A の開被覆であり，コンパクト性から $A = \bigcup_{m=1}^{N} U_m \subset (-N, N)$ となる N が存在する．つまり A は有界である．逆に，$A \subset \mathbb{R}$ が有界閉集合であれば，$A \subset [-M, M]$ となる $M \in \mathbb{R}$ が存在する．$[-M, M]$ はコンパクト集合であるから，例題 3.41 から A はコンパクト集合となる．　□

例 3.14　カントール集合 $C \subset \mathbb{R}$ は注 2.24 より閉集合であり，定義より有界であるからコンパクト集合である．

注 3.22　閉区間の n 個の直積集合が $\mathbb{R}^n$ においてコンパクトであることは例題 3.47 での議論と平行した証明によりわかる．下に要点のみ書いておく．

背理法により I^n において有限部分被覆を持たない開被覆 $\mathcal{U}$ の存在を仮定する．I^n を 2^n 個の部分 $\{I_{1,1} \times \cdots \times I_{1,n} \subset I^n | I_{1,i} = [0, 1/2] \vee I_{1,i} = [1/2, 1]\}$ に分ければ，そのうち 1 つの $I_{1,1} \times \cdots \times I_{1,n}$ は有限部分被覆が存在しないことが分かる．それを同じように分割することで，それがさらに小さい超立方体の和となりそのうち 1 つは有限部分被覆を持たない．このような探索を続けることで，例題 3.47 での議論のように，ある点 $\boldsymbol{x}$ に収束する有限部分被覆を持たない超立方体の縮小列が構成できる．$\boldsymbol{x} \in U \in \mathcal{U}$ となる U に対して U に包まれるそうした十分小さい超立方体が存在し仮定に反する．ゆえに I^n はコンパクトである．

これにより，例題 3.48 と類似の議論を用いることで，以下の同値性がわかる．

- A は $(\mathbb{R}^n, \mathcal{O}_{d_n})$ のコンパクト集合．
- A は $(\mathbb{R}^n, d_n)$ の有界閉集合．

ユークリッド空間上のコンパクト集合が理解できたが，一般の距離空間のコンパクト集合はどのように言い換えられるだろうか？

注 3.23　距離位相空間のコンパクト集合は有界閉集合であることは，例題 3.48 の前半と同様の議論をすることにより，証明をすることができる．しかし，逆は成り立たない．つまり，距離空間の中のコンパクト集合は，有界閉だけでは弱すぎるのである．実際どのように言い換えられるかは次章以降に紹介する．

例えば，次の例題で距離位相空間 $(\ell^2, \mathcal{O}_{d^2_\infty})$ での単位球面 $\mathbb{S}^\infty := S_{d^2_\infty}(\mathbf{0}, 1) = \{\boldsymbol{x} \in \ell^2 | d^2_\infty(\mathbf{0}, \boldsymbol{x}) = 1\}$ を考えよう．

例題 3.49　$\mathbb{S}^\infty$ は有界閉集合であるが，コンパクトではないことを示せ．

（解答）　$\forall \boldsymbol{x}, \boldsymbol{y} \in A$ のとき，$d^2_\infty(\boldsymbol{x}, \boldsymbol{y}) \leq d^2_\infty(\mathbf{0}, \boldsymbol{x}) + d^2_\infty(\mathbf{0}, \boldsymbol{y}) = 2$ より直径は有界であり閉集合*34)であるから $\mathbb{S}^\infty$ は有界閉集合である．

*34)　例題 2.17 より $\mathbb{S}^\infty$ は，連続写像 $\varphi_{\{\mathbf{0}\}} : \boldsymbol{x} \to d(\boldsymbol{x}, \mathbf{0})$ において $\varphi^{-1}_{\{\mathbf{0}\}}(1)$ なので，閉集

$\mathcal{U} = \{B_{d^2_\infty}(\boldsymbol{x}, 1) | \boldsymbol{x} \in \mathbb{S}^\infty\}$ は $\mathbb{S}^\infty$ の開被覆である．$\mathcal{V}$ を $\mathcal{U}$ の任意の有限集合とし $\mathcal{V} = \{B_{d^2_\infty}(\boldsymbol{x}_1, 1), \cdots, B_{d^2_\infty}(\boldsymbol{x}_n, 1)\}$ とおく．このとき，$\boldsymbol{x}_1, \cdots, \boldsymbol{x}_n$ によって生成される線形部分空間 $V \subset \ell^2$ を考える．ℓ^2 は有限生成ではないことから，$V^\perp = \{\boldsymbol{v} \in \ell^2 | \forall \boldsymbol{x} \in V(\langle \boldsymbol{v}, \boldsymbol{x} \rangle = 0)\}$*35) は $\{\boldsymbol{0}\}$ ではないベクトル空間である．$V^\perp$ に属するゼロではないベクトルをその長さで割ることで $\boldsymbol{v} \in V^\perp \cap \mathbb{S}^\infty$ が構成できる．任意の $1 \leq i \leq n$ に対して，$d^2_\infty(\boldsymbol{v}, \boldsymbol{x}_i) = \sqrt{||\boldsymbol{v}||^2 - 2\langle \boldsymbol{v}, \boldsymbol{x}_i \rangle + ||\boldsymbol{x}_i||^2} = \sqrt{2} > 1$ であるから $\boldsymbol{v} \notin B_{d^2_\infty}(\boldsymbol{x}_i, 1)$ である．$\boldsymbol{v} \notin \cup \mathcal{V}$ であるので，$\mathcal{V}$ は $\mathbb{S}^\infty$ の被覆にならない．よって，$\mathbb{S}^\infty$ はコンパクトではない． □

3.3.4 有限直積位相空間でのチコノフの定理

コンパクト性は**乗法性***36) をもつ．つまり以下の定理が成り立つ．

定理 3.1（チコノフの定理） コンパクト空間の直積位相空間はコンパクト空間である．

この事実はリンデレフ性が乗法性を持たなかったこととは対照的である．まずは，有限直積位相空間の場合から考えよう．

例題 3.50 X, Y がどちらもコンパクト空間であることと，その直積位相空間 $X \times Y$ もコンパクト空間であることは同値であることを示せ．

（解答） $X \times Y$ がコンパクトであるとする．$X \times Y$ から X, Y への標準射影は連続であり，例題 3.42 によりコンパクト空間 $X \times Y$ の像 X, Y もコンパクトである．

逆に，X, Y がコンパクトであるとしよう．$\mathcal{U}$ を $X \times Y$ 上の任意の開被覆とする．$\mathcal{U}$ は被覆であることから，任意の $(x, y) \in X \times Y$ に対して $(x, y) \in U_{(x,y)} \in \mathcal{U}$ が存在するので，これを選んでおく．また，x の開近傍 $A_y(x)$ と y の開近傍 $B_x(y)$ が存在して，$A_y(x) \times B_x(y) \subset U_{(x,y)}$ となる．$\{B_x(y) | y \in Y\}$ は Y の開被覆であり，コンパクト性からある有限部分集合 $\{B_x(y_j) | j = 1, \cdots, n_x\}$ は Y の被覆となる．このとき，$V(x) = \bigcap_{j=1}^{n_x} A_{y_j}(x)$ とおくと，$V(x)$ は x の開近傍であり，X のコンパクト性から $\{V(x_i) | i = 1, \cdots, s\}$ は X の開被覆となる．

以上より $\forall (x, y) \in X \times Y$ に対して，$x \in V(x_i)$ かつ $y \in B_{x_i}(y_j)$ が存在し，

合である．

*35) $||\boldsymbol{x}|| = d^2_\infty(\boldsymbol{0}, \boldsymbol{x})$ とする．このとき，距離空間 (ℓ^2, d^2_∞) はベクトル空間でもあるが，$\langle \boldsymbol{x}, \boldsymbol{y} \rangle = \frac{1}{2}(||\boldsymbol{x}||^2 + ||\boldsymbol{y}||^2 - ||\boldsymbol{x} - \boldsymbol{y}||^2) = \sum_{i=1}^{\infty} x_i y_i$ として内積を定義することができる．ここで，$\boldsymbol{x} = (x_i)$ かつ $\boldsymbol{y} = (y_i)$ である．したがって，(ℓ^2, d^2_∞) は内積をもつベクトル空間となる．

*36) 任意の因子空間がある位相的性質を持つ場合，その直積位相空間もその性質を満たすこと．

$$(x,y) \in V(x_i) \times B_{x_i}(y_j) \subset A_{y_j}(x_i) \times B_{x_i}(y_j) \subset U_{(x_i,y_j)}.$$

よって，$\{U_{(x_i,y_j)} | 1 \leq i \leq s,\ 1 \leq j \leq n_{x_i}\}$ は $\mathcal{U}$ に対する有限部分被覆となる．□

この例題から，区間の有限直積空間 I^n がコンパクトであることが再び従う．

3.3.5 フィルターとチコノフの定理

一般の直積位相空間におけるチコノフの定理を証明したい．まずはフィルターの概念を導入する．

3.3.5.1 フィルター

X を集合とする．部分集合族 $\mathcal{A} \subset \mathcal{P}(X)$ に対して，$\mathcal{A}$ の任意の有限個の集合が共通集合をもつとき（つまり $\forall \mathcal{A}_0 \subset \mathcal{A}(|\mathcal{A}_0| < \aleph_0 \to \cap \mathcal{A}_0 \neq \emptyset)$ を満たすとき），$\mathcal{A}$ は**有限交叉性**を持つという．

定義 3.9 X を集合とし，空ではないある部分集合族 $\mathcal{F} \subset \mathcal{P}(X)$ が**フィルター**であるとは，以下の条件を満たすものをいう[*37)]．
(1) $U, V \in \mathcal{F} \to U \cap V \in \mathcal{F}$.
(2) $U \in \mathcal{F} \wedge U \subset V \to V \in \mathcal{F}$.
(3) $\emptyset \notin \mathcal{F}$.

条件 (1) と (3) から，フィルターは有限交叉性を持ち，$\mathcal{F} \neq \mathcal{P}(X)$ であることがわかる．また，$\mathcal{B} \subset \mathcal{P}(X)$ が**フィルター基底**であるとは，上の条件 (3) と
(4) $U, V \in \mathcal{B} \to \exists W \in \mathcal{B}(W \subset U \cap V)$
を満たすものをいう．とくに，フィルター基底も有限交叉性をもつ．以下を示そう．

例題 3.51 $\mathcal{B}$ をフィルター基底とすると，$\mathcal{F} = \{A \subset X | \exists B \in \mathcal{B}(B \subset A)\}$ はフィルターであることを示せ．

（解答） $\mathcal{B}$ をフィルター基底とする．$U, V \in \mathcal{F}$ とするとき，$B_U, B_V \in \mathcal{B}$ が存在して，$B_U \subset U$ かつ $B_V \subset V$ となる．条件 (4) から $\exists W \in \mathcal{B}(W \subset B_U \cap B_V)$ となり，$W \subset U \cap V$ となる．$\mathcal{F}$ の定義から $U \cap V \in \mathcal{F}$ となるので，条件 (1) を満たす．$U \in \mathcal{F}$ かつ $U \subset V$ とする．このとき $\exists B \in \mathcal{B}(B \subset U)$ であるから，特に，$B \subset V$ となる．ゆえに，$V \in \mathcal{F}$ となり条件 (2) が成り立つ．$\emptyset \notin \mathcal{B}$ であるので $\mathcal{F}$ の定義から，$\forall A \in \mathcal{F}$ に対して元をもつ．つまり，$\emptyset \notin \mathcal{F}$ となる．□

例題 3.51 のようにフィルター基底 $\mathcal{B}$ から作られるフィルター $\mathcal{F}$ のことを $\mathcal{B}$ から**生成されるフィルター**といい，$\mathcal{F} = \langle \mathcal{B} \rangle$ と書く．

---

*37) 本来，フィルターはある順序集合 $(S, \leq)$ に対して定義されている．つまり，空ではない $\mathcal{F} \subset S$ が**フィルター**であるとは以下の 3 つを満たすものである．(1) $a, b \in \mathcal{F} \to \exists c \in \mathcal{F}(c \leq a \wedge c \leq b)$．(2) $a \in \mathcal{F} \wedge a \leq b \to b \in \mathcal{F}$．(3) $\mathcal{F} \neq S$．$\subset$ を $\mathcal{P}(X)$ 上の順序集合と考えた場合に，定義 3.9 が得られる．

例 3.15　位相空間 $(X, \mathcal{N})$ の x での近傍系 $\mathcal{N}(x)$ はフィルターであり，**近傍フィルター**という．近傍フィルターを生成するフィルター基底は基本近傍系に相当する．つまり，$\mathcal{N}(x) = \langle \mathcal{N}^*(x) \rangle$ である．例えば距離位相空間 $(X, \mathcal{O}_d)$ において，$\mathcal{S} = \{B_d(x,r) | r > 0\}$ は近傍フィルター $\mathcal{N}_d(x)$ を生成するフィルター基底である．

有限交叉性をもつ $\mathcal{P}(X)$ の部分集合族を $\mathcal{F}(X)$ とする[*38]．$\mathcal{A}_0, \mathcal{A}_1 \in \mathcal{F}(X)$ が $\mathcal{A}_0 \leq \mathcal{A}_1$ であることを $\mathcal{A}_0 \subset \mathcal{A}_1$ と定義することで，$\mathcal{F}(X)$ は順序集合 $(\mathcal{F}(X), \leq)$ を構成する．この順序集合における極大元のことを**極大フィルター**という[*39]．

例 3.16　3 元集合 $X_3 = \{1, 2, 3\}$ の $\mathcal{P}(X_3)$ 上の順序関係をグラフにすると図 3.2 のようになる[*40]．このとき，$\mathcal{F}_1 = \{\{1\}, \{1,2\}, \{1,3\}, X_3\}$ はフィルター基底 $\{\{1\}\}$ から生成されるフィルターである．$\{\{1,2\}, \{1,3\}\}$ は有限交叉性をもつ部分集合族であるがフィルターではない．$\{\{1,2\}, \{3\}\}$ は有限交叉性を持たない部分集合族である．また，フィルター基底 $\{\{i\}\}$ によって生成されるフィルターを $\mathcal{F}_i$ と書くことにすれば，$\mathcal{F}_i$ は極大フィルターとなっている．$\{\{1,2\}, X_3\}$ はフィルターにはなっているが，極大フィルターにはならない．

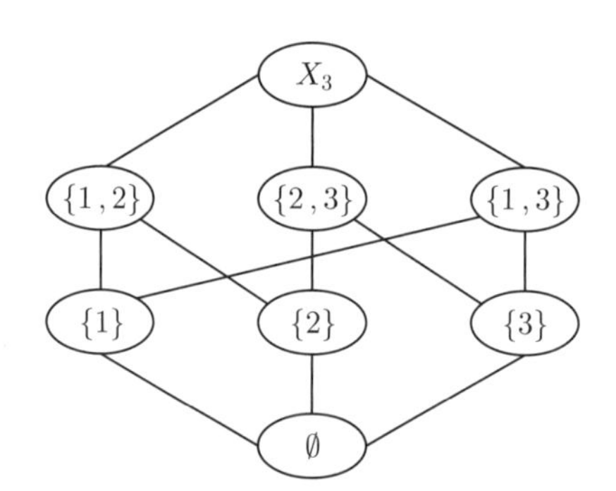

図 3.2　$\mathcal{P}(X_3)$ の包含関係によるハッセ図．

次に以下を示そう．

例題 3.52　$\forall \mathcal{A} \in \mathcal{F}(X)$ に対して，$\mathcal{A}$ を包む極大フィルターが存在することを示せ[*41]．

---

*38)　$\mathcal{F}(X) \subset \mathcal{P}(\mathcal{P}(X))$ である．

*39)　$\mathcal{F}(X)$ の元はフィルターとは限らないが，極大元はフィルターの性質をもち，フィルター全体の中でも極大の性質をもつ．

*40)　下向きの線で結ぶことができる部分集合どうしは $\subset$ の関係に対応する．順序集合から作られるこのような図をハッセ図という．

*41)　$\mathcal{F}(X)$ は，有限特性をもつ $\mathcal{P}(X)$ の部分集合族であるから，テューキーの補題（補題 1.1）を使っても直ちにこの例題が成り立つ．この解答は注 1.26 の方針に沿っている．

（解答） $\mathcal{F}(X)_{\mathcal{A}} = \{\mathcal{G} \in \mathcal{F}(X) | \mathcal{A} \leq \mathcal{G}\}$ とする．$\mathcal{F}(X)_{\mathcal{A}}$ が帰納的な順序集合であることを示す．$\mathcal{F}_0$ を $\mathcal{F}(X)_{\mathcal{A}}$ に包まれる任意の全順序部分集合とする．$\mathcal{M} = \cup\mathcal{F}_0$ とおくと，$\forall\mathcal{B} \in \mathcal{F}_0$ に対して $\mathcal{B} \subset \mathcal{M}$ より，$\mathcal{A} \subset \mathcal{M}$ を満たす．$\mathcal{M} \in \mathcal{F}(X)$ を示す．任意の有限集合 $\{A_1, \cdots, A_n\} \subset \mathcal{M}$ をとると，$A_i \in \mathcal{G}_i \in \mathcal{F}_0$ が存在し，$\{\mathcal{G}_1, \cdots, \mathcal{G}_n\}$ の中で $\mathcal{G}_n$ をその最大元であるとする．$\mathcal{G}_n$ は有限交叉性をもつので，$A_1 \cap \cdots \cap A_n \neq \emptyset$ であり，$\mathcal{M}$ も有限交叉性をもつ．つまり $\mathcal{M} \in \mathcal{F}(X)_{\mathcal{A}}$ であるから $\mathcal{M}$ は $\mathcal{F}_0$ の上界である．ゆえに，$\mathcal{F}(X)_{\mathcal{A}}$ は帰納的な順序集合であり，ツォルンの補題より，$\mathcal{F}(X)_{\mathcal{A}}$ の極大元すなわち，$\mathcal{A}$ を包む $\mathcal{F}(X)$ の極大元が存在する．脚注 39 の記述からこの極大元は極大フィルターである．□

さらに，$\mathcal{A} \subset \mathcal{P}(X)$ に対して，$\mathcal{A}^c = \{A^c | A \in \mathcal{A}\}$ と定義し，次を示そう．

> **例題 3.53**　部分集合族 $\mathcal{A} \subset \mathcal{P}(X)$ が $\cap\mathcal{A}^c = \emptyset$ であることと $\mathcal{A}$ が X の被覆であることは同値であることを示せ．

（解答） $\cap\mathcal{A}^c = \emptyset$ とすると，$X = (\cap\mathcal{A}^c)^c = \cup\mathcal{A}$ よって $\mathcal{A}$ は X の被覆である．逆に $\mathcal{A}$ が X の被覆であるとすると，$\cap\mathcal{A}^c = (\cup\mathcal{A})^c = X^c = \emptyset$ となる．□

有限交叉性を用いてコンパクト性を特徴付けよう．次の例題の証明では，例題 3.53 の同値条件が断りなく用いられる．部分集合族 $\mathcal{A} \subset \mathcal{P}(X)$ に対して $\overline{\mathcal{A}} = \{\overline{A} | A \in \mathcal{A}\}$ と定義する．

> **例題 3.54**　以下の条件は同値であることを示せ．
> (i)　$(X, \mathcal{O})$ はコンパクトである．
> (ii)　有限交叉性をもつ任意の閉集合族 $\mathcal{F} \subset \mathcal{P}(X)$ は $\cap\mathcal{F} \neq \emptyset$ を満たす．
> (iii)　X の極大フィルター $\mathcal{M} \subset \mathcal{P}(X)$ に対して，$\cap\overline{\mathcal{M}} \neq \emptyset$ である．

（解答） まずは (i) と (ii) の同値性を示す．(i) を仮定する．閉集合族 $\mathcal{F} \subset \mathcal{P}(X)$ が $\cap\mathcal{F} = \emptyset$ を満たすなら，$\mathcal{F}^c$ は X の開被覆であり，その有限部分被覆 $\mathcal{F}_0^c \subset \mathcal{F}^c$ が存在し，$\cap\mathcal{F}_0 = \emptyset$ を満たす．つまり，$\mathcal{F}$ は有限交叉性を持たない．

(ii) を仮定する．$\mathcal{U}$ を X の開被覆とすると，$\mathcal{U}^c$ は $\cap\mathcal{U}^c = \emptyset$ を満たす閉集合族となる．条件から，$\mathcal{U}^c$ は有限交叉性を持たないので，ある有限集合族 $\mathcal{U}_0^c \subset \mathcal{U}^c$ が存在し，$\cap\mathcal{U}_0^c = \emptyset$ である．つまり，$\mathcal{U}_0$ は $\mathcal{U}$ の有限部分被覆であり，$(X, \mathcal{O})$ はコンパクトである．よって (i) と (ii) の同値性がいえた．

次に (ii) と（iii）の同値性を証明する．(ii) を仮定しよう．$\mathcal{M}$ を X の極大フィルターとする．$\mathcal{M}$ は有限交叉性をもつので，$\overline{\mathcal{M}}$ も有限交叉性をもつ．よって，条件から，$\cap\overline{\mathcal{M}} \neq \emptyset$ である．

(iii) を仮定しよう．$\mathcal{F} \subset \mathcal{P}(X)$ を有限交叉性をもつ閉集合族とする．このとき，例題 3.52 から $\mathcal{F} \subset \mathcal{M}$ を満たす極大フィルター $\mathcal{M}$ が存在し，条件から $\cap\overline{\mathcal{M}} \neq \emptyset$ を満たす．よって，$\emptyset \neq \cap\overline{\mathcal{M}} \subset \cap\overline{\mathcal{F}} = \cap\mathcal{F}$ よって，(ii) が満たされる．

□

3.3.5.2 チコノフの定理

チコノフの定理の証明の前に次を示しておく．

例題 3.55 フィルター $\mathcal{M} \in \mathcal{F}(X)$ が集合 X の極大フィルターであることと $\forall U \subset X\ (\forall M \in \mathcal{M}(U \cap M \neq \emptyset) \to U \in \mathcal{M})$ は同値であることを示せ．

(解答) $\mathcal{M}$ を極大フィルターとする．$U \subset X$ が $\forall M \in \mathcal{M}$ に対して，$U \cap M \neq \emptyset$ を満たすとき，$\mathcal{M} \cup \{U\}$ は有限交叉性を満たす．例題 3.52 から $\mathcal{M} \cup \{U\}$ を包む極大フィルターが存在するが，$\mathcal{M}$ の極大性から，これは $\mathcal{M}$ 自身である．すなわち $U \in \mathcal{M}$ が成り立つ．

次に $U \subset X\ (\forall M \in \mathcal{M}(U \cap M \neq \emptyset) \to U \in \mathcal{M})$ を仮定する．$\mathcal{M} \subset \mathcal{M}' \in \mathcal{F}(X)$ と仮定する．$\forall U \in \mathcal{M}'$ と $\forall M \in \mathcal{M}$ に対して $U \cap M \neq \emptyset$ である．条件から，$U \in \mathcal{M}$ であり，$\mathcal{M}' \subset \mathcal{M}$ が成り立つ．つまり $\mathcal{M}$ は極大フィルターであることがわかる． □

さて，以上の準備の下で，一般の直積位相空間におけるチコノフの定理を示そう．

例題 3.56 チコノフの定理を証明せよ．

(解答) $\{X_\lambda | \lambda \in \Lambda\}$ を添字づけられたコンパクトな位相空間族とする．$\mathcal{M}$ を $X := \prod_{\lambda \in \Lambda} X_\lambda$ の極大フィルターとする．$\cap\overline{\mathcal{M}} \neq \emptyset$ を示せばよいが $\cap\overline{\mathcal{M}} \neq \emptyset \leftrightarrow \exists x \in X \forall M \in \mathcal{M}(x \in \overline{M}) \leftrightarrow \exists x \in X \forall M \in \mathcal{M} \forall U \in \mathcal{N}(x)(U \cap M \neq \emptyset)$ である．

$\forall \lambda \in \Lambda$ に対して $\{\mathrm{pr}_\lambda(M) | M \in \mathcal{M}\}$ は有限交叉性をもつ X_λ の部分集合族である．よって，$\cap\{\overline{\mathrm{pr}_\lambda(M)} | M \in \mathcal{M}\} \neq \emptyset$ であるので $x_\lambda \in \cap\{\overline{\mathrm{pr}_\lambda(M)} | M \in \mathcal{M}\}$ を選び[*42]，$x = (x_\lambda) \in X$ とおく．$\forall U_\lambda \in \mathcal{N}(x_\lambda)$ に対して $U_\lambda \cap \mathrm{pr}_\lambda(M) \neq \emptyset$ である．よって，$\mathrm{pr}_\lambda^{-1}(U_\lambda) \cap M \neq \emptyset$ であり，例題 3.55 から $\mathrm{pr}_\lambda(U_\lambda) \in \mathcal{M}$ である．

今，$\forall U \in \mathcal{N}(x)$ に対して，直積位相の定義によりある $\{\lambda_1, \cdots, \lambda_n\} \subset \Lambda$ と，x_{λ_i} の近傍 U_{λ_i} をもう一度取り直すことで $x \in \mathrm{pr}_{\lambda_1}^{-1}(U_{\lambda_1}) \cap \cdots \cap \mathrm{pr}_{\lambda_n}^{-1}(U_{\lambda_n}) \subset U$ とできる．$\mathcal{M}$ の有限交叉性から $\forall M \in \mathcal{M}$ に対して $\mathrm{pr}_{\lambda_1}^{-1}(U_{\lambda_1}) \cap \cdots \cap \mathrm{pr}_{\lambda_n}^{-1}(U_{\lambda_n}) \cap M \neq \emptyset$ となる．ゆえに，$U \cap M \neq \emptyset$ がわかる．$x = (x_\lambda) \in X$ に対して，$\forall M \in \mathcal{M} \forall U \in \mathcal{N}(x)(U \cap M \neq \emptyset)$ が示されたから，X はコンパクト空間である． □

チコノフの定理から，直積位相空間がコンパクトであることと，その任意の因子空間がコンパクトであることは同値であることがわかる．チコノフの定理には選択公理を用いたが，逆にチコノフの定理を仮定すると選択公理が導かれることが知られている（ケリーの定理）．

*42) ここで選択公理を用いる．

3.3.5.3 フィルターの収束

チコノフの定理を示すためにフィルターを導入した．最後にフィルターを用いた点列の収束の一般化について学ぶ．位相空間において点列 $(x_n) \in X^\omega$ が x に収束するとは，$\forall U \in \mathcal{N}(x) \exists N < \omega\ \forall n > N(x_n \in U)$ を満たすことであった（定義 2.24）．フィルターの収束とフィルター基底の収束について定義し，それらが同値な概念であることを示しておく．

定義 3.10 フィルター $\mathcal{F}$ が $x \in X$ に**収束する**ことを $\mathcal{N}(x) \subset \mathcal{F}$ を満たすことと定義する．また，フィルター基底 $\mathcal{B}$ が x に**収束する**ことを $\forall U \in \mathcal{N}(x)$ に対して $\exists A \in \mathcal{B}(A \subset U)$ を満たすことと定義する．

例題 3.57 $\mathcal{F}$ と $\mathcal{B}$ を $\mathcal{F} = \langle \mathcal{B} \rangle$ を満たすフィルターとフィルター基底とする．$\mathcal{F}$ が x に収束することと $\mathcal{B}$ が x に収束することは同値であることを示せ．

（解答） $\mathcal{F}, \mathcal{B}$ を $\mathcal{F} = \langle \mathcal{B} \rangle$ を満たすフィルターとフィルター基底としておく．$\mathcal{F}$ が x に収束するとき，$\forall U \in \mathcal{N}(x)$ は $U \in \mathcal{F}$ であり，$\mathcal{F} = \langle \mathcal{B} \rangle$ であるので $\exists V \in \mathcal{B}(V \subset U)$ を満たす．よってフィルター基底 $\mathcal{B}$ は x に収束する．逆に $\mathcal{B}$ が x に収束するとき，$\forall U \in \mathcal{N}(x)$ に対して，$\exists V \in \mathcal{B}(V \subset U)$ であり，$\mathcal{F} = \langle \mathcal{B} \rangle$ より $U \in \mathcal{F}$ である．ゆえに，フィルター $\mathcal{F}$ は x に収束する． □

例 3.17 点列 $(x_n) \in X^\omega$ が x に収束するとき，$\mathcal{B} = \{\{x_n | n > N\} | N < \omega\}$ とすると，$\mathcal{B}$ はフィルター基底となり，点列 (x_n) の収束はフィルター基底 $\mathcal{B}$ の収束として言い換えられる．また，例題 3.57 から，このことは $\mathcal{N}(x) \subset \langle \mathcal{B} \rangle$ となるフィルター $\langle \mathcal{B} \rangle$ の収束として言い換えることもできる．

第 4 章
距離空間とコンパクト性

4.1 コンパクト距離空間

本節ではコンパクト距離空間がどのような特徴づけをもつかについて考えよう．

4.1.1 距離空間のコンパクト性

距離空間 (X, d) がコンパクトであるとは，その距離位相空間 $(X, \mathcal{O}_d)$ がコンパクトであることを意味する[*1)]．ユークリッド距離空間 $\mathbb{R}^n$ の部分集合のコンパクト性は，有界閉集合であることと同値であったが，一般の距離空間の部分集合ではこの同値性は成立しない．一般の距離空間の中の部分集合がコンパクトであるためにはどのような同値条件を持つだろうか？ 今までの知識からコンパクト距離空間であることはコンパクト，ハウスドルフ，第 2 可算公理の成立と同値である．$\Rightarrow$ は第 3 章の脚注 30 より，$\Leftarrow$ はウリゾーンの距離化定理（例題 3.35）および例題 3.44 より従う．ここでは点列を用いた特徴づけ，及び全有界性と完備性を用いた特徴づけを行う．

まず，点列の定義を思い出そう．位相空間 X[*2)] における点列とは $(x_n) \in X^\omega$，つまり $n \mapsto \varphi(n) = x_n$ となる写像 $\varphi : \omega \to X$ のことであった．点列 (x_n) に対して単射 $f : \omega \to \omega$ $(i \mapsto f(i) = n_i)$ との合成，$\varphi \circ f : \omega \to X$ から構成される点列 (x_{n_i}) のことを**部分列**という．このとき，$(x_n) \succeq (x_{n_i})$ と書く．また，以後 ω の代わりに $\mathbb{N}$ もしくは $\mathbb{N}_0$ を使うこともある．

---

*1) 今後，距離空間上で要請する位相的性質はその距離位相空間に要請される性質のことと解釈する．

*2) これまで位相空間を表すとき，多くの場合，集合 X に何らかの開集合系 $\mathcal{O}$ を付随させて書いてきたが，今後，位相空間 X と書くことで，（前後関係などからわかりうる）何らかの開集合系 $\mathcal{O}$ を含めた $(X, \mathcal{O})$ の省略形であることにする．

定義 4.1 位相空間 X の任意の点列が収束部分列をもつとき，X は**点列コンパクト**という[*3)]．

距離空間における点列 (x_n) が $\forall\epsilon > 0$ に対して $\exists N \in \mathbb{N}\forall n,m > N(d(x_n,x_m) < \epsilon)$ を満たすとき，**コーシー列**という．任意のコーシー列 (x_n) が収束するとき，(X,d) は**完備**という．

定義 4.2 (X,d) を距離空間とする．$\forall\epsilon > 0$ に対して，ある有限点列 $w_1, w_2, \cdots, w_n \in X$ が存在し，$\{B_d(w_i,\epsilon) | 1 \leq i \leq n\}$ が X の被覆となるとき (X,d) は**全有界**であるという．

この小節の目的は距離空間において次の同値性を理解することである．

$$\text{コンパクト} \Leftrightarrow \text{点列コンパクト} \Leftrightarrow \text{全有界かつ完備}.$$

証明の流れを示しておくと次のようになる．

$$\text{点列コンパクト} \overset{\text{注 4.3}}{\Rightarrow} \text{全有界かつ完備} \overset{\text{例題 4.5}}{\Rightarrow} \text{点列コンパクト}$$
$$\overset{\text{例題 4.6}}{\Rightarrow} \text{コンパクト} \overset{\text{例題 4.8}}{\Rightarrow} \text{点列コンパクト}.$$

注 4.1 全有界性や完備性それぞれは位相的性質ではなく，距離に依存した性質である．例えば，$(\mathbb{R}, d_1)$ と $((0,1), d_1)$ は同相な距離空間であるが，$\mathbb{R}$ は全有界ではない完備距離空間であり，$(0,1)$ は全有界であるが完備距離空間ではない．上の同値性から言えることは，コンパクト性は位相的性質であるから，ある距離空間が全有界かつ完備であれば，その空間に同相な任意の距離空間も全有界かつ完備でなければならないということである．

まずは，コーシー列に関するいくつかの例題から示そう．

例題 4.1 距離空間 (X,d) において，収束点列 (x_n) はコーシー列であることを示せ．

(解答) (x_n) を収束点列とする．このとき，$\forall\epsilon > 0$ に対して，$N_\epsilon \in \mathbb{N}$ が存在して，$\forall n > N_\epsilon(d(x_n, x) < \frac{\epsilon}{2})$ が成り立つ．よって，$\forall m > N_\epsilon$ に対して，$d(x_n, x_m) \leq d(x_n, x) + d(x, x_m) < \frac{\epsilon}{2} + \frac{\epsilon}{2} = \epsilon$ が成り立つ．ゆえに，(x_n) はコーシー列である．□

例 4.1 この例題の逆は一般に成り立たない．つまりコーシー列であっても収束列であるとは限らない．例えば，注 4.1 の例 $((0,1), d_1)$ において，(e^{-n-1}) は，コーシー列であるが $(0,1)$ のどの点にも収束せず収束点列ではない．

---

*3) 部分列の定義に f の単射性を入れないとすると，任意の点列は，初項を取り続けるという明らかに収束する列が取れてしまう．

例題 4.2　コーシー列 (x_n) が収束部分列をもつなら，(x_n) は収束点列であることを示せ．

（解答）　コーシー列 (x_n) において $(x_n) \succeq (x_{n_i})$ なる部分列が x に収束するとする．このとき，$\forall\epsilon > 0$ に対して $\exists N_\epsilon \in \mathbb{N}\forall n, m > N_\epsilon(d(x_n, x_m) < \frac{\epsilon}{2})$ となる．また，$\exists M_\epsilon \in \mathbb{N}\forall i > M_\epsilon(d(x_{n_i}, x) < \frac{\epsilon}{2})$ を満たす．ここで，$n_i \leq N_\epsilon$ となる i は有限個なので，十分大きい $L_\epsilon > 0$ をとれば，$\forall i > L_\epsilon(n_i > N_\epsilon)$ となる．そのとき，$\forall n > N_\epsilon$ に対して $i > \max\{M_\epsilon, L_\epsilon\}$ をとることで

$$d(x_n, x) \leq d(x_n, x_{n_i}) + d(x_{n_i}, x) < \frac{\epsilon}{2} + \frac{\epsilon}{2} = \epsilon$$

となり，(x_n) は x に収束する点列となる．　□

注 4.2　この例題から，距離空間が点列コンパクトであれば，完備距離空間であることがわかる．

例題 4.3　距離空間 (X, d) の任意の点列がコーシー部分列*4) を持つなら，(X, d) は全有界であることを示せ．

（解答）　対偶を示す．(X, d) が全有界でないとすると，ある $\epsilon > 0$ に対して，任意の有限個の点列における ϵ-近傍の和集合は X を被覆しない．よって，$x_1 \in X$ に対して，$x_2 \in X \setminus B_d(x_1, \epsilon)$ とし，$x_3 \in X \setminus \bigcup_{j=1}^{2} B_d(x_j, \epsilon)$ とすることで，$x_i \in X \setminus \bigcup_{j=1}^{i-1} B_d(x_j, \epsilon)$ をとる．このようにして，点列 (x_n) をとることができる．しかし，任意の n, m に対して $d(x_n, x_m) \geq \epsilon$ であるから，x_n にはコーシー列となる部分点列を持たない．　□

注 4.3　よって，注 4.2 と例題 4.3 より点列コンパクトな距離空間は全有界かつ完備である．

さて，次に全有界かつ完備距離空間であることから点列コンパクト性を示そう．まずは，次を示しておく．

例題 4.4　全有界な距離空間 (X, d) は可分であることを示せ．

（解答）　$\forall n \in \mathbb{N}$ をとる．全有界性から有限集合 $x_{n,1}, \cdots, x_{n,r_n} \in X$ が存在して，$\{B_d\big(x_{n,j}, \frac{1}{n}\big) | j = 1, \cdots, r_n\}$ は X の被覆である．$D = \{x_{n,j} | n \in \mathbb{N}, j = 1, \cdots, r_n\}$ とおくと，D は可算集合である．$\forall x \in X$，$\forall U \in \mathcal{N}(x)$ に対して，$B_d(x, \frac{1}{n}) \subset U$ が存在し $x \in B_d(x_{n,j}, \frac{1}{n})$ となる $x_{n,j}$ が存在する．$x_{n,j} \in B_d\big(x, \frac{1}{n}\big)$ であるから，$\emptyset \neq B_d(x, \frac{1}{n}) \cap D \subset U \cap D$ となる．D は $\forall x \in X$ の任意の近傍と交わるので D は X において稠密であり，(X, d) は可分距離空

*4)　コーシー列となる部分列のこと．

間である． □

例題 2.36 により距離空間において可分と第 2 可算公理は同値であったから，全有界な距離空間は第 2 可算公理を満たし，例題 3.39 よりリンデレフも満たす．

次を示そう．

例題 4.5 全有界かつ完備な距離空間は，点列コンパクトであることを示せ．

(解答) (X, d) が全有界な距離空間とし，(x_n) を任意の点列とする．まず，有限点列 $y_{1,1}, \cdots, y_{1,r_1} \in X$ が存在し，1-近傍の族 $\{B_d(y_{1,i}, 1) | i = 1, \cdots, r_1\}$ が X の被覆となる．このとき，(x_n) のある無限部分列が含まれる 1-近傍 $B_d(y_{1,i_1}, 1)$ が存在する．そのような (x_n) の無限部分列を $(x_{n_{1,i}}) =: (x_i^{(1)})$ とし，単射 $\omega \to \omega$ $(i \mapsto n_{1,i})$ は順序を保つようにとる．次に，有限点列 $y_{2,1}, \cdots, y_{2,r_2} \in X$ が存在し，$\frac{1}{2}$-近傍の族 $\left\{B_d\left(y_{2,i}, \frac{1}{2}\right) | i = 1, \cdots, r_2\right\}$ が X の被覆となる．このとき，$(x_n^{(1)})$ のある無限部分点列が含まれる $\frac{1}{2}$-近傍 $B_d(y_{2,i_2}, \frac{1}{2})$ が存在する．そのような (x_n) の無限部分列を $(x_{n_{2,i}}^{(1)}) =: (x_i^{(2)})$ とし，同様に単射 $\omega \to \omega$ $(i \mapsto n_{2,i})$ は順序を保つようにする．このような操作を続けることで，部分列の列 $(x_n) \succeq (x_n^{(1)}) \succeq (x_n^{(2)}) \cdots$ を得る．

ここで，$z_n = x_n^{(n)}$ とすることによって，(x_n) の部分列 (z_n) が構成できる*5)．任意の $\epsilon > 0$ と，$\forall m \geq \forall n > \frac{2}{\epsilon}$ に対して，z_n, z_m はある $\frac{1}{n}$-近傍 $B_d(y_{n,i_n}, \frac{1}{n})$ の中に含まれるから，$d(z_n, z_m) \leq d(z_n, x) + d(x, z_m) \leq \frac{2}{n} < \epsilon$ となる．よって，(z_n) はコーシー列であり，完備性から (z_n) は収束点列である．つまり (X, d) は点列コンパクトである． □

よって，距離空間において点列コンパクトと，全有界かつ完備が同値であることがわかった．

次に距離空間における点列コンパクトとコンパクト性の同値性を導いていこう．まずは，点列コンパクトならば，コンパクトであることを示すが，その前に用語を 1 つ定義しておく．

定義 4.3 位相空間 X が**可算コンパクト**とは，任意の可算開被覆に対して有限部分被覆が存在することをいう．

注 4.4 リンデレフ空間であれば，コンパクトであることと可算コンパクトであることは同値である．

例題 4.6 点列コンパクトな距離空間 (X, d) はコンパクトであることを示せ．

(解答) 距離位相空間が点列コンパクトなら全有界であり，例題 4.4 のすぐ下

---

*5) 部分列をとる操作 $(x_n^{(i)}) \succeq (x_n^{(i+1)})$ において，順序を保つ単射を用いたので，(z_n) の構成のための写像 $\varphi : \omega \to \omega$ は単射となり，(z_n) は部分列となる．

のコメントによりリンデレフなので，可算コンパクトであることを示せば良い．

X の任意の可算開被覆 $\mathcal{U} = \{U_i | i \in \mathbb{N}\}$ に対して，$\mathcal{U}^c$ が有限交叉性を持つ[*6] とする．このとき，$x_n \in \bigcap_{i=1}^{n} U_i^c$ となる点列 (x_n) が存在する．点列コンパクト性から (x_n) はある $x \in X$ に収束する部分列 (x_{n_i}) を持つ．また，$U_m \in \mathcal{N}(x)$ をとる．部分列 (x_{n_i}) は，収束性から $m < n_r$ を満たす十分大きいある自然数 r に対して，$x_{n_r} \in U_m$ である．このとき，$x_{n_r} \in \bigcap_{j=1}^{n_r} U_j^c$ であるから，

$$\emptyset \neq U_m \cap \left(\bigcap_{j=1}^{n_r} U_j^c \right) \subset U_m \cap U_m^c = \emptyset$$

より矛盾する．よって $\mathcal{U}^c$ は有限交叉性を持たないので，$\mathcal{U}$ は有限部分被覆を持ち，X が可算コンパクトであることがわかった． □

注 4.5　例題 4.6 の仮定の，距離空間をリンデレフ空間に変えても，上の証明を同じように行うことで，点列コンパクトならコンパクトである．

逆に，コンパクト距離空間が点列コンパクトであることを示そう．3.3.5 節で，フィルターの概念を登場させたので，それを用いる．まずは例題 3.54 のコンパクト性の書き直しから始めよう．フィルター $\mathcal{F}$ が $x \in X$ に収束するとき，$\mathcal{F} \to x$ と書くことにする．

> **例題 4.7**　位相空間 X がコンパクトであることと任意の極大フィルター $\mathcal{M}$ に対して $\exists x \in X(\mathcal{M} \to x)$ となることは同値であることを示せ．

（解答）　例題 3.54 より，

$$\begin{aligned} & X \text{ がコンパクト} \\ \Leftrightarrow\ & \text{任意の極大フィルター } \mathcal{M} \text{ に対して } \cap\overline{\mathcal{M}} \neq \emptyset \\ \Leftrightarrow\ & \text{任意の極大フィルター } \mathcal{M} \text{ に対して } \exists x \in \cap\overline{\mathcal{M}} \end{aligned}$$

となり，下のように同値関係をいくつか辿る．

$$\begin{aligned} & x \in \cap\overline{\mathcal{M}} \\ \Leftrightarrow\ & \forall V \in \mathcal{M}(x \in \bar{V}) \\ \Leftrightarrow\ & \forall V \in \mathcal{M} \forall U \in \mathcal{N}(x)(V \cap U \neq \emptyset) \\ \Leftrightarrow\ & \forall U \in \mathcal{N}(x) \forall V \in \mathcal{M}(V \cap U \neq \emptyset) \\ \Leftrightarrow\ & \forall U \in \mathcal{N}(x)(U \in \mathcal{M}) \\ \Leftrightarrow\ & \mathcal{N}(x) \subset \mathcal{M} \\ \Leftrightarrow\ & \mathcal{M} \to x. \end{aligned}$$

---

*6)　この条件は，$\mathcal{U}$ のどの有限集合も X の被覆とならないことと同値である．

よって，X がコンパクトであることと $\exists x \in X(\mathcal{M} \to x)$ は同値である[*7]．□

例 4.2 例として $\mathbb{R}$ がコンパクトでないことを極大フィルターを用いて証明しよう．$\mathcal{B} = \{(n, \infty) | n \in \mathbb{N}\}$ とすると，$\mathcal{B}$ は有限交叉性をもち，$\mathcal{B} \subset \mathcal{M}$ となる極大フィルターをとる．$x \in \mathbb{R}(\mathcal{M} \to x)$ と仮定する．$(x-1, x+1) \in \mathcal{N}(x) \subset \mathcal{M}$ であるが，十分大きい n を取れば，$(n, \infty) \cap (x-1, x+1) = \emptyset$ となる．これは，$\mathcal{M}$ が有限交叉性をもつことに反する．よって，$\mathbb{R}$ にはどこにも収束しない極大フィルターが存在するのでコンパクトではない．

例題 4.8 コンパクト距離空間 X は点列コンパクトであることを示せ．

(解答) $(X, \mathcal{O}_d)$ をコンパクト距離位相空間とする．(x_n) を任意の点列とし，$N \in \mathbb{N}$ に対して $S_N = \{x_n | n > N\}$ とおき $\mathcal{B}_{(x_n)} = \{S_N | N \in \mathbb{N}\}$ とすると，$\mathcal{B}_{(x_n)}$ は有限交叉性をもつ．よって例題 3.55 から $\mathcal{B}_{(x_n)} \subset \mathcal{M}$ となる極大フィルターが存在する．例題 4.7 から $\exists x \in X(\mathcal{M} \to x)$ を満たすので，$\mathcal{N}(x) \subset \mathcal{M}$ となる．$B_n := B_d(x, \frac{1}{n}) \in \mathcal{N}(x)$ とおくと有限交叉性より $B_1 \cap S_0 \neq \emptyset$ であり，$x_{n_1} \in B_1 \cap S_0$ とする．同様に，$B_2 \cup S_{n_1} \neq \emptyset$ であり，$x_{n_2} \in B_2 \cap S_{n_1}$ とする．よって，任意の $i \in \mathbb{N}$ に対して，$x_{n_i} \in B_i \cap S_{n_{i-1}}$ をとる．このとき $0 < n_1 < n_2 < \cdots$ であるので，(x_{n_i}) は (x_n) の部分列であり，$d(x_{n_i}, x) \leq \frac{1}{i}$ であるので，(x_{n_i}) は x に収束する．よって X は点列コンパクトである．□

注 4.6 例題 4.8 と同様に証明することで，第 1 可算公理を満たす T_1-空間[*8]は，コンパクトなら点列コンパクトである．

距離空間においてコンパクトと点列コンパクトの同値性が導かれたが，一般の位相空間においてこれらの概念の間には直接的な論理的関係性はない．つまりコンパクトだが点列コンパクトでない位相空間の例，またコンパクトではないが，点列コンパクトである例がどちらも存在する．これはフィルターを用いて次のように言い表される．

点列 (x_n) に対して，例題 4.8 の証明にあるように定めた $\mathcal{B}_{(x_n)}$ はフィルター基底である．フィルター $\langle \mathcal{B}_{(x_n)} \rangle$ を**点列フィルター**ということにする．例 3.17 にあるように，(x_n) が x に収束することは，$\mathcal{N}(x) \subset \langle \mathcal{B}_{(x_n)} \rangle$ と同値であった．部分列 $(x_n) \succeq (x_{n_i})$ をとるとき，自然に $\langle \mathcal{B}_{(x_n)} \rangle \subset \langle \mathcal{B}_{(x_{n_i})} \rangle$ なる包含関係が成り立つ．このとき，点列コンパクトとは，任意の点列 (x_n) に対して $(x_n) \succeq (x_{n_i})$ なる部分列が存在して，$\exists x \in X(\mathcal{N}(x) \subset \langle \mathcal{B}_{(x_{n_i})} \rangle)$ となることとなる．よって，ある空間がコンパクトであれば，点列フィルター $\langle \mathcal{B}_{(x_n)} \rangle$ を包む極大フィルターは収束するが，$\langle \mathcal{B}_{(x_n)} \rangle$ を包む部分点列からなる点列フィルターが収束す

*7) 最後から 3 番目の同値関係に関して，$\Rightarrow$ は例題 3.55 より，$\Leftarrow$ は $\mathcal{M}$ の有限交叉性から成り立つ．

*8) 第 3 章の脚注 10 を見よ．

るとは限らないし，また点列コンパクトだとしても任意の極大フィルターが必ず点列フィルターを包むとは限らないので，コンパクトがいえないのである．

最後に，微積分において登場する次の定理を簡単に証明してこの節を終わる．

定理 4.1（ボルツァーノ-ワイエルシュトラスの定理） 任意の有界な実数列はある実数に収束する部分列をもつ．

この定理は，これまでの例題から簡単に証明できる．実数内の有界な数列は，$\mathbb{R}$ 上のコンパクトな集合，例えば十分大きい実数 M に対して $[-M, M]$ なる集合に包まれている．距離空間においてはコンパクトは点列コンパクトを意味するのでそのような数列は $[-M, M]$ 内のある実数に収束する部分列をもつ．

4.1.2 順序数の位相と長い直線

1.3 節において順序数を定義した．順序数 α とは，α より小さい順序数全体と同一視できる．また，順序数には，順序から定まる自然な順序位相が定義される．そのような位相空間について見ていこう．次の例題を解こう．

例題 4.9 全順序集合 $(X_1, \leq_1)$ と $(X_2, \leq_2)$ が順序同型のとき，誘導される順序位相 $(X_1, \mathcal{O}_{\leq_1})$ と $(X_2, \mathcal{O}_{\leq_2})$ は同相であることを示せ．

（解答） $\varphi : X_1 \to X_2$ を順序同型写像とし，$a, b \in X_1$ に対して，$\varphi((a, b)) = (\varphi(a), \varphi(b))$ は X_2 の開集合であり，φ は開写像である．また，$c, d \in X_2$ に対して $\varphi^{-1}((c, d)) = (\varphi^{-1}(c), \varphi^{-1}(d))$ より，φ は連続写像である．全単射連続な開写像は同相写像であるから $(X_1, \mathcal{O}_{\leq_1})$ と $(X_2, \mathcal{O}_{\leq_2})$ は同相である． □

定義 4.4 Λ を順序集合とし，順序集合の族 $\{A_\lambda | \lambda \in \Lambda\}$ を考える．$\prod_{\lambda \in \Lambda} A_\lambda$ に入れた辞書式順序（1.3 節定義 1.17 参照）に関する順序位相を $\prod_{\lambda \in \Lambda} A_\lambda$ 上の**辞書式順序位相**という．

例 4.3 $[0, 1)$ と $[1, 2)$ はそれぞれ実数の大小からなる順序によって順序位相となる．これらは d_1 の制限によって得られる距離位相空間と同相である．$[0, 1) \cup [1, 2)$ 上の和集合の順序*9) は，自然な恒等写像 $[0, 1) \cup [1, 2) \to [0, 2)$ により順序同型である．よって，例題 4.9 より両者の間の順序位相は同相である．つまり，$\{0, 1\} \times [0, 1)$ 上の辞書式順序位相は，$[0, 2)$ と同相であり，$\frac{1}{2}$ だけ縮小することで，$[0, 1)$ とも同相である．

注 4.7 $\alpha \leq \omega$ のとき，α に与えられる順序位相空間は離散位相空間であるが $\alpha > \omega$ の場合はそうではない．$\omega + 1$ 上の位相空間は $(\mathbb{R}, \mathcal{O}_{d_1})$ の $\{\frac{1}{n} | n \in \mathbb{N}\} \cup \{0\}$ における部分位相空間と同相でありコンパクト空間である．

---

*9） 定義 1.16 と同じ手法により定義した和集合上の順序．

例 4.4 $\omega = \{0, 1, 2, \cdots\}$ を最小な可算順序数とし，半開区間 $[0, 1)$ を通常の実数の大小からなる順序集合とする．$\omega \times [0, 1)$ の辞書式順序は，対応 $(\alpha, t) \mapsto \alpha + t$ によって，$\mathbb{R}_{\geq 0}$ 上の実数の大小からなる順序集合と順序同型である．$\mathbb{R}_{\geq 0}$ 上の順序位相は $\mathcal{O}_{d_1}$ の $\mathbb{R}_{\geq 0}$ における部分位相空間と同相であったので，例題 4.9 から $\omega \times [0, 1)$ 上の辞書式順序位相は $\mathbb{R}_{\geq 0}$ 上の通常の距離位相と同相である．

ω_1 を最小の非可算順序数として，以下の例題を解こう．

例題 4.10 ω_1 に収束する高々可算順序数列は存在しないことを示せ．

（解答） 順序数からなる点列 $\{\alpha_n | n < \omega\}$ が ω_1 に収束するとする．このとき，$\sup\{\alpha_n | n < \omega\} = \omega_1$ であり，任意の $\beta < \omega_1$ に対して，$\beta < \alpha_n$ となる α_n が存在するので，和集合 $\bigcup_{n<\omega} \alpha_n$ は ω_1 と一致する．$|\bigcup_{n<\omega} \alpha_n| \leq \sum_{n<\omega} |\alpha_n| \leq \aleph_0$ であるので矛盾する． □

この例題を用いると，次の例題を示すことができるだろう．

例題 4.11 ω_1 はリンデレフではないことを示せ．

（解答） α を α より小さい順序数全体と同一視する．$\mathcal{U} = \{\alpha | \alpha < \omega_1\}$ とする．$\mathcal{U}$ は ω_1 の開被覆である．もし ω_1 がリンデレフであるとすると，$\mathcal{U}$ は可算部分被覆をもつ．それを $\mathcal{V} = \{\alpha_n | n < \omega\}$ とする．$\mathcal{V}$ が被覆であることから，$\sup\{\alpha_n | n < \omega\} = \omega_1$ でなければならない．しかし，例題 4.10 からこのような数列は存在しないので，ω_1 はリンデレフではない． □

ゆえに ω_1 は第 2 可算公理を満たさない．

例 4.5 例 4.4 と類似の構成を ω_1 に対しても行おう．ω_1 と通常の半開区間の直積集合 $\omega_1 \times [0, 1)$ 上に辞書式順序位相を入れて得られる空間を $\mathbb{L}_{\geq 0}$ と書き，$\mathbb{L}_{\geq 0}$ の逆順序を考えた集合 $\mathbb{L}_{\leq 0}$ と $\mathbb{L}_{\geq 0}$ を 0 において同一視して得られる集合 $\mathbb{L}_{\leq 0} \cup \mathbb{L}_{\geq 0}$ 上の自然な全順序における順序位相空間 $\mathbb{L}$ を**長い直線**という[*10)]．ここで，$(\alpha, t) \in \mathbb{L}_{\geq 0}$ を，$\alpha + t$ と書き，$(\alpha, t) \in \mathbb{L}_{\leq 0}$ を，$-\alpha - t$ と書く．ω_1 全体に逆順序を入れたものを $-\omega_1$ とし，ω_1 と $-\omega_1$ を 0 において同一視して得られる $\omega_1 \cup (-\omega_1)$ 上の全順序集合を Ω_1 とする．このとき，$i : \Omega_1 \hookrightarrow \mathbb{L}$ を $i(\alpha) = \alpha \pm 0$ となる自然な埋め込みにより，Ω_1 とその像を同一視する．

$\mathbb{L} \setminus \Omega_1 = \bigcup_{\alpha<\omega_1} (\alpha, \alpha + 1) \bigcup_{\alpha<\omega_1} (-\alpha, -\alpha - 1)$ であるので $\Omega_1 \subset \mathbb{L}$ は閉集合である．ω_1 がリンデレフでないことから，Ω_1 もリンデレフではなく，閉集合がリンデレフではないので，例題 3.39 から $\mathbb{L}$ もリンデレフではない．特に，$\mathbb{L}$ はコンパクトでもない．

*10) $\mathbb{L}_{\geq 0}, \mathbb{L}_{\leq 0}$ を**長い閉半直線**という．

例題 4.12 $0 < \alpha < \omega_1$ となる順序数 α に対して，半開区間 $[0, \alpha) \subset \mathbb{L}$ は，半開区間 $[0, 1)$ と同相であることを示せ．

（解答） 超限帰納法により示す．$\alpha = 1$ の場合は明らかに成り立つ．$\forall \beta < \alpha$ において同相写像 $\varphi : [0, \beta) \to [0, 1)$ が存在すると仮定する．$\alpha = \beta + 1$ となる $\beta < \omega_1$ が存在するなら $[0, \alpha) = [0, \alpha - 1) \cup [\alpha - 1, \alpha)$ であり，$[0, \alpha - 1)$ と $[0, 1)$ は順序同型であり，$[\alpha - 1, \alpha)$ と $[1, 2)$ も順序同型である．よって $[0, \alpha - 1) \subset [\alpha - 1, \alpha)$ 上の順序は，$[0, 1) \cup [1, 2)$ 上の順序と順序同型であるから，例 4.3 により，これは $[0, 1)$ 上の通常の距離位相と同相である．

α を極限順序数とする．このとき，$\alpha = \bigcup_{\beta < \alpha} \beta$ となり，$[0, \alpha) = \bigcup_{\beta < \alpha} [0, \beta)$ となる．$\beta < \alpha$ となる順序数 β は可算個であり，α に収束する単調増加数列 (α_n) が存在する*11)．よって $\bigcup_{n=1}^{\infty} [0, \alpha_n) = [0, \alpha)$ である．$\alpha_0 = 0$ とおくことで $\bigcup_{n=1}^{\infty} [0, \alpha_n)$ は $\bigcup_{n=0}^{\infty} [\alpha_n, \alpha_{n+1})$ なる順序集合上の順序位相であり，任意の $n = 0, 1, 2, \cdots$ に対して $[\alpha_n, \alpha_{n+1})$ は $[0, 1)$ と同相であるので，この空間は，$\omega \times [0, 1)$ 上の辞書式順序位相と同相である．よって例 4.4 より，この空間は $\mathbb{R}_{\geq 0}$ つまり $[0, 1)$ と同相である． □

$[0, \alpha)$ と $[0, 1)$ の同相は順序を保つ同相であり，$[0, \alpha]$ は $[0, 1]$ と同相であることも容易にわかる．

この例題により，長い直線上の点列はどのようにとっても ω_1 に近づけず，高々有限区間と同相な部分にすべて包まれることがわかった．

また，長い直線の各点の近傍は $(\mathbb{R}, d_1)$ 上のある点の近傍と同相であり，第 1 可算公理を満たすが，長い直線にもうひと区間付け加えて得られる順序集合上の順序位相空間 $\mathbb{L} \cup [\omega_1, \omega_1 + 1)$ は，点 ω_1 の周りで基本近傍系として非可算無限個の近傍を取る必要があり，第 1 可算公理を満たさない．

これまでのことを考慮すると以下が示される．

例題 4.13 長い直線 $\mathbb{L}$ は点列コンパクトであることを示せ．

（解答） (x_n) を $\mathbb{L}$ の任意の点列とする．$x_n \geq 0$ となる部分列を (x_i^+) とする．x_i^+ が有限点列であれば明らかに $\forall i (x_i^+ < \omega_1)$ が成り立つ．x_i^+ が無限点列であるとする．$x_i^+ = (\alpha_i, t_i) \in \omega_1 \times [0, 1)$ としたとき，例題 4.10 から，$\sup\{\alpha_i | i < \omega\} < \omega_1$ である．よって，$\sup\{x_i^+ | i < \omega\} < \omega_1$ である．$x_n < 0$ となる部分列 x_i^- に対しても同じ議論を用いると，$\inf\{x_i^-\} > -\omega_1$ となる．ゆえに，ある順序数 α が存在して，$\{x_n | n < \omega\} \subset [-\alpha, \alpha]$ となる．

*11) 全単射 $\varphi : \mathbb{N} \to \{\beta | \beta < \alpha\}$ をとり，$n \mapsto \varphi(n) := a_n$ とする．$\mathbb{N}' = \mathbb{N} \setminus \{n \in \mathbb{N} | \exists j < n (a_n \leq a_j)\}$ も可算個であるので，$f : \mathbb{N} \to \mathbb{N}' \subset \mathbb{N}$ なる順序埋め込みが存在して，$f(i) = n_i$ とするとき，部分列 a_{n_i} は単調増加であり，α に収束する（もし収束しないとすると全単射 φ を取ったことに反する）．

$[-\alpha, \alpha]$ 上の順序は，$[-\alpha, 0] \cup [0, \alpha]$ 上に入る自然な順序であり，例題 4.12 とその下の記述から，$[0, \alpha]$ は $[0, 1]$ と順序を保つ同相であり，$[-\alpha, \alpha]$ は $[-1, 1]$ 順序同型である．例題 4.9 より $[-\alpha, \alpha]$ は $[-1, 1]$ と同相である．例題 3.47 より $[-1, 1]$ はコンパクトであり，例題 4.8 から (x_n) は $[-\alpha, \alpha]$ の中で収束する部分列をもつ．つまり，(x_n) は $[-\alpha, \alpha] \subset \mathbb{L}$ において収束する部分列をもつので，$\mathbb{L}$ は点列コンパクトである． □

よって，$\mathbb{L}$ はコンパクトではないが，点列コンパクトな位相空間であることがわかった．距離位相空間ではコンパクトと点列コンパクトは同値であったので，長い直線は距離化可能ではないこともわかる．

最後に長い直線の連結性を示しておこう．

例題 4.14 長い直線 $\mathbb{L}$ は連結であることを示せ．

（解答） $0 \in \mathbb{L}$ の連結成分を考える．$\forall x \in \mathbb{L}_{\geq 0}$ に対して，$x < \alpha < \omega_1$ となる順序数 α をとる．このとき，例題 4.12 より $[0, \alpha)$ は $[0, 1)$ と同相であるので $[0, \alpha)$ は連結である．特に 0 と x は同じ連結成分である．同様に，$\forall y \in \mathbb{L}_{\leq 0}$ においても 0 と y は同じ連結成分であることがわかる．よって，$\mathbb{L}$ の任意の元が同じ連結成分という同値関係で結ばれるので $\mathbb{L}$ は連結である． □

4.2 完備距離空間

4.2.1 完備距離空間

距離空間が完備であるとは，任意のコーシー列が収束することとして定義していた．コンパクト距離空間は，全有界かつ完備と同値であったので，完備距離空間の例であった．一方，全有界でない完備距離空間は存在する．

本小節ではまず，幾つかの距離空間が完備性を持つことを示そう．

例題 4.15 距離空間 $(\mathbb{R}, d_1)$ は完備であることを示せ．

（解答） $(a_n) \in \mathbb{R}^\omega$ をコーシー列とする．このとき，コーシー列の定義により，$\exists N < \omega \forall n_0, n > N(|a_{n_0} - a_n| < 1)$ となる．ここで，n_0 を固定して考えることで，$a_{n_0} - 1 < a_n < a_{n_0} + 1$ が成り立つ．また，$M = \max\{|a_1|, |a_2|, \cdots, |a_N|, |a_{n_0} - 1|, |a_{n_0} + 1|\}$ とすると，$\{a_i | i < \omega\} \subset [-M, M]$ が成り立ち，コーシー列は有界であることがわかる．ここで，ボルツァーノ–ワイエルシュトラスの定理を用いることで，(a_n) は収束部分列を含む．また，例題 4.2 により，コーシー列が収束部分列をもつので，(a_n) は収束列である．つまり，$(\mathbb{R}, d_1)$ は完備距離空間である． □

注 4.8 解答の途中で，$\mathbb{R}$ において任意のコーシー列が有界であることが分かったが，一般の距離空間においてもコーシー列が有界であることが同様に証明できる．

次も示そう．

例題 4.16 距離空間 (ℓ^2, d^2_∞) は完備であることを示せ．

(解答) (ℓ^2, d^2_∞) の任意のコーシー列が収束することを示せばよい．$\boldsymbol{a}^{(1)}, \boldsymbol{a}^{(2)}, \boldsymbol{a}^{(3)}, \cdots$ を ℓ^2 の任意のコーシー列とする．$\boldsymbol{a}^{(m)} = (a_n^{(m)})$ とおく．$(\boldsymbol{a}^{(m)})$ は ℓ^2 でのコーシー列であるから，

$$\forall \epsilon > 0 \exists N \in \mathbb{N} \forall n, m > N (d^2_\infty(\boldsymbol{a}^{(n)}, \boldsymbol{a}^{(m)}) < \epsilon)$$

が成り立ち，カッコの中の条件は，$\sum_{i=1}^{\infty}(a_i^{(n)} - a_i^{(m)})^2 < \epsilon^2$ と同値である．よって，任意の $i \in \mathbb{N}$ に対して，$|a_i^{(n)} - a_i^{(m)}| < \epsilon$ が成り立つ．つまり，$\forall i$ に対して，$(a_i^{(n)})$ はコーシー列であることがわかる*12)．例題 4.15 より，このコーシー列は収束列であり，$\exists a_i \in \mathbb{R}$ に収束する．

次に，$\boldsymbol{a} := (a_n) \in \ell^2$ であることを示そう．$\forall m \in \mathbb{N}$ をとる．任意の $\epsilon > 0$ と $i = 1, 2, \cdots, m$ に対して $|a_i - a_i^{(n)}| < \frac{\epsilon}{\sqrt{m}}$ となる n が存在するので*13)，$\mathbb{R}_m$ 上のユークリッド距離 d_m の三角不等式を用いることで

$$\begin{aligned}\sqrt{\sum_{i=1}^{m} a_i^2} &= \sqrt{\sum_{i=1}^{m}(a_i - a_i^{(n)} + a_i^{(n)})^2} \leq \sqrt{\sum_{i=1}^{m}(a_i - a_i^{(n)})^2} + \sqrt{\sum_{i=1}^{m}(a_i^{(n)})^2} \\ &\leq \epsilon + \sqrt{\sum_{i=1}^{\infty}(a_i^{(n)})^2} = \epsilon + d^2_\infty(\boldsymbol{0}, \boldsymbol{a}^{(n)})\end{aligned}$$

が成り立つ．注意 4.8 から，コーシー列 $\boldsymbol{a}^{(n)}$ は有界であるから，n に依存しない定数 $M > 0$ が存在して，$d^2_\infty(\boldsymbol{0}, \boldsymbol{a}^{(n)}) < M$ を満たす．ϵ は任意の正の数であったから，

$$\sqrt{\sum_{i=1}^{m} a_i^2} \leq M$$

を満たす．$\sum_{i=1}^{m} a_i^2 > 0$ は有界な単調増加数列であるから，実数の連続性公理から $\sum_{i=1}^{\infty} a_i^2$ は，収束する．よって $\boldsymbol{a} \in \ell^2$ であることがわかる．

最後に，点列 $(\boldsymbol{a}^{(k)})$ が $\boldsymbol{a}$ に収束すること，つまり $\boldsymbol{a}^{(k)} \to \boldsymbol{a}$ であることを示す．$(\boldsymbol{a}^{(k)})$ は，コーシー列であったから，$\forall \epsilon > 0$ に対して，$\exists N \in \mathbb{N} \forall n, k > N(d^2_\infty(\boldsymbol{a}^{(n)}, \boldsymbol{a}^{(k)}) < \frac{\epsilon}{2})$ を満たす．さらに $\forall m \in \mathbb{N}$ をとる．脚注 13 と同じ議

*12) ここで数列 $(a_i^{(n)})$ は，$a_i^{(1)}, a_i^{(2)}, a_i^{(3)}, \cdots$ となる数列を意味する．

*13) n は m, ϵ に依存するが i に依存しない．なぜなら i ごとに $N_i \in \mathbb{N} \forall n > N_i(|a_i - a_i^{(n)}| < \frac{\epsilon}{\sqrt{m}})$ のように，N_i をとったとしても，$N = \max\{N_i | i = 1, \cdots, m\}$ ととることで，$\forall n > N$ は i に依存せず $|a_i - a_i^{(n)}| < \frac{\epsilon}{\sqrt{m}}$ を満たすからである．

論から，$i=1,2,\cdots,m$ に対して $|a_i - a_i^{(n)}| < \frac{\epsilon}{2\sqrt{m}}$ を満たすように（i には依らない）n を取り直すことで，

$$\sqrt{\sum_{i=1}^{m}(a_i - a_i^{(k)})^2} \le \sqrt{\sum_{i=1}^{m}(a_i - a_i^{(n)})^2} + \sqrt{\sum_{i=1}^{m}(a_i^{(n)} - a_i^{(k)})^2}$$

$$\le \frac{\epsilon}{2} + \sqrt{\sum_{i=1}^{\infty}(a_i^{(n)} - a_i^{(k)})^2} < \epsilon$$

である．m は k に依存せず，実数の連続性公理を用いることで，$d_\infty^2(\boldsymbol{a}, \boldsymbol{a}^{(k)}) < \epsilon$ が成り立つ．よって，$\boldsymbol{a}^{(k)} \to \boldsymbol{a}$ が成り立つ． □

絶対値を持つ体[*14] $\mathbb{K}$ 上の線形空間 V に $\forall \boldsymbol{x} \in V$, $\forall a \in \mathbb{K}$ に対して，(i) $||\boldsymbol{x}|| = 0 \Leftrightarrow \boldsymbol{x} = \boldsymbol{0}$, (ii) $||a \cdot \boldsymbol{x}|| = |a| \cdot ||\boldsymbol{x}||$, (iii) $||\boldsymbol{x} + \boldsymbol{y}|| \le ||\boldsymbol{x}|| + ||\boldsymbol{y}||$ を満たす関数 $||\cdot|| : V \to \mathbb{R}_{\ge 0}$ を付随させた空間 $(V, ||\cdot||)$ を**ノルム空間**といい，$||\cdot||$ のことを**ノルム**という．ノルム空間に $d(x,y) := ||x - y||$ として距離を入れることで，ノルム空間は自然に距離空間にもなる．この距離空間が完備であるとき，このノルム空間を**バナッハ空間**という．例題 4.15 により，$(\mathbb{R}, |\cdot|)$ はバナッハ空間であり，さらに $||\boldsymbol{x} - \boldsymbol{y}||_n := d_n(\boldsymbol{x}, \boldsymbol{y})$ として定義することで，$(\mathbb{R}^n, ||\cdot||_n)$ もバナッハ空間であることがわかる．また，$||\boldsymbol{x} - \boldsymbol{y}||_{2,\infty} := d_\infty^2(\boldsymbol{x}, \boldsymbol{y})$ とするとき，例題 4.16 より，$(\ell^2, ||\cdot||_{2,\infty})$ もバナッハ空間であることがわかる．また，$||\boldsymbol{x} - \boldsymbol{y}||_{\sup} := d_{\sup}(\boldsymbol{x}, \boldsymbol{y})$ としたとき，$(\ell^\infty, ||\cdot||_{\sup})$ もバナッハ空間である．

例 4.6 $1 \le p < \infty$ をとる．距離空間 (ℓ^p, d_∞^p) を，$\ell^p = \{(x_n) | \sum_{i=1}^{\infty} |x_i|^p < \infty\}$ とし，$\boldsymbol{x} = (x_n), \boldsymbol{y} = (y_n) \in \ell^p$ に対して，$d_\infty^p(\boldsymbol{x}, \boldsymbol{y}) := \left\{ \sum_{n=1}^{\infty} |x_n - y_n|^p \right\}^{\frac{1}{p}}$ と定義する．この距離空間も同様に完備であり，$||\boldsymbol{x} - \boldsymbol{y}||_{p,\infty} := d_\infty^p(\boldsymbol{x}, \boldsymbol{y})$ とすることで $(\ell^p, ||\cdot||_{p,\infty})$ はバナッハ空間となる．

閉区間 I 上の実数値連続関数全体の集合を $C(I)$ とする．$f, g \in C(I)$ に対して，$d_{\sup}^I(f,g) := \sup\{|f(x) - g(x)| | x \in I\}$ とすると，$(C(I), d_{\sup}^I)$ は距離空間となる．

このとき，以下を満たすことを示そう．

例題 4.17 距離空間 $(C(I), d_{\sup}^I)$ は完備であることを示せ．

（解答） 連続関数族 (f_n) を $C(I)$ のコーシー列とすると，$\forall x \in I$ に対して，$f_n(x)$ は $\mathbb{R}$ 上のコーシー列であり，ある実数に収束する．それを $f(x)$ と書くことで，関数 $f : I \to \mathbb{R}$ $(x \mapsto f(x))$ が構成できる．つまり，$\forall x \in I$ と $\forall \epsilon > 0$ に対して，$\exists N_x \in \mathbb{N} \forall n > N_x (|f_n(x) - f(x)| < \frac{\epsilon}{2})$ を満たす．

*14) 複素数体や実数体など．

また，$(f_n) \in C(I)$ はコーシー列であることから，$\forall \epsilon > 0$ に対して $\exists N \in \mathbb{N} \forall n, m > N(d^I_{\sup}(f_n, f_m) < \frac{\epsilon}{2})$ である．

よって，$\forall x \in I$ に対して，$\forall m > \max\{N, N_x\}$ とすると，

$$|f_n(x) - f(x)| < |f_n(x) - f_m(x)| + |f_m(x) - f(x)| < \frac{\epsilon}{2} + \frac{\epsilon}{2} = \epsilon$$

が成り立つ．(f_n) は f に一様収束し，例題 3.30 より $f \in C(I)$ を満たす．点列 (f_n) が $f \in C(I)$ に一様収束することは，距離空間 $(\ell^\infty, d^I_{\sup})$ において $f_n \to f$ であることと同値である．よって $(C(I), d^I_{\sup})$ は完備である． □

ここで次を示しておく．

例題 4.18 ハウスドルフ空間 $(X, \mathcal{O})$ に対して，点列 (x_n) が x に収束するとき，x は一意的であることを示せ．

（解答） 点列 (x_n) が $x \neq y$ を満たす x, y に収束すると仮定する．このとき，$\exists U \in \mathcal{N}(x) \exists V \in \mathcal{N}(y)(U \cap V = \emptyset)$ であり，一方，そのような U, V に対して $\exists N \in \mathbb{N} \forall n > N(x_n \in U \wedge x_n \in V)$ が成り立ち矛盾する．よって，収束点列 (x_n) の収束先は一意的である． □

完備性とは，点列の収束性に関するものであるが，完備距離位相空間においては閉集合であるという性質と言い換えられる．

例題 4.19 (X, d) を完備距離空間とし，(Y, d) をその部分距離空間とする．このとき，(Y, d) が完備であることと，Y が X の閉集合であることは同値であることを示せ．

（解答） (Y, d) を完備としよう．$\overline{Y} \subset Y$ を示せばよい．$\forall x \in \overline{Y}$ とする．$x_n \in B_d(x, \frac{1}{n}) \cap Y$ をとる．$\forall n \in \mathbb{N}$ に対して，$d(x_n, x) < \frac{1}{n}$ であるので，$x_n \to x$ であり完備性から $x \in Y$ である*15)．

Y を閉集合としよう．(x_n) を Y の任意のコーシー列とすると，(x_n) は X の完備性から $x \in X$ に収束する．$\forall V \in \mathcal{N}(x)$ に対して，$\exists N \in \mathbb{N}(\forall n > N \to x_n \in V)$ であるから，$V \cap Y \neq \emptyset$ が満たされる．$x \in \overline{Y} = Y$ であるから，(Y, d) は完備となる． □

位相空間論から派生する発展学習の一つは，関数解析学である．関数解析学とは，微分方程式をバナッハ空間のような関数空間上の方程式とみなすことでその解の性質や空間そのもの，微分方程式を研究する分野である．

この節の残りでは，完備距離空間の性質を，ある常微分方程式の初期値問題に応用しよう．まずは，準備のために縮小写像について述べていく．距離空間 (X, d) 上の写像 $F : X \to X$ に対して，$0 < c < 1$ を満たすある実数 c が存在

*15) 例題 4.18 より，収束列の収束先は一意である．

して，$\forall x, y \in X(d(F(x), F(y)) \leq c \cdot d(x, y))$ を満たすとき，F を**縮小写像**といい，c をその**縮小率**という．このとき次の2つを示そう．

例題 4.20 縮小写像 $F : X \to X$ は連続であることを示せ．

(解答) c を F の縮小率とする．$x \in X$ をとる．$\forall \epsilon > 0$ に対して，$\delta = \frac{\epsilon}{c}$ とおく．このとき，$d(x, y) < \delta$ となる任意の y に対して，$d(F(x), F(y)) < c \cdot d(x, y) < c \cdot \delta = \epsilon$ となるので，$F(B_d(x, \delta)) \subset B_d(F(x), \epsilon)$ が成り立つ．ゆえに，F は x において連続である． □

例題 4.21（縮小写像の原理） (X, d) を完備距離空間とする．$F : X \to X$ を縮小写像とするとき，$F(x) = x$ となる固定点 $x \in X$ が唯一つ存在することを示せ．

(解答) まずは一意性を示す．もし固定点が2つ存在したとする．それを z_1, z_2 とし，c を縮小率とすると，$d(F(z_1), F(z_2)) = d(z_1, z_2) \leq c \cdot d(z_1, z_2)$ となる．よって，$c \geq 1$ となり，矛盾する．ゆえに，固定点があるとすれば唯一つである．

次に固定点が存在することを示す．F を n 回合成して得られる写像 $F \circ \cdots \circ F$ を F^n と書く．$x_0 \in X$ を固定点ではないとし，$x_n = F^n(x_0)$ とおく．このとき，$\forall \epsilon > 0$ に対して，$c^N < \frac{\epsilon(1-c)}{d(x_1, x_0)}$ を満たす $N \in \mathbb{N}$ が存在する．$\forall n \geq \forall m > N$ なる自然数 n, m をとる．縮小写像であることから任意の自然数 k に対して $d(x_{k+1}, x_k) \leq c \cdot d(x_k, x_{k-1})$ を満たすから，$d(x_{k+1}, x_k) \leq c^k \cdot d(x_1, x_0)$ であり，

$$
\begin{aligned}
d(x_n, x_m) &\leq d(x_n, x_{n-1}) + d(x_{n-1}, x_{n-2}) + \cdots + d(x_{m+1}, x_m) \\
&= (c^{n-1} + c^{n-2} + \cdots + c^m) d(x_1, x_0) \\
&= c^m \frac{1 - c^{n-m}}{1 - c} d(x_1, x_0) < c^m \frac{d(x_1, x_0)}{1 - c} < c^N \frac{d(x_1, x_0)}{1 - c} < \epsilon
\end{aligned}
$$

を満たす．よって，(x_n) はコーシー列であり，完備性から $\exists x \in X (x_n \to x)$ となる．x_n と $F(x_n) = x_{n+1}$ は同じ x に収束し，縮小写像は連続であったから $F(x_n)$ は $F(x)$ に収束する．さらに例題 4.18 より，$F(x) = x$ が成り立つ．つまり，$x \in X$ は X の F による固定点となる． □

写像 $f : X \to Y$ において，任意の収束点列 $x_n \to x$ に対して，$f(x_n) \to f(x)$ を満たすとき f は**点列連続**という．一般に f が連続であれば点列連続であるが，点列連続であるとしても連続であるとは限らないので注意を要する．

さて，縮小写像の原理をある一階正規型常微分方程式の解の存在と一意性の証明に応用しよう．証明の前に用語を述べておく．関数 $f(t, x)$ が**リプシッツ条件**を満たすとは，t に依存しないある実数 $L > 0$ が存在して任意の t, x_1, x_2 に対して，以下の不等式を満たすこととする．

$$|f(t,x_1)-f(t,x_2)|\le L|x_1-x_2|.$$

右辺の L は**リプシッツ定数**と呼ばれる．

例題 4.22 $\mathbb{R}^2$ 上の領域 Ω がある点 $(t_0,x_0)\in\Omega$ を内点に持つとする．また，Ω 上で有界な連続関数 $f(t,x)$ が Ω においてリプシッツ条件を満たすとする．このとき $u(t_0)=x_0$ を初期条件とする微分方程式

$$\frac{d}{dt}u(t)=f(t,u(t)) \tag{4.1}$$

の解 $u(t)$ が $t=t_0$ の十分小さい開近傍において一意的に存在することを示せ．

（解答） $M=\sup\{|f(t,x)||(t,x)\in\Omega\}$ とする．また，長方形領域 R を $[t_0-\delta,t_0+\delta]\times[x_0-\epsilon,x_0+\epsilon]$ とし，$R\subset\Omega$ かつ $\delta M<\epsilon$ を満たすとする．$I_\delta:=[t_0-\delta,t_0+\delta]$ とする．このとき，

$$\mathcal{F}=\{u\in C(I_\delta)|\forall t\in I_\delta(|u(t)-x_0|\le M|t-t_0|)\}$$

とおき[*16)]，$u\in\mathcal{F}$ に対して，

$$(T(u))(t)=x_0+\int_{t_0}^{t}f(s,u(s))ds$$

とおくと，$|(T(u))(t)-x_0|=|\int_{t_0}^{t}f(s,u(s))ds|\le M|t-t_0|$ を満たすことから，$T:\mathcal{F}\to\mathcal{F}$ がわかる．また，$f(t,x)$ はリプシッツ条件を満たすので，ある定数 $L>0$ が存在して，$|f(t,x_1)-f(t,x_2)|\le L|x_1-x_2|$ である．さらに $L\delta<\frac{1}{2}$ を満たすように δ を小さくしておく．$u_1,u_2\in\mathcal{F}$ かつ $t\in I_\delta$ として

$$\begin{aligned}|(T(u_1))(t)-(T(u_2))(t)|&=\left|\int_{t_0}^{t}\big(f(s,u_1(s))-f(s,u_2(s))\big)ds\right|\\&\le L\left|\int_{t_0}^{t}|u_1(s)-u_2(s)|ds\right|\\&\le L\delta\cdot d_{\sup}^{I_\delta}(u_1,u_2)<\frac{1}{2}d_{\sup}^{I_\delta}(u_1,u_2)\end{aligned}$$

であり，右辺は t に依らないから，$d_{\sup}^{I_\delta}(T(u_1),T(u_2))\le\frac{1}{2}d_{\sup}^{I_\delta}(u_1,u_2)$ が成り立つ．よって T は縮小写像である．よって，縮小写像の原理により $\mathcal{F}$ において $T(u)=u$ となる解 u が唯一つ存在して，$u(t)=x_0+\int_{t_0}^{t}f(s,u(s))ds$ を満たす．したがって，u は，(4.1) と $u(t_0)=x_0$ を満たす唯一つの解である．□

4.2.2 ベールのカテゴリー定理

完備距離空間の重要な性質は，次のベールの（カテゴリー）定理が成り立つことである．

*16) 例題 4.19 より，$\mathcal{F}$ が $C(I_\delta)$ において閉集合であることを示せば，$\mathcal{F}$ が完備距離空間であることがわかる．証明は略する．

定理 4.2（ベールのカテゴリー定理） 完備距離空間 (X,d) において，任意の可算個の稠密開集合 $\{D_i | i \in \mathbb{N}\}$ に対して，その共通部分 $\bigcap_{i=1}^{\infty} D_i$ は稠密になる．

本節では，この定理を証明していこう．まずは，いくつか準備をしていく．

注 4.9 この定理の仮定にある $\{D_i | i \in \mathbb{N}\}$ を単に可算個の稠密集合とすれば，この定理は成り立たない．例えば，$(\mathbb{R}, d_1)$ において，$D_r = \mathbb{Q} \setminus \{r\}$ とすると，D_r は稠密集合であるが，$\bigcap_{r \in \mathbb{Q}} D_r = \emptyset$ となる．また，$(\mathbb{Q}, d_1)$ のとき，D_r は $\mathbb{Q}$ において稠密開集合であるが，今度は $(\mathbb{Q}, d_1)$ は完備ではない．

定義 4.5 位相空間 $(X, \mathcal{O})$ において任意の可算個の稠密開集合の族 $\{D_i | i \in \mathbb{N}\}$ に対して，$\bigcap_{i=1}^{\infty} D_i$ も稠密になるとき，$(X, \mathcal{O})$ を**ベール空間**という．

つまり，ベールの定理とは，完備距離空間がベール空間であることを主張している．

例 4.7 完備距離空間は位相的性質ではないがベール空間は位相的性質である．よって，完備距離空間でないベール空間は簡単に構成できる．例えば開区間 $(0,1)$ は完備距離空間ではないが，$\mathbb{R}$ と同相なのでベール空間である．

定義 4.6 X を位相空間とする．$A \subset X$ が $\mathrm{Int}_X(\mathrm{Cl}_X(A)) = \emptyset$ であるとき，A は**疎集合**であるという．これは，$\mathrm{Cl}_X(X \setminus \mathrm{Cl}_X(A)) = X$ と同値である．

$A \subset X$ が**第 1 類**（**痩せた集合**）であるとは，A が可算個の疎集合の和集合として表されることをいう．$A \subset X$ が**第 2 類**（**太った集合**）であるとは，A が第 1 類ではないことをいう．また，$A = X$ のとき，単に X が第 1 類，もしくは第 2 類という．

注 4.10 A が疎集合であるとすると，部分集合 $B \subset A$ は $\mathrm{Int}(\mathrm{Cl}(B)) \subset \mathrm{Int}(\mathrm{Cl}(A)) = \emptyset$ であるから，B も疎集合である．よって，A が第 1 類なら $B \subset A$ も第 1 類であることが次のように証明できる．A を第 1 類とし，$A = \bigcup_{i=1}^{\infty} E_i$ のように疎集合の和集合として書く．部分集合 $B \subset A$ は，$B = \bigcup_{i=1}^{\infty} (B \cap E_i)$ のように書け，$B \cap E_i$ は疎集合であることから B も第 1 類である．A を第 2 類とし $A \subset B$ とする．もし B が第 1 類なら A も第 1 類でなければならないので，B も第 2 類である．

また，以下の同値関係

$$A \text{ が疎集合} \Leftrightarrow X = (\mathrm{Int}(\mathrm{Cl}(A)))^c = \mathrm{Cl}((\mathrm{Cl}(A))^c) \Leftrightarrow (\mathrm{Cl}(A))^c \text{ は稠密集合}$$

が成り立つことから，特に，A が閉かつ疎集合であることと，A^c が稠密開集合であることは同値である．

注 4.11 集合 A が第 1 類か第 2 類かということは，それがどの部分集合であるかによって違う．通常の距離空間として $\mathbb{R} \subset \mathbb{R}^2$ は疎集合であるので，$\mathbb{R}$ は，$\mathbb{R}^2$ で第 1 類である．しかし $\mathbb{R}$ は完備距離空間であるので，それ自身は第 2 類である．同じように，カントール集合 C は，$\mathbb{R}$ の有界閉集合であったからコンパクトであり，完備距離空間である．ゆえにベールの定理によりベール空間であり，それ自身，太っている（例題 4.23 をみよ）．しかし，$C \subset \mathbb{R}$ においては，閉集合 C は内点を持たないので $\mathbb{R}$ で疎集合となり $\mathbb{R}$ 内では痩せている．

ベールの定理を用いると，以下を示すことができる．

例題 4.23 X がベール空間であることと，空ではない任意の開集合 $A \subset X$ が X において第 2 類であることは同値であることを示せ．

（解答） X をベール空間とし，$A \subset X$ を開集合とする．A を第 1 類と仮定し，可算個の疎集合 $\{E_i \mid i \in \mathbb{N}\}$ の和集合によって，$A = \bigcup_{i=1}^{\infty} E_i$ のように書く．注 4.10 から $(\mathrm{Cl}(E_i))^c$ は稠密開集合であるから，$\bigcap_{i=1}^{\infty} (\mathrm{Cl}(E_i))^c = (\bigcup_{i=1}^{\infty} \mathrm{Cl}(E_i))^c$ は X の稠密集合となり

$$X = \mathrm{Cl}\left(\left(\bigcup_{i=1}^{\infty} \mathrm{Cl}(E_i)\right)^c\right) \subset \mathrm{Cl}\left(\left(\bigcup_{i=1}^{\infty} E_i\right)^c\right) = \mathrm{Cl}(A^c) = (\mathrm{Int}(A))^c = A^c$$

より $A = \emptyset$ となる．

空ではない任意の開集合が X において第 2 類であると仮定する．$\{D_i | i \in \mathbb{N}\}$ を可算個の稠密開集合とする．$E_i = (D_i)^c$ とおくと，注 4.10 から E_i は疎な閉集合である．つまり，$\forall i \in \mathbb{N}(\mathrm{Int}(E_i) = \emptyset)$ である．ここで，$\mathrm{Int}(\bigcup_{i=1}^{\infty} E_i) \neq \emptyset$ であるとすると，仮定から $\mathrm{Int}(\bigcup_{i=1}^{\infty} E_i)$ は第 2 類である．注 4.10 の記述から，$\bigcup_{i=1}^{\infty} E_i$ も第 2 類となるが，これは $\bigcup_{i=1}^{\infty} E_i$ が第 1 類であることに反する．よって，$\mathrm{Int}(\bigcup_{i=1}^{\infty} E_i) = \emptyset$ であり，$X = (\mathrm{Int}(\bigcup_{i=1}^{\infty} E_i))^c = \mathrm{Cl}((\bigcup_{i=1}^{\infty} E_i)^c) = \mathrm{Cl}(\bigcap_{i=1}^{\infty} D_i)$ であるから，X はベール空間であることがわかる． □

例 4.8 $\mathbb{Q}$ は $\bigcup_{r \in \mathbb{Q}} \{r\}$ のように，可算個の疎集合の和集合として書けるので $\mathbb{Q}$ はベール空間ではなく，ベールの定理により完備距離空間と同相ではない．

以下を示そう．

例題 4.24 位相空間 X をベール空間とし，$Y \subset X$ を稠密な G_δ-集合とする[*17]．このとき，部分位相空間 Y は，ベール空間になることを示せ．

*17) **G_δ-集合**とは，可算個の開集合の共通部分として書ける集合のことである．また，**F_σ-集合**は，可算個の閉集合の和集合で書ける集合のことである．

（解答） A_i $(i = 1, 2, \cdots)$ を Y での稠密開集合をとる．このとき，$A_i = Y \cap U_i$ となる X での稠密開集合 U_i が存在する．一方 Y の条件から，$Y = \bigcap_{i=1}^{\infty} V_i$ となる稠密開集合 V_i が取れる．ここで，X がベール空間であることから，$A := \bigcap_{i=1}^{\infty} A_i = \bigcap_{i=1}^{\infty} \bigcap_{j=1}^{\infty} (U_i \cap V_j)$ は X で稠密集合である．$A \subset Y \subset X$ であり，$\mathrm{Cl}_Y(A) = Y \cap \mathrm{Cl}_X(A) = Y \cap X = Y$ より，A は Y でも稠密である．よって Y はベール空間である． □

例 4.9 X を $\mathbb{R}$ とし，Y を無理数全体の集合 $\mathbb{P}$ とすると，$\mathbb{P} = \bigcap_{r \in \mathbb{Q}} (\mathbb{R} \setminus \{r\})$ であるから，$\mathbb{P}$ は稠密な G_δ-集合であり，例題 4.24 から $\mathbb{P}$ はベール空間である．

ベール空間であることの十分条件として以下の定理も知られている．

定理 4.3 位相空間 X が局所コンパクト*18) ハウスドルフ空間であれば，X はベール空間である．

局所コンパクトハウスドルフ空間でも距離化可能でない例が知られており，ベール空間であるためには距離化可能は必要ではない．

また，ベールの定理の応用として以下がある．

例題 4.25 空ではない完備距離空間 (X, d) が孤立点を持たなければ，X は非可算集合であることを示せ．

（解答） (X, d) を孤立点を持たない可算完備距離空間とする．このとき，$\forall x \in X$ に対して $\{x\}$ は開集合ではない閉集合であるので X の疎集合である．X は疎集合の可算個の和集合であるから X は第 1 類である．しかし X 自身は空ではない開集合であり，例題 4.23 より第 2 類となり矛盾する．よって，X は非可算集合である． □

この例題から，可算集合に孤立点なく距離を入れると，完備距離空間にはならないことがわかる．また，T_1 公理を満たすベール空間においても孤立点を持たないなら非可算集合である．

さて，ベールの定理の証明に入ろう．

例題 4.26 ベールの定理を証明せよ．

（解答） (X, d) を完備距離空間とする．$\{D_i | i \in \mathbb{N}\}$ を可算個の稠密な開集合の族とする．$\forall x \in X$ と，$\forall \epsilon > 0$ に対して $B_d(x, \epsilon) \cap (\bigcap_{n=1}^{\infty} D_n) \neq \emptyset$ であることを示せば，$\bigcap_{n=1}^{\infty} D_n$ も X で稠密となり，定理が証明される．

$x_0 = x, \epsilon_0 = \epsilon$ とおく．D_1 は X で稠密であるので，$x_1 \in B_d(x_0, \epsilon_0) \cap D_1$ が

*18) 局所コンパクトとは，任意の点においてコンパクトな近傍を持つことをいう．

存在し距離空間の正則性から，$\mathrm{Cl}(B_d(x_1, \epsilon_1)) \subset B_d(x_0, \epsilon_0) \cap D_1$ かつ $\epsilon_1 < \frac{1}{2}$ を満たす正数 ϵ_1 が存在する．また，同様に $x_2 \in B_d(x_1, \epsilon_1) \cap D_2$ をとると，$\mathrm{Cl}(B_d(x_2, \epsilon_2)) \subset B_d(x_1, \epsilon_1) \cap D_2$ かつ $\epsilon_2 < \frac{1}{2^2}$ を満たす正数 ϵ_2 が存在する．このようにして，$x_n \in B_d(x_{n-1}, \epsilon_{n-1}) \cap D_n$ を満たす x_n と，$\mathrm{Cl}(B_d(x_n, \epsilon_n)) \subset B_d(x_{n-1}, \epsilon_{n-1}) \cap D_n$ かつ $\epsilon_n < \frac{1}{2^n}$ を満たす正数 ϵ_n を帰納的にとる．

このとき，$\forall n, m \in \mathbb{N}$ に対して $m \geq n$ であるなら，

$$B_d(x_m, \epsilon_m) \subset B_d(x_{m-1}, \epsilon_{m-1}) \subset \cdots \subset B_d(x_n, \epsilon_n)$$

であるから，$d(x_n, x_m) \leq \epsilon_n < \frac{1}{2^n}$ が成り立つ．よって，x_n はコーシー列となり，完備性からある点 $x_\infty \in X$ に収束する．上の包含関係から，$\forall n \in \mathbb{N} \forall m \geq n$ なら，$x_m \in B_d(x_n, \epsilon_n)$ であるから，

$$x_\infty \in \mathrm{Cl}(B_d(x_n, \epsilon_n)) \subset B_d(x_{n-1}, \epsilon_{n-1}) \cap D_n \subset B_d(x_0, \epsilon_0) \cap D_n$$

である[*19]．よって $\forall n \in \mathbb{N}(x_\infty \in B_d(x, \epsilon) \cap D_n)$ であるから $B_d(x, \epsilon) \cap (\bigcap_{n=1}^{\infty} D_n) \neq \emptyset$ が成り立つ． □

4.2.3 距離空間の完備化

2.5.1 節において，有理数 $\mathbb{Q}$ の任意のコーシー列の収束先をすべて付け加えることで完備距離空間 $\mathbb{R}$ を構成した．このように，任意の距離空間を完備距離空間の部分距離空間とすることはできるだろうか？ まずは次を定義しよう．

定義 4.7（完備化） $(X, d_X), (Z, d_Z)$ を距離空間とし，$h : (X, d_X) \to (Z, d_Z)$ を距離を保つ写像とする．距離空間 (Z, d_Z) が完備かつ，$h(X) \subset Z$ が稠密であるとき (Z, d_Z, h) を (X, d_X) の**完備化**という[*20]．

次を示しておく．

例題 4.27 距離を保つ写像は単射であることを示せ．

（解答） $f : (X, d_X) \to (Y, d_Y)$ が距離を保つとする．$x, y \in X$ に対して $f(x) = f(y)$ と仮定する．$d_X(x, y) = d_Y(f(x), f(y)) = 0$ であり，d_X は距離関数であることから $x = y$ である．ゆえに f は単射である． □

注 4.12 例題 4.27 から，距離を保つ写像の始域と像は等長になる．h が距離を保つ写像であるとき，$h : (X, \mathcal{O}_{d_X}) \to (Z, \mathcal{O}_{d_Z})$ は埋めこみ写像となる．

例 4.10 (X, d_X) が既に完備距離空間の場合，(X, d_X) の完備化は h として恒

*19) もし $x_\infty \notin \mathrm{Cl}(B_d(x_n, \epsilon_n))$ なら $U = (\mathrm{Cl}(B_d(x_n, \epsilon_n)))^c$ とすると U は x_∞ の開近傍である．しかし $\forall m \geq n \in \mathbb{N}(x_m \notin U)$ であるから $x_n \to x_\infty$ に矛盾する．

*20) h を省略して書くこともある．

等写像をとればよく，(X,d_X) の完備化は (X,d_X) 自身である．

例 4.11　自然な埋め込み $i:(\mathbb{Q},d_1)\hookrightarrow(\mathbb{R},d_1)$ は稠密かつ，$(\mathbb{R},d_1)$ は完備であったので，$(\mathbb{R},d_1,i)$ は $\mathbb{Q}$ の完備化である．

注 4.13　注 4.1 でも説明したように完備性は位相構造でなく距離構造に依存した性質である．ゆえに完備化も距離構造に依存して構成される．例えば $(\mathbb{R},d_1)$ は完備距離空間であるので，その完備化は $(\mathbb{R},d_1)$ である一方，$(\mathbb{R},d_1)$ と同相な開区間 $((0,1),d_1)$ の完備化は閉区間 $([0,1],d_1)$ である．よって同相写像は一般に完備性を保たない．

では完備性を保つ写像とはどのような写像であろうか？ 次の定義をする．

定義 4.8　$(X,d_X),(Y,d_Y)$ を距離空間とし，写像 $f:X\to Y$ が

$$\forall\epsilon,\exists\delta>0\forall x,y\in X(d_X(x,y)<\delta\to d_Y(f(x),f(y))<\epsilon) \tag{4.2}$$

を満たすとき，f は**一様連続**であるという*21)．

例 4.12　一様連続写像の最初の例は距離を保つ写像である．$f:(X,d_X)\to(Y,d_Y)$ を距離を保つ写像であるとする．任意の $\epsilon>0$ に対して，$\delta=\epsilon$ ととれば，$d_X(x,y)<\delta\Rightarrow d_X(x,y)=d_Y(f(x),f(y))<\epsilon$ より f は一様連続となる．

次を解こう．

例題 4.28　一様連続写像は連続写像であることを示せ．

（解答）　写像 $f:(X,d_X)\to(Y,d_Y)$ が一様連続とする．1 点 $x\in X$ を固定する．一様連続性から，$\forall\epsilon>0$ に対してある $\delta>0$ が存在して，$y\in X$ が $d_X(x,y)<\delta$ であるなら，$d_Y(f(x),f(y))<\epsilon$ となる．よって，f は x で連続である．$\forall x\in X$ に対して f が連続であるので，f は連続写像となる．　□

この解答から分かるように，定義 4.8 の x を固定して考えることで，x での連続性が導かれた．

注 4.14　定義 2.6 において，距離空間の間の連続写像を定義するときに使われた δ は，点 $a\in X$ と $\epsilon>0$ に依存するので，正確に書けば X 上の関数のように $\delta_\epsilon(a)$ と書く必要がある．よって，$f:X\to Y$ の連続性の条件は，ϵ に依存した関数 $\delta_\epsilon:X\to\mathbb{R}_{>0}$ が存在して以下が成り立つことといえる．

$$f(B(a,\delta_\epsilon(a)))\subset B(f(a),\epsilon). \tag{4.3}$$

一方，f が一様連続とは $\delta_\epsilon(a)$ が a に依存せずに "一様に" 定まるというこ

*21)　δ は ϵ に依存するので本来 δ_ϵ と書くものである．

とである．(4.3) は δ_ϵ の代わりに各点で $\delta'_\epsilon(a) \leq \delta_\epsilon(a)$ となる関数 δ'_ϵ にしても成り立つ．ゆえに $\eta_\epsilon := \inf\{\delta_\epsilon(a)|a \in X\}$ とすれば，もし $\eta_\epsilon > 0$ であれば，$\delta_\epsilon(a)$ の代わりに a に依らない η_ϵ を用いて (4.3) が成立する．これは δ を η_ϵ とすることで (4.2) が成り立つことを意味する．δ は ϵ に依存して定まる定数であったことを思い出そう（脚注 21）．つまり f は一様連続である．結局，(4.3) を満たす関数 δ_ϵ として，$\forall\epsilon > 0$ に対して δ_ϵ の像が正の下界を持つようにとることができれば f は一様連続であることになる．実はこの逆も正しい．

次に始域がコンパクトである場合を考える．

例題 4.29 距離空間 (X, d_X) がコンパクトであれば，任意の連続写像 $f : (X, d_X) \to (Y, d_Y)$ は一様連続であることを示せ．

（解答） 注 4.14 で考察したように，f の連続性により，$\forall x \in X$ と $\forall\epsilon > 0$ に対して ϵ と x に依存した $\delta_\epsilon(x) > 0$ なる実数が存在して，

$$\forall y \in X \left(d_X(x, y) < \delta_\epsilon(x) \to d_Y(f(x), f(y)) < \frac{\epsilon}{2}\right) \tag{4.4}$$

が成り立つ．$X = \bigcup_{x \in X} B_{d_X}(x, \frac{\delta_\epsilon(x)}{2})$ であるが，X がコンパクトであることから，有限個の点 $x_1, \cdots, x_n \in X$ が存在して $X = \bigcup_{i=1}^{n} B_{d_X}(x_i, \frac{\delta_\epsilon(x_i)}{2})$ が成り立つ．$\eta_\epsilon = \min\{\frac{\delta_\epsilon(x_i)}{2}|i = 1, \cdots, n\}$ とおく．

$x, y \in X$ を $d_X(x, y) < \eta_\epsilon$ を満たす任意の点とする．一方，$x \in B_{d_X}(x_i, \frac{\delta_\epsilon(x_i)}{2})$ となる x_i が存在する．(4.4) を用いることで $d_Y(f(x), f(x_i)) < \frac{\epsilon}{2}$ が成り立ち，$d_X(y, x_i) \leq d_X(y, x) + d_X(x, x_i) < \eta_\epsilon + \frac{\delta_\epsilon(x_i)}{2} \leq \delta_\epsilon(x_i)$ であるから，もう一度 (4.4) を用いることで $d_Y(f(y), f(x_i)) < \frac{\epsilon}{2}$ が成り立つ．ゆえに，

$$d_Y(f(x), f(y)) \leq d_Y(f(x), f(x_i)) + d_Y(f(x_i), f(y)) < \frac{\epsilon}{2} + \frac{\epsilon}{2} = \epsilon$$

である．よって，$d_X(x, y) < \eta_\epsilon \to d_Y(f(x), f(y)) < \epsilon$ であるから，f は一様連続である． □

一様連続でない写像が存在することを示しておく．

例題 4.30 写像 $f : [0, 1) \to \mathbb{R}_{\geq 0}$ を $f(x) = \tan\frac{\pi x}{2}$ と定義すると，f は一様連続ではないことを示せ．

（解答） 一様連続の否定命題をつくると以下のようになる．

$$\exists\epsilon, \forall\delta > 0 \exists x, y \in [0, 1)(|x - y| < \delta \wedge |f(x) - f(y)| \geq \epsilon). \tag{4.5}$$

$f(x) = \tan\frac{\pi x}{2}$ に対し，この命題が成り立つことを示す．$\epsilon = 1/2$ とし，$\forall\delta > 0$ に対して条件を満たす x, y を探そう．

$\delta \geq 1$ の場合，$x = \frac{2}{3}$, $y = \frac{1}{3}$ ととれば，$|x - y| = \frac{1}{3} < \delta$ であり，$|f(x) - f(y)| = \frac{2}{\sqrt{3}} \geq \epsilon$ となり (4.5) が成り立つ．

$0 < \delta < 1$ の場合，$x = 1 - \frac{\delta}{2}$, $y = 1 - \delta$ ととれば，$|x - y| = \frac{\delta}{2} < \delta$ であり，$|f(x) - f(y)| = \frac{1}{2\sin\frac{\pi\delta}{2}} > \frac{1}{2} = \epsilon$ となり (4.5) が成り立つ． □

一様連続写像について次を解こう．

例題 4.31 写像 $f : (X, d_X) \to (Y, d_Y)$ が一様連続であるとする．(x_n) を X のコーシー列とすれば $(f(x_n))$ は Y のコーシー列であることを示せ．

(解答) $(x_n) \in X^\omega$ をコーシー列としよう．f が一様連続であるから，$\forall\epsilon > 0$ に対して，$\delta > 0$ が存在して，$d_X(x_n, x_m) < \delta \Rightarrow d_Y(f(x_n), f(x_m)) < \epsilon$ が成り立つ．(x_n) はコーシー列であったから，$\exists N \in \mathbb{N} \forall n, m > N(d_X(x_n, x_m) < \delta)$ が成り立つ．ゆえに $\forall n, m > N$ に対して，$d_Y(f(x_n), f(x_m)) < \epsilon$ であるから $(f(x_n)) \in Y^\omega$ は Y のコーシー列である． □

この例題を用いると，次の例題により定義 4.8 の直前で書いた疑問が解消される．

例題 4.32 $f : (X, d_X) \to (Y, d_Y)$ を一様連続な同相写像とする．(Y, d_Y) が完備距離空間であれば，(X, d_X) も完備距離空間であることを示せ．

(解答) $f : (X, d_X) \to (Y, d_Y)$ を一様連続な同相写像とし，(Y, d_Y) を完備距離空間とする．X の任意のコーシー列 (x_n) に対して，例題 4.31 から $(f(x_n))$ は Y のコーシー列であり，完備性から $(f(x_n))$ はある $y \in Y$ に収束する．逆写像 f^{-1} も連続であるから，点列 (x_n) は $f^{-1}(y) \in X$ に収束する．よって (x_n) は収束列となり距離空間 (X, d_X) は完備である． □

距離空間の間の全単射 $f : (X, d_X) \to (Y, d_Y)$ が，一様連続であり，さらに，f^{-1} も一様連続であるとき，f を**一様同相写像**という．(X, d_X) から (Y, d_Y) に一様同相写像が存在するとき，(X, d_X) と (Y, d_Y) は**一様同相**であるという．

例題 4.32 から，一様同相写像は，完備性を保つ写像であることがわかる．また，距離空間の間の同値関係をまとめると以下のようになる．

$$\text{等長} \Rightarrow \text{一様同相} \Rightarrow \text{同相}.$$

注 4.15 例題 4.30 の f は，$[0, 1)$ と $\mathbb{R}_{\geq 0}$ の間の同相写像を与えている．一方 $\mathbb{R}_{\geq 0}$ は完備距離空間であるが，$[0, 1)$ はそうではないので，例題 4.32 からも f が一様連続ではないことが示せる．ただし f^{-1} は一様連続ではある．

また，完備距離空間の間の同相写像がいつでも一様同相になるとも限らない．例えば，$f : \mathbb{R} \to \mathbb{R}$ を $f(x) = x^3$ と定義すると，f は同相写像だが一様連続ではない．

完備化について以下の定理が成り立つ．

定理 4.4 任意の距離空間 (X,d) の完備化 $h:(X,d)\hookrightarrow(\hat{X},\hat{d})$ が存在する．もし，$k:(X,d)\hookrightarrow(\tilde{X},\tilde{d})$ も (X,d) の完備化とすると，等長写像 $f:(\hat{X},\hat{d})\to(\tilde{X},\tilde{d})$ が存在して $f\circ h=k$ となる．

$C^*(X)$ を X 上の有界な実数値連続関数全体とする．$f,g\in C^*(X)$ に対して $d_{\sup}^X(f,g):=\sup\{|f(x)-g(x)||x\in X\}$ は $C^*(X)$ 上の距離関数を与える．

任意の距離空間 (X,d) に対して，以下のように完備化を構成しよう．$a\in X$ を固定する．$\forall x\in X$ に対して実数値連続関数 $\varphi_x:X\to\mathbb{R}$ を $\varphi_x(z)=d(a,z)-d(x,z)$ と定義する*22)．三角不等式から，$\forall z\in X(|\varphi_x(z)|\leq d(a,x))$ であるので $\varphi_x\in C^*(X)$ となる．以下を示そう．

例題 4.33 写像 $\Phi:(X,d)\to(C^*(X),d_{\sup}^X)$ を $x\mapsto\varphi_x$ によって定義する．このとき，Φ は距離を保つ写像であることを示せ．

(解答) 三角不等式から，$|\varphi_x(z)-\varphi_y(z)|=|d(y,z)-d(x,z)|\leq d(x,y)$ であり，$d_{\sup}^X(\varphi_x,\varphi_y)\leq d(x,y)$ がわかる．また，$|d(y,z)-d(x,z)|$ に対して，$z=x$ とおくことで，$d(x,y)\leq\sup\{|\varphi_x(z)-\varphi_y(z)||z\in X\}=d_{\sup}^X(\varphi_x,\varphi_y)$ がわかる．ゆえに $d_{\sup}^X(\Phi(x),\Phi(y))=d(x,y)$ であるから Φ は距離を保つ． □

例題 4.17 において $(C(I),d_{\sup}^I)$ が完備であることを示したが，同じように $(C^*(X),d_{\sup}^X)$ も完備であることが証明できる．ここで $Z:=\mathrm{Cl}(\Phi(X))\subset C^*(X)$ とおく．

例題 4.34 $(Z,d_{\sup}^X)$ は (X,d) の完備化であることを示せ*23)．

(解答) $Z\subset C^*(X)$ は，完備距離空間の中の閉集合であるから，例題 4.19 より Z は完備距離空間である．$\Phi(X)\subset\mathrm{Cl}(\Phi(X))=Z$ であるから，$\Phi(X)$ は Z において稠密である．つまり Z は X の完備化である． □

これにより，どんな距離空間に対しても完備化が存在することがわかった．

完備化はこの方法だけではない．例えば，2.5.1 節の $\mathbb{Q}\hookrightarrow\mathbb{R}$ のときのように，コーシー列全体の空間をある同値関係で割って得られる商空間を完備化とすることもできる．定理 4.4 の後半は，距離空間の完備化が等長写像を除いて一意的であることを意味するが，その証明は参考文献 [2] などを参照してもらうことにして，ここでは省略する．また，上記までの完備化の方法や記号等は概ね [2] に従った．

---

*22) 例題 2.17 と，連続関数の -1 倍や和も連続関数であることから φ_x も連続関数であることがわかる．

*23) Z 上の距離は $(C^*(X),d_{\sup}^X)$ の部分距離空間としての距離である．

p を素数とし $n \in \mathbb{Z}$ が p で割れない $s \in \mathbb{Z}$ と，$r \in \mathbb{Z}_{\geq 0}$ を用いて $n = sp^r$ と書けるとき $\nu_p(n) = r$ と定義し，ν_p を **p-進付値**という．例 2.12 で，$\mathbb{Z}$ 上の p-進距離を $d(n,m) = 2^{-\nu_p(n-m)}$ のように定めた*24)．今回はこの距離 d のことを ρ_p と改めて書く．距離空間 $(\mathbb{Z}, \rho_p)$ の完備化を考えよう．

例題 4.35 $(\mathbb{Z}, \rho_p)$ は完備ではないことを示せ．

(解答) $p > 2$ とし，$a_n = \sum_{i=0}^{n} p^i$ とおく．$n \geq m$ とすると，$\rho_p(a_n, a_m) = 2^{-m} \to 0$ $(m \to \infty)$ であるので (a_n) はコーシー列である．(a_n) が $a \in \mathbb{Z}$ に収束するなら，$\forall n > 0 \exists N \in \mathbb{N} \forall m > N(\rho_p(a_m, a) < 2^{-n})$ である．そのような m に対して $\nu_p(a_m - a) = k_m$ とおくと $2^{-k_m} < 2^{-n}$，つまり $n < k_m$ が成り立つ．$m > N$ なる自然数 m で n より大きいものを取ることで，$a \equiv a_m \equiv \sum_{i=0}^{n-1} p^i (\operatorname{mod} p^n)$ を満たす．$\sum_{i=0}^{n-1} p^i$ は a を p^n で割った余りであることを意味している．しかし，$|a| < p^n$ となる n を考えると，a を p^n で割った余りは一定になるはずである．これは $\sum_{i=0}^{n-1} p^i$ がいつまでも大きくなることに矛盾する．よって，(a_n) は収束せず $(\mathbb{Z}, \rho_p)$ は完備ではない*25)． □

$\mathbb{Z}_p$ を無限 p-進展開表示全体として

$$\mathbb{Z}_p := \left\{ \sum_{i=0}^{\infty} a_i p^i \;\middle|\; 0 \leq a_i \leq p-1 \right\}$$

のように定義する．$\mathbb{Z}_p$ の元を **p-進整数**という．0 以上の整数は有限 p-進展開できるので，十分大きい i に対して $a_i = 0$ とすることで，$\mathbb{Z}_{\geq 0} \subset \mathbb{Z}_p$ である．$\mathbb{Z}_p$ には通常の整数の足し算の筆算をする要領で加法が存在する*26)．また，$n \in \mathbb{Z}_p$ が $n = 1 + \sum_{i=0}^{\infty} a_i p^i$ であるとき，$-n = \sum_{i=0}^{\infty} (p-1-a_i) p^i$ であることから*27)，加法の逆数も存在し，$\mathbb{Z}_{<0} \subset \mathbb{Z}_p$ であり，$\mathbb{Z} \subset \mathbb{Z}_p$ となる．

$\mathbb{Z}_p$ 上の距離を定義する．$k \in \mathbb{Z}_p$ を $k = \sum_{i=0}^{\infty} c_i p^i$ と表したとき，数列 $c_0, c_1, \cdots$ のうち最初に出てくる 0 ではない数が c_i であるとき，その i を $\nu_p(k)$ と定義する．p-進付値 ν_p はこのように $\mathbb{Z}_p$ 上にも拡張し，$\rho_p(n,m) = 2^{-\nu_p(n-m)}$ と定義する．このような距離は $\mathbb{Z}$ 上の p-進距離を拡張し，距離を保つ写像 $(\mathbb{Z}, \rho_p) \hookrightarrow (\mathbb{Z}_p, \rho_p)$ を得る．

例題 4.36 この埋め込み $(\mathbb{Z}, \rho_p) \hookrightarrow (\mathbb{Z}_p, \rho_p)$ は完備化であることを示せ．

---

*24) $n = 0$ のとき $\nu_p(0) = \infty$ と定め $d(n,n) = 0$ とする．

*25) $p = 2$ のときは別の収束しないコーシー列を持ってくることができる．

*26) 同じ桁どうし和を取り，もし和が $p-1$ を超えたら次の桁を繰り上げる操作を小さい桁から順に無限回行うことによる．

*27) $n + (-n) = 1 + \sum_{i=0}^{\infty} (p-1) p^i = 0$ であるからである．

（解答）まず，$(\mathbb{Z}_p, \rho_p)$ が完備であることを示す．$z_n = \sum_{i=0}^{\infty} a_i^{(n)} p^i$ とし，(z_n) を $\mathbb{Z}_p$ のコーシー列とする．よって $\forall n, \exists N > 0 \forall k, l > N(\rho_p(z_k, z_l) < 2^{-n})$ が成り立つ．$\rho_p(z_k, z_l) < 2^{-n}$ より，$0 \leq i \leq n$ に対して $a_i^{(k)} = a_i^{(l)}$ となる．それを a_i とし，$z = \sum_{i=0}^{\infty} a_i p^i \in \mathbb{Z}_p$ と書く．(z_n) は $\forall n \in \mathbb{N}$ に対して，ある $N > 0$ について $\forall k > N$ かつ $0 \leq i \leq n$ なら $a_i^{(k)} = a_i$ であり，$\rho_p(z_k, z) < 2^{-n}$ となる．つまり (z_n) は z に収束する収束列である．

次に，$\mathbb{Z}$ の稠密性を示す．$\forall x = \sum_{i=0}^{\infty} c_i p^i \in \mathbb{Z}_p$ とする．$\{B_{\rho_p}(x, 2^{-n}) | n \in \mathbb{N}\}$ は $\mathcal{O}_{\rho_p}$ の基本近傍系であり，$\sum_{i=0}^{n} c_i p^i \in B_{\rho_p}(x, 2^{-n}) \cap \mathbb{Z}$ であることから $\mathbb{Z}$ は $\mathbb{Z}_p$ において稠密である．□

4.2.4 コンパクト化

一般の位相空間においても完備化と同じように，いくつかの点を付け加えて位相空間の性質を高めることはできるだろうか？ 一般の位相空間において，完備の概念はないので，代わりにコンパクトを使う．一般の位相空間にいくつかの点を付け加えてコンパクト空間にしよう．まずは次の定義をする．

定義 4.9 $(X, \mathcal{O})$ をハウスドルフ空間とする．コンパクトハウスドルフ空間 $(\hat{X}, \hat{\mathcal{O}})$ と連続な埋め込み写像 $h : X \hookrightarrow \hat{X}$ が存在して，$h(X)$ が $\hat{X}$ において稠密であるとき，$(\hat{X}, \hat{\mathcal{O}}, h)$ を $(X, \mathcal{O})$ の**コンパクト化**という．

例 4.13 $(x, y) \in \mathbb{R}^2$ に対して，$f : (x, y) \mapsto \left(\frac{2x}{x^2+y^2+1}, \frac{2y}{x^2+y^2+1}, \frac{x^2+y^2-1}{x^2+y^2+1} \right) \in \mathbb{S}^2 \subset \mathbb{R}^3$ のように対応させることによって，$\mathbb{R}^2$ の点が $\mathbb{S}^2 \setminus \{(0,0,1)\}$ の点に 1 対 1 に写る[*28]．この写像の各成分は，多項式の商で記述されており，連続写像 $g : \mathbb{S}^2 \setminus \{(0,0,1)\} \to \mathbb{R}^2$ を $g(X, Y, Z) = \left(\frac{X}{1-Z}, \frac{Y}{1-Z} \right)$ と定義することで，$g \circ f = \mathrm{id}_{\mathbb{R}^2}$ が成り立つので，$f : \mathbb{R}^2 \hookrightarrow \mathbb{S}^2$ は連続な埋め込み写像を与える．一方 $\mathbb{S}^2$ は $\mathbb{R}^3$ 上の有界閉集合であるからコンパクトである．また $(0,0,1)$ に収束する $h(\mathbb{R}^2)$ 内の点列 $\left(\frac{2n}{n^2+1}, 0, \frac{n^2-1}{n^2+1} \right)$ が存在するので $h(\mathbb{R}^2) \subset \mathbb{S}^2$ は稠密である．ゆえに，$(\mathbb{S}^2, \mathcal{O}_{d_3, \mathbb{S}^2})$ は $(\mathbb{R}^2, \mathcal{O}_{d_2})$ のコンパクト化となる．このように，1 点を付け加えることで得られるコンパクト化を **1 点コンパクト化**という．

$\mathbb{R}^2$ のコンパクト化は $\mathbb{S}^2$ だけではない．例 2.21 で構成した実射影空間 $\mathbb{R}P^n$ を思い出そう．$\mathbb{R}_0^3 := \mathbb{R}^3 \setminus \{\mathbf{0}\}$ とおくと $\mathbb{R}P^2$ は $\pi(x_1, x_2, x_3) = [x_1 : x_2 : x_3]$ なる商写像 $\pi : \mathbb{R}_0^3 \to \mathbb{R}P^2$ による商空間であった．$[x_1 : x_2 : x_3]$ は $(x_1, x_2, x_3) \in \mathbb{R}_0^3$ が代表する同値類を表す．

例題 4.37 $\mathbb{R}P^2$ は $\mathbb{R}^2$ のコンパクト化であることを示せ．

---

*28) この写像 f は $(x, y, 0)$ と北極点 $(0,0,1)$ を結ぶ直線が交わる xy-平面上の点から $\mathbb{S}^2$ の（北極点ではない方の）点に対応させる写像である．この写像を**立体射影**という．

(解答) 写像 $h:\mathbb{R}^2\to\mathbb{R}P^2$ を $(x,y)\mapsto[x:y:1]$ と定義すると，h は単射であることは容易にわかる．また，$h(\mathbb{R}^2)=\{[x_1:x_2:x_3]\in\mathbb{R}P^2\mid x_3\neq 0\}$ は $\mathbb{R}P^2$ の開集合であるから，$h(\mathbb{R}^2)$ において開集合であることとそれが $\mathbb{R}P^2$ において開集合であることは同値である．$\hat{h}:\mathbb{R}^2\to\mathbb{R}^3_0$ を $(x,y)\mapsto(x,y,1)$ とすると，$\pi\circ\hat{h}=h$ である．$\pi,\hat{h}$ は連続であるので，h も連続である．一方，$U\in\mathcal{O}_{d_2}$ とすると $\pi^{-1}(h(U))=\{(x_1,x_2,x_3)\in\mathbb{R}^3\mid x_3\neq 0\wedge(\frac{x_1}{x_3},\frac{x_2}{x_3})\in U\}$ でありこれは $\mathbb{R}^3$ の開集合である．商位相の定義により，$h(U)$ も $\mathbb{R}P^2$ の開集合であるから，h は連続な埋め込み写像となる．

一方 $\mathbb{R}P^2$ は $\mathbb{S}^2$ の対蹠点どうし（$\boldsymbol{x}\in\mathbb{S}^2$ に対する $-\boldsymbol{x}\in\mathbb{S}^2$ のこと）を同一視してできる商空間でもあった．$\mathbb{R}P^2$ は商写像 $\mathbb{S}^2\to\mathbb{R}P^2$ によるコンパクト空間の像であるから $\mathbb{R}P^2$ はコンパクト空間である．

$\forall\boldsymbol{x}\in\mathbb{R}P^2\setminus h(\mathbb{R}^2)$ は $(x,y)\neq(0,0)$ を用いて $\boldsymbol{x}=[x:y:0]$ と書ける．$y\neq 0$ と仮定する．$\boldsymbol{x}\in W$ となる $\mathbb{R}P^2$ の開集合 W をとる．$\pi^{-1}(W)$ は $(\frac{x}{y},1,0)\in\pi^{-1}(W)$ である $\mathbb{R}^3_0$ の開集合であるから，十分小さい $\epsilon>0$ が存在して $(\frac{x}{y},1,\epsilon)\in\pi^{-1}(W)$ となるから $[x:y:\epsilon y]\in W\cap h(\mathbb{R}^2)$ である．ゆえに $\boldsymbol{x}\in\mathrm{Cl}(h(\mathbb{R}^2))$ となる．$x\neq 0$ である場合も同様である．ゆえに $h(\mathbb{R}^2)\subset\mathbb{R}P^2$ は稠密である．よって $\mathbb{R}P^2$ は $\mathbb{R}^2$ のコンパクト化である*29)． □

注 4.16 位相空間 $(X,\mathcal{O})$ のコンパクト化 $(\hat{X}=X\sqcup A,\hat{\mathcal{O}})$ が存在し，$A\neq\emptyset$ と仮定する．もし X がコンパクトであれば，A は開集合となり，$X\subset\hat{X}$ が稠密でなくなる．よって X は非コンパクトである必要がある．

1 点コンパクト化 $h:X\hookrightarrow\hat{X}=X\sqcup\{p\}$ が存在するなら，ハウスドルフ性から $\forall q\in X$ に対して $\exists U,V\in\hat{\mathcal{O}}(q\in U\wedge p\in V\wedge U\cap V=\emptyset)$ となる．$q\in U\subset V^c\subset X$ より $U\in\mathcal{O}$ であるので V^c は q のコンパクトな近傍であり X は局所コンパクトとなる．

非コンパクトかつ局所コンパクトは 1 点コンパクト化の存在のための十分条件でもある．さて，以下の例題を解こう．

例題 4.38 X をコンパクトではない局所コンパクトハウスドルフ空間とするとき，X の 1 点コンパクト化 $\hat{X}$ は同相を除いて一意的に存在することを示せ．

(解答) X をコンパクトでない局所コンパクト空間とし，$\mathcal{C}$ を X の閉集合系*30) とする．$p\notin X$ なる点 p をとり，$h:X\hookrightarrow X\sqcup\{p\}=:\hat{X}$ とする．$\mathcal{K}$ を X のコンパクト集合全体とし，$\mathcal{C}_p:=\{V\cup\{p\}|V\in\mathcal{C}\}$, $\hat{\mathcal{C}}=\mathcal{K}\cup\mathcal{C}_p$ とお

*29) $\mathbb{R}P^2$ のハウスドルフ性が残っているが，読者の演習とする．

*30) $\mathcal{C}$ が位相空間の閉集合系であるとは，(I) $\emptyset,X\in\mathcal{C}$, (II) $F,G\in\mathcal{C}\Rightarrow F\cup G\in\mathcal{C}$, (III) $\mathcal{F}\subset\mathcal{C}\Rightarrow\cap\mathcal{F}\in\mathcal{C}$ であることを確認しておく．

く[*31]．$\hat{\mathcal{C}}$ が $\hat{X}$ の閉集合系になることを示す．$\emptyset \in \mathcal{K}$ より $\emptyset \in \hat{\mathcal{C}}$ である．また $\hat{X} \in \mathcal{C}_p$ より $\hat{X} \in \hat{\mathcal{C}}$ である．さらに，$F, G \in \hat{\mathcal{C}}$ とする．$F, G \in \mathcal{K}$ であるなら $F \cup G \in \mathcal{K}$ であり，そうでなければ $F \cup G \in \mathcal{C}_p$ である．任意の集合族 $\mathcal{V} \subset \hat{\mathcal{C}}$ をとる．$\mathcal{V} \cap \mathcal{K} \neq \emptyset$ ならば，$\cap \mathcal{V}$ は X のコンパクト集合の中の閉集合であるから例題 3.41 から $\cap \mathcal{V} \in \mathcal{K}$ である．$\mathcal{V} \subset \mathcal{C}_p$ であるなら，$\mathcal{C}$ が X の閉集合系であることから $\cap \mathcal{V} \in \mathcal{C}_p$ となる．よって $\hat{\mathcal{C}}$ は $\hat{X}$ の閉集合系であり $\hat{X}$ は位相空間となる．$\{V \cap X | V \in \hat{\mathcal{C}}\} = \mathcal{C}$ であるから h は $\hat{X}$ への連続な埋め込みである．

部分位相空間 $X \subset \hat{X}$ はハウスドルフであるから，$\hat{X}$ のハウスドルフ性は p と $\forall q \in X$ が開集合で分離できることを示せばよい．X の局所コンパクト性から $q \in V \subset X$ となるコンパクトな近傍 V が存在する．V^c と V° は p, q を分離する開集合である．よって $\hat{X}$ はハウスドルフ空間である．

$\mathcal{F} \subset \hat{\mathcal{C}}$ を有限交叉性を持つ閉集合族で $\cap \mathcal{F} = \emptyset$ とする．$\mathcal{F} \subset \mathcal{C}_p$ とすると $p \in \cap \mathcal{F}$ であり矛盾するので $K \in \mathcal{F} \cap \mathcal{K}$ が存在する．$\mathcal{F}_K = \{V \cap K | V \in \mathcal{F}\}$ とすると $\mathcal{F}_K$ は有限交叉性をもつ K の閉集合族である．$\cap \mathcal{F}_K = (\cap \mathcal{F}) \cap K = \emptyset$ であるが，これは例題 3.54 より K がコンパクトであることに反する．再び例題 3.54 を用いて $(\hat{X}, \hat{\mathcal{C}})$ がコンパクト空間となる．

$X \subset \hat{X}$ の稠密性を示す．もしそうでなければ p は $\hat{X}$ の孤立点であり，$X \subset \hat{X}$ は閉集合，つまり X はコンパクトである．これは X の仮定に反し，$X \subset \hat{X}$ は稠密となる．以上より $(\hat{X}, \hat{\mathcal{C}}, h)$ は $(X, \mathcal{C})$ の 1 点コンパクト化である．

$k : (X, \mathcal{O}) \hookrightarrow (\tilde{X} = X \sqcup \{q\}, \tilde{\mathcal{O}})$ を別の 1 点コンパクト化とする．このとき，$f : \hat{X} \to \tilde{X}$ を X 上で恒等写像，また $f(p) = q$ とする．f は全単射で，$\hat{X}$ と $\tilde{X}$ の X の部分位相空間は $(X, \mathcal{C})$ と一致するので恒等写像は同相写像を与える．また $p \in V \in \hat{\mathcal{C}}$ に対して V^c は X の開集合であり，$f|_X$ は同相写像であったから $f(V^c)$ も開集合である．よって，$f(V) = (f(V^c))^c$ は閉集合である．f^{-1} に対しても同じことが言えるので，f は同相写像となる． □

注 4.17 コンパクト化にハウスドルフ性を課さないとすると X の 1 点コンパクト化は一意性を失う．例えば $(X, \mathcal{O})$ の非ハウスドルフ 1 点コンパクト化 $(X \sqcup \{p\}, \mathcal{O}')$ が $\mathcal{O}' = \mathcal{O} \cup \{X \sqcup \{p\}\}$ としていつでも構成できる[*32]．

注 4.18 例題 4.38 の仮定を満たす X はコンパクトハウスドルフ空間 $\hat{X}$ の開集合であるから例題 3.45 より $\hat{X}$ は正規空間であり，X は完全正則である[*33]．

同様な議論により，位相空間がコンパクト化をもつなら完全正則が必要であるが，任意の完全正則空間 X は次のコンパクト化をもつ．$I = [0, 1]$ とし，$C(X, I)$ を X 上の I 値連続関数全体とする．$\Phi : X \to I^{C(X,I)}$ を $f \in C(X, I)$ への射

*31) 例題 3.44 と X のハウスドルフ性から $\mathcal{K} \subset \mathcal{C}$ である．また，$\hat{\mathcal{C}} = \mathcal{C} \cup \mathcal{C}_p$ とおくことが自然に思えるかもしれないが，これでは X のコンパクト化は得られない．

*32) ハウスドルフ空間の部分位相空間もハウスドルフであるから必然的に $(X, \mathcal{O})$ にもハウスドルフ性を課すことになる．

*33) 注 3.8 でも言及したが，正規性は遺伝性をもたないが完全正則性は遺伝性をもつ．

影を $\pi_f : I^{C(X,I)} \to I$ とするとき，$\pi_f \circ \Phi(x) = f(x)$ とすることで定義する．チコノフの定理により $I^{C(X,I)}$ はコンパクトであり，$\mathrm{Cl}(\Phi(X)) =: \hat{X}$ とするとき，X のコンパクト化 $X \hookrightarrow \hat{X}$ が得られる．このコンパクト化を**ストーン–チェックコンパクト化**という．

第 5 章
パラコンパクト性

5.1 パラコンパクト空間

コンパクト空間とは以下のように定義される位相空間のことだった．

「任意の開被覆は有限濃度の部分被覆をもつ」

これは被覆に関するある“絶対的な”有限性を表しており，この条件を満たす位相空間は非常に良い性質をもつが，位相空間としては限られる．この被覆の条件を若干弱めることで，比較的素性のよい位相空間を多く集めるにはどうしたら良いだろうか？ この章では，パラコンパクト空間に焦点をあてる．

5.1.1 局所有限

まずは有限性に局所性をもたせるため，次の定義をしよう．

定義 5.1 位相空間 $(X,\mathcal{N})$ の部分集合族 $\mathcal{A}$ が**局所有限**であるとは，$\forall x \in X \exists V \in \mathcal{N}(x)(|\{A \in \mathcal{A} | V \cap A \neq \emptyset\}| < \aleph_0)$ を満たすことをいう．

例 5.1 有限個の部分集合族は定義から局所有限である．

局所有限ではない開集合族として，ユークリッド空間 $(\mathbb{R}, \mathcal{O}_{d_1})$ の部分集合族 $\mathcal{U} = \{(-\frac{1}{n}, \frac{1}{n}) \subset \mathbb{R} | n \in \mathbb{N}\}$ がある[*1]．実際，0 の任意の近傍 N をとっても，N は $\mathcal{U}$ のいずれの元とも交わる．一般に，X の部分集合族 $\mathcal{A}$ が局所有限であれば，$x \in X$ において x を含む $\mathcal{A}$ の元は有限個であることに注意しておく[*2]．

例題 3.53 に続くパラグラフで記述したように，部分集合族 $\mathcal{A}$ において $\mathrm{Int}(\mathcal{A}), \mathcal{A}^\circ$, $\mathrm{Cl}(\mathcal{A})$, $\overline{\mathcal{A}}$ をそれぞれの部分集合ごとにその操作をしたものを集めた部分集合族を表す．例えば，$\mathrm{Int}(\mathcal{A}) = \{\mathrm{Int}(A) | A \in \mathcal{A}\}$ である．

---

*1） 例題 1.6 を見よ．

*2） 各点に対してその点を含む部分集合が有限しかない部分集合族は**点有限**という．従って局所有限なら点有限である．

Int と $\cup$，Cl と $\cap$ をとる操作はそれぞれ可換であるが，Int と $\cap$，Cl と $\cup$ をとる操作は可換ではない．例えば，例 5.1 の 2 つ目の例の $\mathcal{U}$ を考えると，$\mathrm{Int}(\cap\mathcal{U}) = \emptyset$ であるが，$\cap\,\mathrm{Int}(\mathcal{U}) = \{0\}$ となり，Int と $\cap$ の操作は可換ではなくなる．このことは，$\mathcal{U}$ が局所有限でないことに起因する．次を示そう．

例題 5.1 $(X, \mathcal{O})$ を位相空間とし，任意の部分集合族 $\mathcal{A} \subset \mathcal{P}(X)$ に対して，以下を示せ．

(1) $\mathrm{Int}(\cap\mathcal{A}) \subset \cap\mathrm{Int}(\mathcal{A})$, $\cup\,\mathrm{Cl}(\mathcal{A}) \subset \mathrm{Cl}(\cup\mathcal{A})$ である．

(2) $\mathcal{A}$ が局所有限なら，$\mathrm{Int}(\cap\mathcal{A}) = \cap\,\mathrm{Int}(\mathcal{A})$, $\mathrm{Cl}(\cup\mathcal{A}) = \cup\,\mathrm{Cl}(\mathcal{A})$ である．

（解答） (1) $B = \mathrm{Int}(\cap\mathcal{A})$ とおく例題 2.11 から B は $\cap\mathcal{A}$ に包まれる最大の開集合であるから $\forall A \in \mathcal{A}(B \subset A)$ が成り立ち，再び例題 2.11 から，$\forall A \in \mathcal{A}(B \subset \mathrm{Int}(A))$ が成り立つ．つまり，$B \subset \cap\{\mathrm{Int}(A)|A \in \mathcal{A}\}$ が成り立つ．2 つ目の包含関係は 1 つ目の包含関係にド・モルガンの法則を用いて示される．

(2) 2 つ目の等式を示す．包含関係の片方は (1) で既に示したので，$\mathrm{Cl}(\cup\mathcal{A}) \subset \cup\,\mathrm{Cl}(\mathcal{A})$ を示せばよい．$\forall x \in \mathrm{Cl}(\cup\mathcal{A})$ をとる．このとき，$V \in \mathcal{N}(x)$ が存在して $V \cap A \neq \emptyset$ となる $A \in \mathcal{A}$ は有限個である．それを $A_1, \cdots, A_n$ とすると $V \cap (\cup(\mathcal{A}\setminus\{A_1, \cdots, A_n\})) = \emptyset$ であるから，$\forall W \in \mathcal{N}(x)$ に対して $W \cap \bigcup_{i=1}^{n} A_i \neq \emptyset$ を満たす．よって $x \in \mathrm{Cl}(\bigcup_{i=1}^{n} A_i) = \bigcup_{i=1}^{n} \mathrm{Cl}(A_i) \subset \bigcup_{A\in\mathcal{A}} \mathrm{Cl}(A) = \cup\{\mathrm{Cl}(A)|A \in \mathcal{A}\}$ が成り立つ．1 つ目の等式はこの包含関係にド・モルガンの法則を用いて示される． □

注 5.1 $\mathcal{A}$ を局所有限な閉集合族とすると，この例題を用いて $\mathrm{Cl}(\cup\mathcal{A}) = \cup\,\mathrm{Cl}(\mathcal{A}) = \cup\mathcal{A}$ であるから，$\cup\mathcal{A}$ もまた閉集合である．これは局所有限でなければ成り立つとは限らない．例えば，T_1 空間であれば，任意の開集合 U は，それが閉集合でなくても $U = \bigcup_{x\in U}\{x\}$ のように閉集合の和として書ける．

次に部分被覆の条件を弱めよう．

定義 5.2 位相空間 $(X, \mathcal{O})$ の被覆 $\mathcal{U}$ に対して被覆 $\mathcal{V}$ が $\mathcal{U}$ に対する**細分**であるとは，$\forall V \in \mathcal{V} \exists U \in \mathcal{U}(V \subset U)$ となることをいい，$\mathcal{V} \leq \mathcal{U}$ と書くことにする．また，開集合からなる細分のことを**開細分**といい，閉集合からなる細分を**閉細分**という．

部分被覆は細分の例である．この関係 $\leq$ は，反対称律を満たさないことに注意する．

例 5.2 $\mathcal{A} \leq \mathcal{B}$ かつ $\mathcal{B} \leq \mathcal{A}$ かつ $\mathcal{A} \neq \mathcal{B}$ となる被覆 $\mathcal{A}, \mathcal{B}$ が存在する．例えば，$\mathbb{R}_{>0}$ の 2 つの開被覆を $\mathcal{A} = \{(0, 2n-1)|n \in \mathbb{N}\}$ と $\mathcal{B} = \{(0, 2n)|n \in \mathbb{N}\}$ とすると，$\mathcal{A}$ は $\mathcal{B}$ に対する細分かつ $\mathcal{B}$ は $\mathcal{A}$ に対する細分であるが両者は一致

していない．

5.1.2 パラコンパクト空間の性質

パラコンパクト空間の定義をしよう．

定義 5.3 位相空間 X において，任意の開被覆 $\mathcal{U}$ に対して $\mathcal{V} \leq \mathcal{U}$ となる局所有限な開被覆 $\mathcal{V}$ が存在するとき，X は**パラコンパクト**という．

例 5.3 部分被覆は細分でもあるので，例 5.1 の最初に書いたことを加味すれば，コンパクト空間はパラコンパクトである．また，任意の離散位相空間 X において，$\{\{x\}|x \in X\}$ は任意の被覆に対する開細分でもあり，局所有限でもある[*3)]のでパラコンパクトである．

コンパクト空間と共通する性質についてみていこう．

例題 5.2 パラコンパクト空間の任意の閉部分位相空間はパラコンパクトであることを示せ．

（解答） F をパラコンパクト空間 $(X, \mathcal{O})$ の閉集合とする．F の任意の開被覆を，ある開集合族 $\{U_\lambda \in \mathcal{O}|\lambda \in \Lambda\}$ を用いて $\mathcal{U} := \{F \cap U_\lambda|\lambda \in \Lambda\}$ と表す．このとき，$\mathcal{A} = \{F^c\} \cup \{U_\lambda|\lambda \in \Lambda\}$ は X の開被覆であり，仮定から $\mathcal{B} \leq \mathcal{A}$ となる X の局所有限な開被覆 $\mathcal{B}$ が存在する．$\mathcal{B}$ は X の開被覆であるから $\mathcal{V} := \{F \cap V|V \in \mathcal{B}, F \cap V \neq \emptyset\}$ は F の局所有限な開被覆である．また，$F \cap V \in \mathcal{V}$ に対して，$\exists\lambda \in \Lambda\ (V \subset U_\lambda)$ となり，$\mathcal{V} \leq \mathcal{U}$ を満たす．よって部分位相空間 $(F, \mathcal{O}_F)$ はパラコンパクトである． □

次にパラコンパクト空間のもつ分離公理を明らかにする．まずは以下を示す．

例題 5.3 パラコンパクトハウスドルフ空間 $(X, \mathcal{O})$ は T_3 空間であることを示せ．

（解答） $\forall x \in X$ と $x \in \forall U \in \mathcal{O}$ をとる．例題 3.23 から $x \in V \in \overline{V} \subset U$ となる開近傍 $V \in \mathcal{N}(x)$ が存在することを示せばよい．$y \in U^c$ をとる．T_2 公理から，開近傍 $A_y \in \mathcal{N}(y)$ が存在して，$x \notin \overline{A_y}$ を満たす[*4)]．$\mathcal{A} = \{U\} \cup \{A_y|y \in U^c\}$ とおくと，$\mathcal{A}$ は X の開被覆であり，パラコンパクト性から $\mathcal{A}$ は局所有限な開細分 $\mathcal{B}$ をもつ．また，$\mathcal{B}' = \{W \in \mathcal{B}|W \not\subset U\}$ とおく．このとき，$\mathcal{B}'$ も局所有限であるから，例題 5.1 から $\overline{\cup\mathcal{B}'} = \cup\overline{\mathcal{B}'}$ が成り立つ．従って，$x \notin \cup\overline{\mathcal{B}'}$ であるから $V = \left(\cup\overline{\mathcal{B}'}\right)^c$ とおけば，V は x の開近傍であり，以下を満たす．

$$\left(\overline{V}\right)^c = \left(\cup\overline{\mathcal{B}'}\right)^\circ = \cup\left(\overline{\mathcal{B}'}\right)^\circ \supset \cup(\mathcal{B}')^\circ = \cup\mathcal{B}' \supset U^c$$

---

*3) $x \in X$ の近傍として $\{x\}$ をとればよい．

*4) 例題 3.19 を参照せよ．

ゆえに $V \subset \overline{V} \subset U$ が成り立つので，X は T_3 公理を満たす． □

これによりパラコンパクトハウスドルフ空間は正則空間であることがわかった．

例題 5.4 パラコンパクトハウスドルフ空間 $(X, \mathcal{O})$ は T_4 空間であることを示せ．

（解答） $F \subset G$ を満たす任意の閉集合 F と開集合 G をとる．注 3.10 から，$F \subset V \subset \overline{V} \subset G$ を満たす $V \in \mathcal{O}$ が存在することを示せばよい．上の例題から X は T_3 公理を満たすから，$\forall p \in F$ に対して，$\exists U_p \in \mathcal{O}(p \in U_p \subset \overline{U_p} \subset G)$ となる．$\mathcal{A} := \{F^c\} \cup \{U_p | p \in F\}$ は X の開被覆であり，パラコンパクト性から $\mathcal{A}$ に対する局所有限な開細分 $\mathcal{B}$ が存在する．$\mathcal{B}' = \{W \in \mathcal{B} | W \cap F \neq \emptyset\}$ と定義し，$V = \cup \mathcal{B}'$ とすると $\mathcal{B}$ は F の被覆であるから，$F \subset V$ が成り立つ．このとき，$\forall W \in \mathcal{B}'$ に対して，$W \subset U_p \subset \overline{U_p} \subset G$ となる $p \in F$ が存在し，$\overline{W} \subset G$ である．$\mathcal{B}'$ の局所有限性から，$\overline{V} = \cup \overline{\mathcal{B}'} \subset G$ であるから，X は T_4 公理を満たす． □

これにより，パラコンパクトハウスドルフ空間は正規空間であることがわかった．

注 5.2 一般に，ある空間がパラコンパクトであることを示すのは難しい．そこで，ある開集合族が局所有限であることを示す 1 つの方針をスケッチしておく．可算開集合族 $\mathcal{A} = \{A_i | i \in \mathbb{N}\}$ に対して，$S_1 = A_1$, $S_2 = A_1 \cup A_2$, $S_3 = A_1 \cup A_2 \cup A_3, \cdots$ のような増大列を考える．任意の S_i に対して，S_i からある n_i 回の増大後，つまり $j \geq i + n_i$ を満たす任意の j において $A_j \cap S_i = \emptyset$ を示せれば $\mathcal{A}$ は局所有限である*5)．というのは，局所有限の定義における近傍を，その点の属する $A_i \in \mathcal{A}$ にとればよいからである．さらに，パラコンパクトであるためにはそのような開集合族が任意の開被覆に対する細分として取れる必要がある．

ここで，パラコンパクトであるための次の十分条件を示そう．

例題 5.5（森田の定理） リンデレフ T_3 空間はパラコンパクトであることを示せ．

ここで，部分集合 $A, B \subset X$ が，$\overline{A} \subset B$ を満たすことを，$A \Subset B$ と書くことにする．

（解答） $(X, \mathcal{O})$ をあるリンデレフ T_3 空間とし，$\mathcal{U}$ を X の任意の開被覆とす

*5) しかし，この条件（部分集合族 $\mathcal{A}$ が $\forall U \in \mathcal{A}(|\{V \in \mathcal{A} | U \cap V \neq \emptyset\}| < \aleph_0)$ を満たすこと）は局所有限より若干強く，**星型有限**と呼ぶ．位相空間 $(X, \mathcal{O})$ が**強パラコンパクト**とは，任意の開被覆 $\mathcal{U}$ に対して，$\mathcal{U}$ の星型有限な開細分が存在することをいう．

る．このとき，T_3 公理から，$\forall x \in X$ と $x \in U$ となるある $U \in \mathcal{U}$ に対して，$x \in V_x \Subset U$ となる開集合 V_x が存在する．$\{V_x | x \in X\}$ は X の開被覆であり，リンデレフ性から，$\{V_x | x \in X\}$ の可算部分被覆 $\mathcal{V} := \{V_i | i = 1, 2, \cdots\}$ が取れる．ここで，$V_i \Subset U_i \in \mathcal{U}$ となる U_i を選んでおく．また，T_4 公理を繰り返し用いる*6) ことで，$V_i \Subset U_{i,i} \Subset U_{i,i+1} \Subset U_{i,i+2} \Subset \cdots \Subset U_i$ となるような開集合族 $\{U_{i,j} | j \geq i\}$ が存在し，以下のようになる．

$$
\begin{array}{lllllllll}
V_1 \Subset U_{1,1} & \Subset U_{1,2} & \Subset U_{1,3} & \Subset U_{1,4} & \Subset \cdots & \Subset U_{1,n} & \Subset \cdots & \Subset U_1, \\
V_2 & \Subset U_{2,2} & \Subset U_{2,3} & \Subset U_{2,4} & \Subset \cdots & \Subset U_{2,n} & \Subset \cdots & \Subset U_2, \\
 & & & \cdots & & & & \\
V_n & & & & & \Subset U_{n,n} & \Subset \cdots & \Subset U_n
\end{array}
$$

ここで，$i \leq n$ となる任意の $i, n \in \mathbb{N}$ に対して $A_{i,n} := U_{i,n+1} \setminus \bigcup_{1 \leq k \leq n-1} \mathrm{Cl}(U_{k,n-1})$ と定義する．可算開集合族 $\mathcal{A} := \{A_{i,n} | i \leq n\}$ が $\mathcal{U}$ に対する局所有限な開細分であることを示す．

$\mathcal{A}$ が $\mathcal{U}$ に対する開細分であることを示そう．$\mathcal{V}$ が X の開被覆であることから，$\{U_{i,j+1} | i \leq j\}$ も X の開被覆である．よって，$\forall x \in X$ に対して $n = \min\{j | x \in U_{i,j+1} \wedge 1 \leq i \leq j\}$ とすると，ある $1 \leq i \leq n$ が存在して $x \in U_{i,n+1}$ が成り立ち，$x \in U_{i,n+1} \setminus \bigcup_{1 \leq k \leq n-1} U_{k,n} \subset U_{i,n+1} \setminus \bigcup_{1 \leq k \leq n-1} \mathrm{Cl}(U_{k,n-1}) = A_{i,n}$ となる．よって，$\mathcal{A}$ は X の開被覆である．$A_{i,n} \subset U_i$ であるので $\mathcal{A} \leq \mathcal{U}$ を満たす．

最後に $\mathcal{A}$ が局所有限であることを示そう．$n + 1 \leq m - 1$ かつ $i \leq n$，$j \leq m$ となる自然数 i, j, n, m に対して，$A_{i,n} \cap A_{j,m} \subset U_{i,n+1} \cap (U_{j,m+1} \setminus \bigcup_{1 \leq k \leq m-1} \mathrm{Cl}(U_{k,m-1})) = \emptyset$ である．よって，$A_{i,n}$ は，$m \geq n+2$ となる任意の $A_{j,m}$ とは共通部分を持たず，それ以外の $A_{j,m}$ は高々有限個しかないので，$\mathcal{A}$ は局所有限である．ゆえに，$\mathcal{A}$ は $\mathcal{U}$ に対する局所有限な開細分であり，X はパラコンパクトである． □

注 5.2 で記述したように，$A_{i,n}$ が他の開集合との共通部分を有限個にするために，$\bigcup_{1 \leq k \leq n-1} \mathrm{Cl}(U_{k,n-1})$ の部分を切り落としているのである．$\mathcal{A}$ は $\mathcal{U}$ に対する星型有限細分でもあるので，正則でリンデレフな空間は強パラコンパクトであることもわかった．

例 5.4 例題 2.36 および第 3 章脚注 30 の記述より，距離空間において，リンデレフ，可分，第 2 可算公理はすべて同値であり，距離空間はいつでも正則であることから，例題 5.5 より可分距離空間，例えば $(\mathbb{R}^n, \mathcal{O}_{d_n})$ などは強パラコンパクトになる．しかし一般に，距離化可能であるためには強パラコンパクト

---

*6) 例題 3.37 と注 3.18 をみよ．実際，例題 3.37 の証明では T_2 公理は必要なかったから，リンデレフかつ T_3 空間は T_4 空間であった．

性は必要ない．

ゾルゲンフライ直線 $\mathbb{R}_l$ もリンデレフかつ正則であるから強パラコンパクトである．つまり，パラコンパクトであるためには距離は必要ない．一方，ゾルゲンフライ平面 $\mathbb{R}_l^2$ は正規空間ではないため，例題 5.4 からパラコンパクトではない．このことから，パラコンパクト性は直積位相に関して乗法性はない．

ところで，第 2 可算公理を満たさない距離空間はパラコンパクト性をもつだろうか？ 実は次の定理が知られている．証明は 5.2.3 節で行う．

定理 5.1（ストーンの定理） 距離空間はパラコンパクトである．

5.1.3 1 の分割

パラコンパクト性は，実は局所的な性質を大域的な性質につなげる役割がある．まず次の定義をしよう．

定義 5.4 $\mathcal{U}$ を位相空間 $(X, \mathcal{O})$ の開被覆とする．このとき，連続関数族 $\{\rho_U : X \to [0,1] | U \in \mathcal{U}\}$ が，**$\mathcal{U}$ に属する 1 の分割**であるとは，以下の条件を満たすことをいう *7)．

(1) $\forall U \in \mathcal{U}(\mathrm{supp}(\rho_U) \subset U)$ かつ $\{\mathrm{supp}(\rho_U) | U \in \mathcal{U}\}$ は局所有限である．

(2) $\forall x \in X$ に対して，$\sum_{U \in \mathcal{U}} \rho_U(x) = 1$ である．

局所有限であれば脚注 2 より点有限でもあるので，(2) の和は実質的には有限和であることに注意せよ．また，1 の分割は，定義 1.19 の直前で記述したような $\mathcal{U}$ によって添字づけられた連続関数族を意味する．まず次を示す．

例題 5.6 位相空間 $(X, \mathcal{O})$ の任意の開被覆 $\mathcal{U}$ に対して，$\mathcal{U}$ に属する 1 の分割をもつなら $(X, \mathcal{O})$ はパラコンパクトであることを示せ．

（解答） X の開被覆 $\mathcal{U}$ に属する 1 の分割を $\{\rho_U | U \in \mathcal{U}\}$ とし $\mathcal{V} = \{\mathrm{supp}(\rho_U) | U \in \mathcal{U}\}$ とおく．$\{\rho_U | U \in \mathcal{U}\}$ は 1 の分割の条件 (2) から，$\forall x \in X$ に対して，$\exists U \in \mathcal{U}(\rho_U(x) > 0)$ であるので $\mathcal{V}$ は X の開被覆である．条件 (1) から $\mathcal{V}$ は $\mathcal{U}$ の局所有限な細分であるので，$(X, \mathcal{O})$ はパラコンパクトである．□

注 5.3 正則空間において，実はこの例題の逆「パラコンパクト空間は任意の開被覆 $\mathcal{U}$ に対して $\mathcal{U}$ に属する 1 の分割をもつ」を示すことができる．

その前に次を解いておこう．このような性質を局所有限開被覆の**収縮性**という．

*7) $\mathrm{supp}(f) := \{x \in X | f(x) > 0\}$ と定義し，f の**台**という．f が連続関数の場合，台は開集合である．

例題 5.7 $(X,\mathcal{O})$ を正規空間とする．X の局所有限な開被覆 $\mathcal{U}=\{U_\lambda|\lambda\in\Lambda\}$ に対して，開被覆 $\mathcal{V}=\{V_\lambda|\lambda\in\Lambda\}$ が存在して，$\forall\lambda\in\Lambda\ (\overline{V_\lambda}\subset U_\lambda)$ が成り立つことを示せ．

（解答） まず，$\Lambda'\subset\Lambda$ と開集合族 $\{V_\lambda\}_{\lambda\in\Lambda'}$ の組み $(\Lambda',\{V_\lambda\}_{\lambda\in\Lambda'})$ で次の条件 (1), (2) を満たすもの全体を $\mathcal{Z}$ とする*8)．(1) $\forall\lambda\in\Lambda'\left(\overline{V_\lambda}\subset U_\lambda\right)$, (2) $\{V_\lambda\}_{\lambda\in\Lambda'}\cup\{U_\lambda\}_{\lambda\in\Lambda\setminus\Lambda'}$ は X の開被覆となる．

$\mathcal{Z}$ に次のような順序を与える．

$$(\Lambda_1,\{V_{\lambda_1}\}_{\lambda_1\in\Lambda_1})\leq(\Lambda_2,\{W_{\lambda_2}\}_{\lambda_2\in\Lambda_2})\Leftrightarrow\Lambda_1\subset\Lambda_2\wedge\forall\lambda\in\Lambda_1(V_\lambda=W_\lambda)$$

このとき次を示しておこう．

例題 5.8 $\mathcal{Z}$ は帰納的集合であることを示せ．

（解答） A を集合とし，$\forall\alpha\in A\ (\Lambda^\alpha\subset\Lambda)$ とする．$\mathcal{T}=\{(\Lambda^\alpha,\{V_\lambda^\alpha\}_{\lambda\in\Lambda^\alpha})|\alpha\in A\}$ を $\mathcal{Z}$ の全順序部分集合とする．このとき，$\Lambda_\infty=\bigcup_{\alpha\in A}\Lambda^\alpha$ とおき，$\lambda\in\Lambda_\infty$ に対して，$\lambda\in\Lambda^\alpha$ となる $\alpha\in A$ をとり，$V_\lambda^\infty=V_\lambda^\alpha$ と定義することで，添字集合と開集合の組み $Z^\infty=(\Lambda_\infty,\{V_\lambda^\infty\}_{\lambda\in\Lambda_\infty})$ が構成できる．$\mathcal{T}$ の全順序性からこの構成は well-defined である．

$Z^\infty\in\mathcal{Z}$ であることを示していく．$\forall\lambda\in\Lambda_\infty$ に対して $\alpha\in A$ が存在して $\overline{V_\lambda^\infty}=\overline{V_\lambda^\alpha}\subset U_\lambda$ であることから条件 (1) が成り立つ．$\{V_\lambda\}_{\lambda\in\Lambda^\infty}\cup\{U_\lambda\}_{\lambda\in\Lambda\setminus\Lambda^\infty}$ が X の被覆ではないと仮定すると，$\exists x\in X$ に対して，$\forall\lambda\in\Lambda^\infty$ $(x\notin V_\lambda)$ かつ $\forall\lambda\in\Lambda\setminus\Lambda^\infty\ (x\notin U_\lambda)$ が成り立つ．$\mathcal{U}$ の局所有限性から，x を含む $\mathcal{U}$ の元は $U_{\lambda_1},\cdots,U_{\lambda_n}$ の有限個のみである．条件から，$1\leq\forall i\leq n\ (\lambda_i\in\Lambda^\infty)$ である．このとき，$\exists\alpha\in A\forall i\ (\lambda_i\in\Lambda^\alpha)$ を満たす．$\{V_\lambda\}_{\lambda\in\Lambda^\alpha}\cup\{U_\lambda\}_{\lambda\in\Lambda\setminus\Lambda^\alpha}$ が X の被覆であり，$\lambda_i\notin\Lambda\setminus\Lambda^\alpha$ であることから，$x\in\cup\{V_\lambda\}_{\lambda\in\Lambda^\alpha}\subset\cup\{V_\lambda\}_{\lambda\in\Lambda^\infty}$ を満たすがこれは仮定に反する．よって Z^∞ は (2) を満たし，$Z^\infty\in\mathcal{Z}$ となる．

(1) の証明と同様にして Z^∞ は $\mathcal{T}$ の上界でもあることもわかる．ゆえに $\mathcal{Z}$ は帰納的集合である． □

例題 5.7 の証明に戻ろう．ツォルンの補題から $\mathcal{Z}$ に極大元 $Z_0:=(\Lambda_0,\{V_\lambda\}_{\lambda\in\Lambda_0})$ が存在する．もし $\Lambda_0=\Lambda$ であれば，条件 (2) から $\{V_\lambda\}_{\lambda\in\Lambda}$ は X の開被覆であり，条件 (1) から $\forall\lambda\in\Lambda$ に対して $\overline{V_\lambda}\subset U_\lambda$ を満たす．

$\exists\lambda'\in\Lambda\ (\lambda'\notin\Lambda_0)$ と仮定しよう．$\Lambda_0'=\Lambda_0\cup\{\lambda'\}$ とおく．X の閉集合 F を $F^c=\cup(\{V_\lambda\}_{\lambda\in\Lambda_0}\cup\{U_\lambda\}_{\lambda\in\Lambda\setminus\Lambda_0'})$ と定義する．正規性から，$F\subset V_{\lambda'}\Subset U_{\lambda'}$ となる開集合 $V_{\lambda'}$ が存在し，$Z_0':=(\Lambda_0',\{V_\lambda\}_{\lambda\in\Lambda_0'})$ は条件 (1), (2) を満たすので $Z_0'\in\mathcal{Z}$ である．しかし $Z_0<Z_0'$ であるから Z_0 の極大性に反する．ゆえに

*8) この証明では，記号簡素化のため，$\{V_\lambda|\lambda\in\Lambda'\}$ のことを，集合列の記号を用いて $\{V_\lambda\}_{\lambda\in\Lambda'}$ のように表している．

$\Lambda_0 = \Lambda$ である． □

> **例題 5.9** $(X, \mathcal{O})$ をパラコンパクトな正則空間とする．X の任意の開被覆 $\mathcal{U}$ に対して，$\mathcal{U}$ に属する 1 の分割が存在することを示せ．

(解答) $(X, \mathcal{O})$ をパラコンパクトな正則空間とすると，例題 5.4 から $(X, \mathcal{O})$ は正規空間である．X の開被覆 $\mathcal{U}$ に対する局所有限な開細分を $\mathcal{V} = \{V_\lambda | \lambda \in \Lambda\}$ とする．例題 5.7 から，X の開被覆 $\mathcal{W} = \{W_\lambda | \lambda \in \Lambda\}$ で $\forall \lambda \in \Lambda \left(\overline{W_\lambda} \subset V_\lambda\right)$ を満たすものが存在する．ここで，ウリゾーンの補題を用いることで，$f_\lambda|_{\overline{W_\lambda}}(x) = 1$ かつ $f_\lambda|_{V_\lambda^c}(x) = 0$ となる連続関数 $f_\lambda : X \to [0,1]$ が存在する[*9]．$\mathcal{V}$ の局所有限性から $\forall x \in X$ に対して $\sum_{\lambda \in \Lambda} f_\lambda(x)$ は有限和であり，それを $f(x)$ と書く．また，$\mathcal{W}$ が X の被覆であることから $\forall x \in X (f(x) > 0)$ が成り立つ．よって，$\rho_\lambda(x) = \frac{f_\lambda(x)}{f(x)}$ とすると，$\{\rho_\lambda | \lambda \in \Lambda\}$ は $\mathcal{V}$ に属する 1 の分割である．

ここで，$\forall \lambda \in \Lambda$ に対して $V_\lambda \subset U \in \mathcal{U}$ となる U を 1 つ選んでおき，写像 $\varphi : \Lambda \to \mathcal{U}$ を $\lambda \mapsto U$ と定める．$U \in \mathcal{U}$ に対して，ρ_U を $U \in \varphi(\Lambda)$ に対しては $\rho_U(x) = \sum_{\lambda \in \varphi^{-1}(U)} \rho_\lambda(x)$ とし，$U \notin \varphi(\Lambda)$ に対しては $\rho_U = 0$ と定める．このとき，$\mathrm{supp}(\rho_U) = \bigcup_{\lambda \in \varphi^{-1}(U)} \mathrm{supp}(\rho_\lambda) \subset \bigcup_{\lambda \in \varphi^{-1}(U)} V_\lambda \subset U$ であり $\mathcal{V}$ が局所有限であるから，$\{\mathrm{supp}(\rho_U) | U \in \mathcal{U}\}$ も局所有限である．また，

$$\sum_{U \in \mathcal{U}} \rho_U(x) = \sum_{U \in \mathcal{U}} \sum_{\lambda \in \varphi^{-1}(U)} \rho_\lambda(x) = \sum_{\lambda \in \Lambda} \rho_\lambda(x) = 1$$

が成り立つので，$\{\rho_U | U \in \mathcal{U}\}$ は $\mathcal{U}$ に属する 1 の分割である． □

5.1.4 スミルノフの距離化定理

最後にパラコンパクト性の周辺の距離化定理について学ぼう．まず，次の定義から始める．

> **定義 5.5** 集合族 $\mathcal{U}$ が $\mathcal{U} = \bigcup_{i=1}^{\infty} \mathcal{U}_i$ のような可算個の集合族の和として書かれ，$\forall i \in \mathbb{N}$ に対して，$\mathcal{U}_i$ が局所有限であるとき，$\mathcal{U}$ を **σ-局所有限**という．

次に以下の定理を紹介する．証明は 5.2.2 節で行う．

> **定理 5.2** (長田–スミルノフの距離化定理) 正則空間 X が距離化可能であるための必要十分条件は，X が σ-局所有限な開基をもつことである．

注 5.4 ウリゾーンの距離化定理は可分な距離空間の位相的特徴づけであったが，この距離化定理は一般の距離空間の位相的特徴づけになっている．

ここでは，この定理ではなく，パラコンパクト性がもつ局所的な性質を大域

*9) $\mathcal{V}$ の局所有限性から $f(x)$ は有限である．

的な性質につなげる性質を使って次の距離化定理を示そう．

位相空間 $(X, \mathcal{O})$ が**局所距離化可能**であるとは，$\forall x \in X$ と $\exists V \in \mathcal{N}(x)$ に対して，V が距離化可能であることをいう．

例題 5.10（スミルノフの距離化定理） 位相空間 $(X, \mathcal{O})$ が距離化可能であるための必要十分条件は，$(X, \mathcal{O})$ が局所距離化可能かつパラコンパクトであることであることを示せ．

（解答） まずは，必要性を示そう．$(X, \mathcal{O})$ が距離化可能であるとする．このとき，ストーンの定理から $(X, \mathcal{O})$ はパラコンパクトである．また，任意の近傍 $V \in \mathcal{N}(x)$ に対して距離を V に制限することで V は距離化可能であるから $(X, \mathcal{O})$ は局所距離化可能である．

次に十分性を示そう．$(X, \mathcal{O})$ が局所距離化可能とすると，X の開被覆 $\mathcal{U}$ で，$\forall U \in \mathcal{U}$ が距離化可能であるものが存在する．$(X, \mathcal{O})$ がパラコンパクトなら $\mathcal{V} \leq \mathcal{U}$ となる局所有限な開被覆 $\mathcal{V}$ が存在する．$\forall V \in \mathcal{V}$ は距離空間の部分集合であるから距離化可能であり，その距離を d_V とする．任意の自然数 m に対して $\mathcal{A}_m = \{B_{d_V}(x, 1/m) | x \in X, x \in V \in \mathcal{V}\}$ とおく．$\mathcal{A}_m$ は X の開被覆でありパラコンパクト性から $\mathcal{B}_m \leq \mathcal{A}_m$ なる局所有限な開被覆 $\mathcal{B}_m$ をもつ．

以下 $\mathcal{B} := \bigcup_{m=1}^{\infty} \mathcal{B}_m$ が X の開基であれば，長田–スミルノフの距離化定理から $(X, \mathcal{O})$ は距離化可能であることがわかる．そのためには $\forall x \in X$ と $x \in \forall V \in \mathcal{N}(x)$ をとるとき，$x \in W \subset V$ となる $W \in \mathcal{B}_m$ を見つければよい．

x を含む $\mathcal{V}$ の元は有限個のみであり，それを $V_i \in \mathcal{V}$ $(i = 1, \cdots, n)$ とする．$V \cap V_i$ は V_i において x の近傍であり，$B_{d_{V_i}}(x, \epsilon_i) \subset V \cap V_i$ となる ϵ_i が存在する．ここで，$2/m < \min\{\epsilon_1, \cdots, \epsilon_n\}$ となる自然数 m をとる．今，$\mathcal{B}_m$ は X の開被覆であるから，$x \in W \in \mathcal{B}_m$ が存在し，$\mathcal{B}_m \leq \mathcal{A}_m$ であることから，$1 \leq \exists i \leq n \exists y \in V_i (W \subset B_{d_{V_i}}(y, 1/m))$ を満たす．$\forall z \in B_{d_{V_i}}(y, 1/m)$ に対して，$d_{V_i}(z, x) \leq d_{V_i}(z, y) + d_{V_i}(y, x) < 1/m + 1/m < \epsilon_i$ であるから，

$$B_{d_{V_i}}(y, 1/m) \subset B_{d_{V_i}}(x, \epsilon_i) \subset V \cap V_i \subset V$$

となる．よって $\exists W \in \mathcal{B}_m (x \in W \subset V)$ となるので $\mathcal{B}$ は X の開基となる．□

例 5.5 長い直線 $\mathbb{L}$ は，例題 4.13 の証明にあるように，各点 $\forall x \in \mathbb{L}$ に対する開近傍として開区間と同相なものがとれるから局所距離化可能である．しかし，例題 4.14 の直前の記述から $\mathbb{L}$ は距離空間ではなかったから，$\mathbb{L}$ はパラコンパクトではない．

5.2 距離化定理とパラコンパクト性

$\mathcal{U}$ を集合 X のある部分集合族とし $A \subset X$ とする．$\mathcal{U}(A)$ を $\{U \in \mathcal{U} | A \cap U \neq$

$\emptyset\}$ と定義し，以下この意味で用いる．位相空間 X において，$\mathcal{U}$ が局所有限であるとは $\forall x \in X$ に対して $|\mathcal{U}(W)| < \aleph_0$ となる x の近傍 W が存在することをいい，位相空間がパラコンパクトであるとは任意の開被覆 $\mathcal{U}$ に対して局所有限な開細分をもつこととして定義するのであった．

前節で，長田–スミルノフの距離化定理とストーンの定理を紹介し，それを応用する程度で終わっていた．これらの定理にはいくつかの証明が知られているが，本節は，マンクリズの教科書 “Topology”[3] の 6 章に紹介されている比較的分かり易い方法に沿ってそれらの証明を行っていこう*10)．

5.2.1　完全正規空間

まずは次の分離公理を導入する．以下，X はある位相空間とする．

公理 5.1（T_6 公理）　T_4 かつ任意の閉集合が G_δ-集合である．

T_6 公理を満たす空間を $\boldsymbol{T_6}$ **空間**という．また，T_1 かつ T_6 公理を満たす空間を**完全正規空間**という．自然に完全正規空間は正規空間でありハウスドルフ空間にもなる．

$A \subset X$ が**ゼロ集合**であるとは，ある連続関数 $f : X \to \mathbb{R}$ が存在して $A = f^{-1}(0)$ となることである*11)．$\{0\}$ は $\mathbb{R}$ において閉集合であるからゼロ集合は閉集合である．まず T_4 空間の G_δ-閉集合*12) の特徴づけを与えよう．

例題 5.11　位相空間 X が T_4 空間であるとき，$A \subset X$ が G_δ-閉集合であることとゼロ集合であることは同値であることを示せ．

(解答)　X を T_4 空間とする．A を X の任意の G_δ-閉集合とする．このとき，開集合のある可算族 $\{U_n | n \in \mathbb{N}\}$ を用いて $A = \bigcap_{n=1}^{\infty} U_n$ と表せる．A と U_n^c は互いに交わらない閉集合であるから，ウリゾーンの補題（例題 3.27）により，連続関数 $f_n : X \to [0,1]$ で，$f_n(A) = \{0\}$ かつ $f_n(U_n^c) = \{1\}$ となるものが存在する．ここで，$F_n : X \to [0,1]$ を $F_n(x) = \sum_{i=1}^{n} 2^{-i} f_i(x)$ とすると，$|2^{-i} f_i(x)| \leq 2^{-i}$ であり，$\sum_{i=1}^{\infty} 2^{-i}$ は収束級数なのでワイエルシュトラスの M 判定法（例題 3.31）により，$x \mapsto f(x) = \lim_{n\to\infty} F_n(x) = \sum_{n=1}^{\infty} 2^{-n} f_n(x)$ によって定義される関数 $f : X \to [0,1]$ は連続関数となる．$x \in f^{-1}(0) \leftrightarrow \forall n \in \mathbb{N}(f_n(x) = 0)$ であるから，f_n の性質から $A \subset f^{-1}(0)$ である．$\forall y \in A^c = \bigcup_{n=1}^{\infty} U_n^c$ に対して，$\exists n \in \mathbb{N}(y \in U_n^c)$ であるから，$f_n(y) = 1$ となり，$y \notin f^{-1}(0)$ であるので，$f^{-1}(0) = A$ が成り立つ．よって A は X のゼロ集合である．

---

*10)　ただ，記号などは変えてあるところがある．

*11)　f の終域を $\mathbb{R}$ としているが，$I = [0,1]$ としても定義は変わらない．同相写像 $\mathbb{R} \to (0,1)$ や $x \mapsto x^2$ などを合成すれば良い．

*12)　閉かつ G_δ-集合のこと．

逆に，$A \subset X$ をゼロ集合とすると，A は閉集合であり，ある連続関数 $f: X \to \mathbb{R}$ によって $A = f^{-1}(0)$ としたとき，$U_n = f^{-1}((-\frac{1}{n}, \frac{1}{n}))$ とおけば，U_n は開集合である．よって，$A = f^{-1}(0) = f^{-1}(\bigcap_{n=1}^{\infty}(-\frac{1}{n}, \frac{1}{n})) = \bigcap_{n=1}^{\infty} f^{-1}((-\frac{1}{n}, \frac{1}{n})) = \bigcap_{n=1}^{\infty} U_n$ であるから，A は G_δ-集合である． □

T_6 公理は次のように書き直すことができる．

例題 5.12 位相空間が T_6 空間であることと任意の閉集合がゼロ集合であることは同値であることを示せ．

（解答） X が T_6 空間であるとする．$A \subset X$ を閉集合とすると，A は G_δ-閉集合であるから，例題 5.11 から A はゼロ集合である．

逆に，任意の閉集合がゼロ集合であるとする．G, H を X の互いに交わらない閉集合とすると，ある連続関数 $f_G, f_H : X \to [0,1]$ が存在して，$f_G^{-1}(0) = G$ かつ $f_H^{-1}(0) = H$ となる．連続関数 $f : X \to [0,1]$ を $x \mapsto f(x) = \frac{f_G(x)}{f_G(x)+f_H(x)}$ とすると，$f^{-1}(0) = f_G^{-1}(0) = G$ かつ $f^{-1}(1) = f_H^{-1}(0) = H$ を満たし，ウリゾーンの補題（例題 3.27）より X は T_4 空間となる．また，任意の閉集合 A はゼロ集合であり，例題 5.11 から G_δ-集合であるから X は T_6 空間である． □

注 5.5 X の互いに交わらない閉集合 F, G に対して，ある連続関数 $f : X \to [0,1]$ が存在して $f^{-1}(0) = F$ かつ $f^{-1}(1) = G$ となるとき，F, G は**連続関数によってちょうど分離する**という．上の証明から以下の同値性がわかる．最後の条件は T_6 公理の閉集合の性質を開集合の性質に書き直したものである．

- T_6 公理を満たす．
- 任意の閉集合はゼロ集合である．
- 任意の互いに交わらない閉集合は連続関数によってちょうど分離する．
- T_4 かつ任意の開集合が F_σ-集合である．

注 5.6 $A \subset X$ のとき，連続関数 $X \to \mathbb{R}$ を部分位相空間 A に制限した関数も連続である．X が T_6 空間なら，A の任意のゼロ集合 Z_A は X のあるゼロ集合 Z を用いて，$Z_A = A \cap Z$ とかけるから，T_6 公理は遺伝的性質であることがわかる．まとめると，T_6 公理 $\Rightarrow T_5$ 公理がわかる．

例 5.6 任意の距離空間は完全正規空間である．それは，任意の閉集合 A に対して，$\varphi_A(x) = d(x, A)$ という関数 $\varphi_A : X \to \mathbb{R}$ を用いれば，例題 2.17 より φ_A は連続であり，例題 2.18 により $A = \varphi_A^{-1}(0)$ であるからである．

距離空間は完全正規空間の大事な例であることがわかったが，距離空間ではない完全正規空間も存在する．再びゾルゲンフライ直線を登場させよう．

例題 5.13 ゾルゲンフライ直線 $\mathbb{R}_l$ は完全正規空間であることを示せ．

(解答) 正規であることは例題 3.25 で示したので，注 5.5 にある同値条件を使って任意の開集合が F_σ-集合であることを示せば良い．$\forall U \in \mathcal{O}_l$ をとる．U の $(\mathbb{R}, \mathcal{O}_{d_1})$ における内部を U° として $\forall x \in U \setminus U^\circ$ をとる．このとき，$[x, r_x) \subset U$ となる開集合が存在する．ここで，異なる 2 点 $x, y \in U \setminus U^\circ$ をとる．$[x, r_x) \cap [y, r_y) \neq \emptyset$ とすると，$x < y < r_x$ とすると，$y \in U^\circ$ であり，y の取り方に矛盾する．$y < x < r_y$ としても同様である．よって $[x, r_x) \cap [y, r_y) = \emptyset$ である．$\mathbb{R}_l$ は可算鎖条件を満たす*13) ので $\{[x, r_x) | x \in U \setminus U^\circ\}$ は可算個の閉集合族である．一方，$(\mathbb{R}, \mathcal{O}_{d_1})$ は T_6 空間であるから U° は $(\mathbb{R}, \mathcal{O}_{d_1})$ の閉集合の可算和集合である．$\mathcal{C}_{d_1} < \mathcal{C}_l$ より*14)，それは，$\mathcal{O}_l$ の閉集合の可算和集合でもある．$U = U^\circ \cup \bigcup_{x \in U \setminus U^\circ} [x, r_x)$ であるから，U は $\mathcal{C}_l$ の元の可算和集合でもある．よって $\mathbb{R}_l$ は完全正規空間である． □

注 5.6 で書いたように，完全正規性は遺伝的性質であるが，ゾルゲンフライ平面は正規空間ではないので，完全正規性に乗法性はない．

5.2.2 長田–スミルノフの距離化定理

長田–スミルノフの距離化定理の主張は「正則空間が距離化可能であるための必要十分条件は σ-局所有限な開基を持つことである」であり，（可分とは限らない）一般の距離化可能のための必要十分条件を与えていた．ウリゾーンの距離化定理の主張は「第 2 可算公理を満たす正則空間は距離化可能である」であったが，これを上の長田–スミルノフの距離化定理の主張に似せて言い換えれば，「正則空間が可分距離空間であるための必要十分条件は第 2 可算公理を満たすことである」となる．可算開基 $\{U_n | n \in \mathbb{N}\}$ を $\bigcup_{n \geq 1} \{U_n\}$ のように書けば，1 つの開集合からなる集合 $\{U_n\}$ は明らかに局所有限であるから（第 2 可算 $\Rightarrow$ σ-局所有限な開基をもつ）であるが，σ-局所有限な開基を持つ条件は第 2 可算公理より遥かに弱い条件である．

まずは，例題 3.37 の類似の例題を示しておこう．解答の後半部分は，例題 3.37 と同様の議論である．

> **例題 5.14** σ-局所有限な開基をもつ正則空間は完全正規空間であることを示せ．

(解答) X を σ-局所有限な開基をもつ正則空間とする．X の開基 $\mathcal{B}$ を，局所有限な開集合族 $\mathcal{B}_n$ を用いて，$\mathcal{B} = \bigcup_{n=1}^{\infty} \mathcal{B}_n$ と表す．W を X の開集合とする．$\mathcal{C}_n = \{B \in \mathcal{B}_n | \bar{B} \subset W\}$ とする．$\mathcal{C}_n$ も局所有限である．$U_n = \cup \mathcal{C}_n$ とおく．このとき，例題 5.1 を用いることで，$\overline{U_n} = \cup \overline{\mathcal{C}_n}$ となる．ゆえに，

*13) 第 3 章脚注 32 をみよ．

*14) $\mathcal{C}_{d_1}, \mathcal{C}_l$ は $\mathcal{O}_{d_1}, \mathcal{O}_l$ のそれぞれの閉集合系であり，順序はその包含関係から来るものである．

$\bigcup_{n=1}^{\infty} U_n \subset \bigcup_{n=1}^{\infty} \overline{U_n} \subset W$ となる．X は正則であったから，$\forall x \in W$ に対して，$\exists B \in \mathcal{B}_n(x \in \bar{B} \subset W)$ を満たす．ゆえに，$B \in \mathcal{C}_n$ となるので，$B \subset U_n$ となる．上の包含関係を用いることで，$\bigcup_{n=1}^{\infty} U_n = \bigcup_{n=1}^{\infty} \overline{U_n} = W$ となる．よって，任意の開集合が閉集合の可算和集合であることがわかった．

あとは，T_4 空間であることを示せばよい．F, G を X の互いに交わらない閉集合とする．このとき，$F^c = \bigcup_{n=1}^{\infty} U_n = \bigcup_{n=1}^{\infty} \overline{U_n}$ かつ $G^c = \bigcup_{n=1}^{\infty} V_n = \bigcup_{n=1}^{\infty} \overline{V_n}$ となる可算開集合族 $\{U_n | n \in \mathbb{N}\}$ と $\{V_n | n \in \mathbb{N}\}$ をとる．$U'_n = U_n \setminus \bigcup_{i \leq n} \overline{V_n}$ かつ $V'_n = V_n \setminus \bigcup_{i \leq n} \overline{U_n}$ とおくことで，開集合 U'_n と V'_n が得られる．$n \leq m$ なら，$V'_m \cap U'_n \subset (V_m \setminus \bigcup_{i \leq m} \overline{U_i}) \cap U_n = \emptyset$ であり，$n > m$ としても，$V'_m \cap U'_n \subset V_m \cap (U_n \setminus \bigcup_{i \leq n} \overline{V_i}) = \emptyset$ であるから，$U' = \bigcup_{n=1}^{\infty} U'_n$ と $V' = \bigcup_{i=1}^{\infty} V'_n$ は互いに交わらない開集合である．$x \in F$ とすると，$x \notin F^c$ かつ $x \in G^c$ であり，$\forall n \in \mathbb{N}(x \notin \overline{U_n})$ かつ $\exists n \in \mathbb{N}(x \in V_n)$ であるから，$x \in V'_n \subset V'$ となる．同様に，$x \in G \to x \in U'$ がわかる．つまり V', U' は F, G を分離する開集合であり，X は T_4 空間であることがわかった． □

次の 2 つの例題で長田–スミルノフの条件が距離化のための必要条件であることを示していこう．距離空間 (X, d) において，任意の部分集合 $A \subset X$ と $\epsilon > 0$ に対して，$B_d(A, \epsilon) = \bigcup_{x \in A} B_d(x, \epsilon)$ と定義する．$B_d(A, \epsilon)$ は開集合である．

例題 5.15　$(X, \mathcal{O}_d)$ を距離位相空間とする．X の任意の開被覆 $\mathcal{U}$ に対して $\mathcal{E} \leq \mathcal{U}$ なる σ-局所有限な開被覆 $\mathcal{E}$ が存在することを示せ．

(解答)　X の開被覆 $\mathcal{U}$ をとる．整列可能定理から $\mathcal{U}$ にある整列順序 $\prec$ を導入して $(\mathcal{U}, \prec)$ を整列集合としておく．$\forall U \in \mathcal{U}$ に対して，$S_{n,U} = \{x | B_d(x, \frac{1}{n}) \subset U\}$ とする．また，$\forall U \in \mathcal{U}$ に対して $T_{n,U} = S_{n,U} \setminus \bigcup_{V \prec U} V$ とする*15)．

ここで $V \prec U$ を満たす $U, V \in \mathcal{U}$ をとる．$\forall x \in T_{n,V}$ に対して，$x \in B_d(x, \frac{1}{n}) \subset V$ であるが $\forall y \in T_{n,U}$ とすれば，$y \notin V$ であるので，$T_{n,U} \cap T_{n,V} = \emptyset$ であり，$\{T_{n,U} | U \in \mathcal{U}\}$ は互いに交わらない．さらに $d(x, y) \geq \frac{1}{n}$ である．

$U \in \mathcal{U}$ に対して，$E_{n,U} = B_d(T_{n,U}, \frac{1}{3n})$ とおくと*16)，$\forall x \in E_{n,U}$ に対して，ある $a \in T_{n,U}$ が存在して，$d(x, a) < \frac{1}{3n}$ である．同様に $V \prec U$ に対して $\forall y \in E_{n,V}$ とすると，ある $b \in T_{n,V}$ が存在して $d(y, b) < \frac{1}{3n}$ を満たす．よって，三角不等式から，

$$d(x, y) \geq d(a, b) - d(a, x) - d(y, b) \geq \frac{1}{n} - \frac{1}{3n} - \frac{1}{3n} = \frac{1}{3n}$$

*15)　このように一定量縮ませて切り取ることによって，一定量離れた互いに交わらない集合族 $\{T_{n,U} | U \in \mathcal{U}\}$ が構成できる．次のパラグラフでそれを示す．

*16)　$T_{n,U}$ よりわずかに太らせることによって開集合にしている．

が満たされる[*17]．よって，$\mathcal{E}_n := \{E_{n,U} | U \in \mathcal{U}\}$ は互いに共通部分を持たない開集合族であり $E_{n,U} \subset U$ を満たす．$\mathcal{E} = \bigcup_{n=1}^{\infty} \mathcal{E}_n$ とおく．

$\mathcal{E}$ が $\mathcal{U}$ に対する開細分であることを示そう．$\mathcal{U}(x) \subset \mathcal{U}$ より整列順序 $\prec$ による最小元 $U \in \mathcal{U}(x)$ が存在する[*18]．U は開集合であるから $B_d(x, \frac{1}{n}) \subset U$ となる $n \in \mathbb{N}$ が存在し，定義から $x \in S_{n,U}$ となる．U の最小性から $x \in T_{n,U}$ であり，$x \in E_{n,U}$ である．よって $\mathcal{E}$ は X の被覆であり，特に $\mathcal{E}$ は $\mathcal{U}$ に対する開細分である．

最後に $\mathcal{E}_n$ は局所有限であることを示す．$\forall x \in X$ に対して，$U_1 \neq U_2$ なる $U_1, U_2 \in \mathcal{U}$ が存在して

$$B_d\left(x, \frac{1}{6n}\right) \cap E_{n,U_1} \neq \emptyset \wedge B_d\left(x, \frac{1}{6n}\right) \cap E_{n,U_2} \neq \emptyset$$

を仮定する．$i = 1, 2$ に対して $a_i \in B_d(x, \frac{1}{6n}) \cap E_{n,U_i}$ をとると，

$$\frac{1}{3n} \leq d(a_1, a_2) \leq d(a_1, x) + d(x, a_2) < \frac{1}{6n} + \frac{1}{6n} = \frac{1}{3n}$$

より矛盾する．よって，$B_d(x, \frac{1}{6n}) \cap E_{n,U} \neq \emptyset$ であるような $U \in \mathcal{U}$ は高々 1 つである．ゆえに，$\mathcal{E}_n$ は局所有限である．

これにより，$\mathcal{E}$ が $\mathcal{U}$ の σ-局所有限な開細分であることがわかった．□

次の例題を解こう．

例題 5.16　距離位相空間 $(X, \mathcal{O}_d)$ は，σ-局所有限な開基をもつことを示せ．

(解答)　$m \in \mathbb{N}$ に対して，$\mathcal{A}_m = \{B(x, \frac{1}{m}) | x \in X\}$ としよう．このとき，例題 5.15 より，$\mathcal{B}_m \leq \mathcal{A}_m$ となる σ-局所有限な開細分 $\mathcal{B}_m$ をもつ．$\mathcal{B}_m$ は局所有限な開集合族 $\mathcal{B}_{m,n}$ を用いて $\mathcal{B}_m = \bigcup_{n=1}^{\infty} \mathcal{B}_{m,n}$ と表せる．$\{\mathcal{B}_{m,n} | m, n \in \mathbb{N}\}$ は局所有限な可算族であるので，$\mathcal{B} = \bigcup_{m,n=1}^{\infty} \mathcal{B}_{m,n}$ も σ-局所有限な開集合族である．

$\mathcal{B}$ が開基であることを示そう．$\forall x \in X$ と $\forall V \in \mathcal{N}(x)$ に対して，$\exists \epsilon > 0 (x \in B(x, \epsilon) \subset V)$ を満たし，$\frac{1}{\epsilon} < n$ となる自然数 n をとる．$\mathcal{B}_{2n}$ は $\mathcal{B}_{2n} \leq \mathcal{A}_{2n}$ となる X の開被覆であるので，$\exists B \in \mathcal{B}_{2n} \exists y \in X (x \in B \subset B(y, \frac{1}{2n}))$ となる．ここで，$\forall z \in B(y, \frac{1}{2n})$ とすると，$d(z, x) \leq d(z, y) + d(y, x) < \frac{1}{2n} + \frac{1}{2n} = \frac{1}{n}$ であるから，$x \in B \subset B(y, \frac{1}{2n}) \subset B(x, \frac{1}{n}) \subset B(x, \epsilon)$ となり，$\mathcal{B}$ は X の開基であることがわかる．□

ウリゾーンの距離化定理を証明をしたときは，位相空間 X をある可分な距離空間 I^{ω} に埋め込む[*19]ことによって X に距離を与えた．同様の証明を長田–ス

*17)　つまり，$U \neq V$ であれば，$\{E_{n,U} | U \in \mathcal{U}\}$ はある一定量離れた互いに素な開集合族である．

*18)　$\mathcal{U}(x)$ は x を含む $\mathcal{U}$ の元全体の集合である．5.2.1 節の最初のパラグラフの $\mathcal{U}(A)$ の定義を使う．

*19)　埋め込み写像を与えることを**埋め込む**という．

ミルノフの距離化定理に対して行おうとすれば，位相空間を可分ではない距離空間に埋め込む必要がある[20]．これまで $(\ell^\infty, d_{\sup})$ は非可分な距離空間であることを注 2.14 で指摘したが，そのような距離をもつ空間を与えておく．

定義 5.6 $I = [0,1]$ とし S をある集合とする．I^S 上に $\bar{\rho}$ を

$$\bar{\rho}((x_s)_{s\in S}, (y_s)_{s\in S}) = \sup\{|x_s - y_s| | s \in S\}$$

として，距離関数を定義することができる．このような距離 $\bar{\rho}$（および $(I^S, \bar{\rho})$）を **sup 距離**（および **sup 距離空間**）といい，sup 距離による位相空間を **sup 距離位相空間**という[21]．

注 5.7 これにより直積集合 I^S 上に 3 種類の位相（直積位相，sup 距離位相，箱型積位相）を入れることができた．S が有限集合であれば，これらはすべて同じ位相空間を与えるが，$|S| \geq \aleph_0$ のとき，$\prod_S \mathcal{O}_{d_1} < \mathcal{O}_{\bar{\rho}} < \boxtimes_S \mathcal{O}_{d_1}$ である[22]．$|S| > \aleph_0$ での直積位相や，無限個の箱型積位相は距離空間にはならない（例題 2.52）．よって，（非可分かもしれない）ある空間を埋め込む距離位相空間として $\mathcal{O}_{\bar{\rho}}$ を採用しよう．以下この試みが上手くいくことを示していく．

では，長田–スミルノフの条件が距離化のための十分条件であることを示そう．

例題 5.17 σ-局所有限な開基をもつ正則空間は距離化可能であることを示せ．

（解答） 正則空間 $(X, \mathcal{O})$ の開基 $\mathcal{B}$ が，局所有限な開集合族 $\mathcal{B}_n$ を用いて $\mathcal{B} = \bigcup_{n=1}^{\infty} \mathcal{B}_n$ と表されたとする．例題5.14 より X は完全正規空間である．よって $\forall n \in \mathbb{N}$ と $\forall B \in \mathcal{B}_n$ に対して，$f_{n,B}^{-1}(0) = B^c$ となる連続関数 $f_{n,B} : X \to [0, \frac{1}{n}]$ が存在し，それを選んでおく．

さらに，$S = \{(n,B) \in \mathbb{N} \times \mathcal{B} | n \in \mathbb{N}, B \in \mathcal{B}_n\}$ とおき，$F : X \to I^S$ を $F(x) = (f_{n,B}(x))_{(n,B)\in S}$ と定義する．先に次を示しておく．

例題 5.18 F は単射であり，像への写像として開写像であることを示せ．

（解答） 相異なる $x, y \in X$ に対してある $n \in \mathbb{N}$ と $B \in \mathcal{B}_n$ が存在して $x \in B \wedge y \in B^c$ を満たす．$f_{n,B}(y) = 0 < f_{n,B}(x)$ であるから $F(x) \neq F(y)$ であり F は単射となる．

$F : X \to F(X)$ が開写像であることは，$\forall B \in \mathcal{B}_n$ に対して $F(B) = F(X)$

---

*20） 可分性は一般には遺伝的ではない（例題 2.45 参照）が，距離位相空間に対しては遺伝的である．

*21） I を $\mathbb{R}$ にしても $\mathbb{R}^S$ 上に同様の距離空間を定義できる．そのとき各成分の距離を $d_1(x,y) = |x-y|$ にするのではなく，$d(x,y) = \min\{|x-y|, 1\}$ のような**有界距離**を用いれば良い．

*22） $S = \omega$ とすると，$B_{d_1}(0,1)^\omega$ は直積位相では開集合ではないが，$\mathcal{O}_{\bar{\rho}}$ において開集合になる．また，$\{(x_n) | |x_n| < \frac{1}{n+1}\}$ は箱型積位相の開集合であるが，$\mathcal{O}_{\bar{\rho}}$ には入らない．

$\cap\, \mathrm{pr}_{n,B}^{-1}((0,1])$ を示せばよい[*23]．$F(B) \subset F(X) \cap \mathrm{pr}_{n,B}^{-1}((0,1])$ は $f_{n,B} = \mathrm{pr}_{n,B} \circ F$ と $f_{n,B}$ の定義より成り立つ．$\forall z \in F(X) \cap \mathrm{pr}_{n,B}^{-1}((0,1])$ とする．ある $x \in X$ に対して $z = F(x)$ とする．$f_{n,B}(x) = \mathrm{pr}_{n,B}(F(x)) = \mathrm{pr}_{n,B}(z) > 0$ より $x \in B$ である．よって $z \in F(B)$ となる．□

例題 5.17 の証明に戻る．F の連続性が残っていた．それを示そう．$\forall n \in \mathbb{N}$ に対して $\mathcal{B}_n$ の局所有限性から $\forall a \in X$ に対して $U_n \in \mathcal{N}(a)$ が存在して $|\mathcal{B}_n(U_n)| < \aleph_0$ とすることができる．$\forall \epsilon > 0$ としよう．$\mathcal{B}_n$ の元 B の中で $f_{n,B}(U_n) = 0$ とならないのは高々有限個である．それを $B_1, \cdots, B_m \in \mathcal{B}_n$ としよう．このとき，f_{n,B_i} の連続性から $\exists V_n^i \in \mathcal{N}(a)(f_{n,B_i}(V_n^i) \subset B_{d_1}(f_{n,B_i}(a), \frac{\epsilon}{2}))$ を満たす．$V_n = U_n \cap \bigcap_{i=1}^{m} V_n^i$ とおけば，V_n は a の近傍で $\forall B \in \mathcal{B}_n(f_{n,B}(V_n) \subset B_{d_1}(f_{n,B}(a), \frac{\epsilon}{2}))$ を満たす．

$\frac{2}{\epsilon} < N$ となる自然数 N をとる．$W = \bigcap_{i=1}^{N} V_i \in \mathcal{N}(a)$ であり，$\forall n \leq N$ であるなら，$\forall B \in \mathcal{B}_n$ は $f_{n,B}(W) \subset B_{d_1}(f_{n,B}(a), \frac{\epsilon}{2})$ が成り立つ．$n > N$ であれば，$\forall y \in X$ に対して $|f_{n,B}(y) - f_{n,B}(a)| < \frac{1}{N} < \frac{\epsilon}{2}$ であったから，$y \in W$ において，$\bar{\rho}(F(y), F(a)) \leq \frac{\epsilon}{2} < \epsilon$ であり，F の連続性がいえた．

ゆえに $F : X \to I^S$ は埋め込み写像であり X と $F(X)$ は同相となる．部分位相空間 $F(X) \subset I^S$ は距離化可能であるから $(X, \mathcal{O})$ も距離化可能である．□

これにより，任意の距離位相空間はある直積集合 I^S の部分位相空間と同相になることがわかった．

5.2.3 マイケルの補題とストーンの定理

長田–スミルノフの距離化定理の必要条件（例題 5.16）を示す前に示していた例題 5.15 は，距離空間の開被覆に対する開細分に関する性質であった．この性質を改良して，前回保留にしていたストーンの定理「距離空間はパラコンパクトである」の証明ができないだろうか？ マイケル（E. Michael）はそれができることを実際に証明をしてみせた．まずは次の例題を示しておこう．

例題 5.19 位相空間 $(X, \mathcal{O})$ において $\mathcal{A}$ が X の局所有限な部分集合族であるなら，$\overline{\mathcal{A}}$ も局所有限な部分集合族であることを示せ．

（解答） $\mathcal{A}$ を X の局所有限な部分集合族とすると $\forall x \in X$ に対して開近傍 $U \in \mathcal{N}(x)$ が存在して $\mathcal{A}(U)$ は有限集合である．ある $A \in \mathcal{A}$ が $\bar{A} \cap U \neq \emptyset$ を満たすなら $y \in \bar{A} \cap U$ は A の触点であるから，$A \cap U \neq \emptyset$ つまり $A \in \mathcal{A}(U)$ であることがわかる．これは $\overline{\mathcal{A}}(U) \subset \overline{\mathcal{A}(U)}$ を意味し，この右辺の有限性から $\overline{\mathcal{A}}$ が局所有限であることがわかる．□

*23） $\mathrm{pr}_{n,B} : I^S \to I$ は $(n,B) \in S$ の成分への標準射影である．sup 距離位相空間においても $\mathrm{pr}_{n,B}$ は連続である．

マイケルの補題を示そう.

例題 5.20 (マイケルの補題) $(X, \mathcal{O})$ を正則空間とする. X の任意の開被覆 $\mathcal{U}$ に対して次の細分[*24] $\mathcal{V} \leq \mathcal{U}$ が存在することはそれぞれ同値であることを示せ.

(1) $\mathcal{V}$ は σ-局所有限な開集合族である.

(2) $\mathcal{V}$ は局所有限な集合族であり, さらに $\mathcal{V}$ は局所有限な閉集合族と仮定できる.

(3) $\mathcal{V}$ は局所有限な開集合族である.

(解答) (3)⇒(1) は定義から直ちに導かれる.

(1)⇒(2) を証明をしよう. (1) の条件から $\mathcal{U}$ に対してある局所有限な開集合族 $\mathcal{A}_n$ が存在して $\mathcal{A} = \bigcup_{n=1}^{\infty} \mathcal{A}_n \leq \mathcal{U}$ となる開細分 $\mathcal{A}$ をとる. $W_n = \cup \mathcal{A}_n$ とおき, $U \in \mathcal{A}_n$ に対して $V_{n,U} = U \setminus \bigcup_{i<n} W_i$ とし, $\mathcal{V}_n = \{V_{n,U} | U \in \mathcal{A}_n\}$ また $\mathcal{V} = \bigcup_{n=1}^{\infty} \mathcal{V}_n$ とおく[*25]. $V_{n,U} \subset U \in \mathcal{A}_n$ であり, $\forall x \in X$ に対して $N_x = \min\{n | x \in W_n\}$ をとる. このとき, $x \in U_x \in \mathcal{A}_{N_x}$ となる U_x をとれば, $x \in V_{N_x, U_x}$ を満たす. よって $\mathcal{V}$ は X の被覆であり $\mathcal{A}$ に対する細分となる.

$\mathcal{V}$ が局所有限であることを示そう. $x \in X$ をとる. $\forall n > N_x$ に対して, $\mathcal{V}_n(U_x) = \emptyset$ である. $n \leq N_x$ に対して, $\mathcal{A}_n(Y_n)$ が有限集合となる $Y_n \in \mathcal{N}(x)$ をとる. $Y = Y_1 \cap \cdots \cap Y_{N_x} \cap U_x$ とおくと $Y \in \mathcal{N}(x)$ であり,

$$\mathcal{V}(Y) = \bigcup_{n=1}^{\infty} \mathcal{V}_n(Y) \subset \bigcup_{n=1}^{N_x} \mathcal{V}_n(Y_n) \cup \bigcup_{n>N_x} \mathcal{V}_n(U_x) \subset \bigcup_{n=1}^{N_x} \mathcal{V}_n(Y_n)$$

となる. $V_{n,U} \cap Y_n \subset U \cap Y_n$ であるから, $\mathcal{A}_n(Y_n)$ の有限性から $\mathcal{V}_n(Y_n)$ の有限性が従う. よって $\mathcal{V}(Y)$ は有限集合であり $\mathcal{V}$ は局所有限である. $\mathcal{V}$ は局所有限な $\mathcal{U}$ に対する細分であることがわかった.

(2) の後半の条件を確かめる. X の正則性から $\forall V \in \mathcal{S} \exists U \in \mathcal{U} (\bar{V} \subset U)$ を満たす開細分 $\mathcal{S} \leq \mathcal{U}$ が存在する. 前半の条件から $\mathcal{V} \leq \mathcal{S}$ なる細分 $\mathcal{V}$ で局所有限なものが存在し, $\overline{\mathcal{V}} \leq \mathcal{U}$ を満たす. 例題 5.19 から $\overline{\mathcal{V}}$ は局所有限な $\mathcal{U}$ の閉細分である.

(2)⇒(3) を示そう. (2) から $\mathcal{A} \leq \mathcal{U}$ なる局所有限な細分 $\mathcal{A}$ をとる[*26]. $\mathcal{A}$ を少しだけ太らせて $\mathcal{U}$ の局所有限な開細分を作ろう. $\mathcal{A}$ は局所有限な細分であるから $\tilde{\mathcal{A}} := \{W \in \mathcal{O} | |\mathcal{A}(W)| < \aleph_0\}$ は X の開被覆であり, (2) の後半の主張から $\mathcal{B} \leq \tilde{\mathcal{A}}$ となる局所有限な閉細分 $\mathcal{B}$ が存在する. $\forall B \in \mathcal{B}$ に対して, $B \subset W \in \tilde{\mathcal{A}}$ をとれば, $\mathcal{A}(B) \subset \mathcal{A}(W)$ であり, $\mathcal{A}(W)$ は有限集合であった

*24) ここでの定義では細分の定義に被覆であることを含めたものを採用していることに改めて注意しておく.

*25) $W_0 = \emptyset$ とおく.

*26) $\mathcal{A}$ は閉細分でもそうでなくてもよい.

から $\mathcal{A}(B)$ も有限集合である．今，$\forall A \in \mathcal{A}$ に対して $\mathcal{B}_A = \{B \in \mathcal{B} | B \subset A^c\}$ とし，$C_A = (\cup \mathcal{B}_A)^c$ とおくと C_A は開集合である[*27]．定義から $A \subset C_A$ である．$\mathcal{A} \leq \mathcal{U}$ であるから $\forall A \in \mathcal{A}$ に対して，$A \subset U_A \in \mathcal{U}$ を選んでおく．$\mathcal{V} = \{C_A \cap U_A | A \in \mathcal{A}\}$ とおくと $\mathcal{V}$ は $\mathcal{U}$ の開細分となる．

$\mathcal{V}$ が局所有限であることを示そう．$\forall x \in X$ に対して，$\mathcal{B}(W)$ が有限集合となる近傍 W をとる．$\mathcal{V}(W)$ が有限集合であることを示す．$\mathcal{B}$ は X の被覆であったから，$W \subset \cup \mathcal{B}(W)$ である．よって $\mathcal{V}(W) \subset \mathcal{V}(\cup \mathcal{B}(W)) \subset \bigcup_{B \in \mathcal{B}(W)} \mathcal{V}(B)$ であるから $\mathcal{V}(B)$ が有限集合であることを示せばよい．$\forall B \in \mathcal{B}$ と $\forall A \in \mathcal{A}$ をとる．$C_A \cap U_A \in \mathcal{V}(B) \to \emptyset \neq B \cap C_A \to B \notin \mathcal{B}_A \leftrightarrow A \in \mathcal{A}(B)$ を満たす．$\mathcal{A}(B)$ の有限性から $\mathcal{V}(B)$ の有限性が従う．ゆえに，$\mathcal{V}$ は局所有限である．

以上より，上記のことから (1), (2), (3) の同値性が導かれた． □

この補題から多くの定理がいとも簡単に従う．次を示そう．

例題 5.21 マイケルの補題を用いてストーンの定理（定理 5.1）を証明せよ．

（解答） X を距離空間とすると X は正則である．$\mathcal{U}$ を X の開被覆とすると，例題 5.15 より $\mathcal{U}$ には σ-局所有限な開細分が存在する．例題 5.20 の (1)⇒(3) から $\mathcal{U}$ には局所有限な開細分が存在し，X のパラコンパクト性がわかる． □

マイケルの補題は森田の定理（例題 5.5）の証明にも有用である．任意の開被覆において，その部分可算被覆は σ-局所有限な開細分でもあるので例題 5.20 の (1)⇒(3) から正則リンデレフ空間はパラコンパクト空間となる．

*27) $\mathcal{B}_A$ の局所有限性と例題 5.1 から $\overline{\cup \mathcal{B}_A} = \cup \overline{\mathcal{B}_A} = \cup \mathcal{B}_A$ であることによる．

第 6 章 位相空間の関連する話題

6.1 整数論

6.1.1 位相空間論の整数論へのある応用

これまでと趣向を変えて位相空間を整数論に応用することを考えよう．$\mathbb{Z}$ 上に次のような位相を考えよう．$a \in \mathbb{N}, b \in \mathbb{Z}$ に対して例 1.25 の自然な射影 $\mathbb{Z} \to \mathbb{Z}/a\mathbb{Z}$ の b を含む同値類の集合 $\{an + b | n \in \mathbb{Z}\}$ を $[b]_a$ と表す．$\mathcal{B}_F = \{[b]_a \subset \mathbb{Z} | a \in \mathbb{N}, b \in \mathbb{Z}\}$ を開基とする $\mathbb{Z}$ 上の位相 $\mathcal{O}_F$ を**等間隔位相**という[*1]．

初等整数論の簡単な考察により $b \equiv b' \bmod a \leftrightarrow [b]_a = [b']_a$ であり，$c \in [b]_a \to [b]_a = [c]_a$ となることや，$\gcd(a, c) = 1$ かつ $[b]_a \cap [b]_c \neq \emptyset$ であるなら $[b]_a \cap [b]_c = [b]_{\mathrm{lcm}(a,c)}$ となる[*2]ことを注意しておく．

注 6.1 これまで $\mathcal{B} \subset \mathcal{P}(X)$ に対して $\mathcal{O}_{\mathcal{B}} := \{\cup \mathcal{B}' | \mathcal{B}' \subset \mathcal{B}\}$ を開集合系とし，$\mathcal{B}$ をその開基とする位相空間 $(X, \mathcal{O}_{\mathcal{B}})$ を定義してきたが，どんな $\mathcal{B} \subset \mathcal{P}(X)$ に対しても $\mathcal{O}_{\mathcal{B}}$ が開集合系になるわけではない．そのためには，次の 2 つの条件 (i) $X = \cup \mathcal{B}$，(ii) $\forall B_1, B_2 \in \mathcal{B} \forall p \in B_1 \cap B_2 \exists B \in \mathcal{B}(B \subset B_1 \cap B_2)$ を満たす必要がある[*3]．これは位相の条件のうち，$X \in \mathcal{O}_{\mathcal{B}}$ であることと $U \in \mathcal{O}_{\mathcal{B}} \wedge V \in \mathcal{O}_{\mathcal{B}} \Rightarrow U \cap V \in \mathcal{O}_{\mathcal{B}}$ であることに対応する．$\mathcal{O}_{\mathcal{B}}$ にはその他の位相の条件が自動的に成り立っている．この 2 つの条件 (i), (ii) を満たす $\mathcal{B} \subset \mathcal{P}(X)$ から，開集合系 $\mathcal{O}_{\mathcal{B}}$ が得られ，$\mathcal{B}$ は $\mathcal{O}_{\mathcal{B}}$ の開基となる．

例題 6.1 上記の $\mathcal{B}_F$ は $\mathbb{Z}$ 上のある位相の開基となることを示せ．

(解答) 注 6.1 の条件 (i), (ii) を確かめる．まず，(i) は $\forall n \in \mathbb{Z}(n \in [1]_1 \in \mathcal{B}_F)$ より $\mathbb{Z} = \cup \mathcal{B}_F$ であるから成り立つ．次に (ii) を示す．$[b_1]_{a_1}, [b_2]_{a_2} \in \mathcal{B}_F$ をと

---

*1) この位相はファステンバーグ（H. Furstenberg）によって初めて定義された．

*2) $\mathrm{lcm}(a, b)$ は a と b の最小公倍数．

*3) この条件は $B_1 \cap B_2 = \emptyset$ であるときも真である．

る．$a_1=a_2$ とすると，同値類の性質から $b_1\equiv b_2 \bmod a_1$ なら，$[b_1]_{a_1}\cap[b_2]_{a_2}=[b_1]_{a_1}\in\mathcal{B}_F$ であり，$b_1\not\equiv b_2 \bmod a_1$ なら，$[b_1]_{a_1}\cap[b_2]_{a_1}=\emptyset$ である．どちらの場合も (ii) を満たす．$a_1\neq a_2$ とすると，$c\in[b_1]_{a_1}\cap[b_2]_{a_2}$ に対して $[b_1]_{a_1}=[c]_{a_1}\wedge[b_2]_{a_2}=[c]_{a_2}$ であり $[c]_{a_1}\cap[c]_{a_2}=[c]_{\mathrm{lcm}(a_1,a_2)}$ である．このときも (ii) を満たす．□

注 6.2 $\mathcal{O}_F$ の空ではない開集合は必ずある無限集合 $[b]_a$ を包んでいるので無限集合である．また $\bigsqcup_{d=0}^{a-1}[d]_a=\mathbb{Z}$ より任意の $[b]_a\in\mathcal{B}_F$ に対して $([b]_a)^c$ は $\bigcup_{0\le d<a,d\not\equiv b \bmod a}[d]_a$ と表せるので $[b]_a$ は開かつ閉集合である．

位相空間を用いて次の主張を解いてみよう．この証明はファステンバーグによる．

例題 6.2 等間隔位相を用いて素数が無限個存在することを示せ．

（解答） 素数の集合を $P\subset\mathbb{N}$ とすると整数 n に対して，$n\neq 1,-1\leftrightarrow\exists p\in P(n\in[0]_p)$ より

$$\mathbb{Z}\setminus\{1,-1\}=\bigcup_{p\in P}[0]_p$$

を満たす．P が有限集合と仮定しよう．注 6.2 から $[0]_p$ は閉集合でありその有限和も閉集合であるから $\{1,-1\}$ は開集合でなければならない．しかし，注 6.2 から $\{1,-1\}$ は開集合ではないので矛盾する．よって P は無限集合である．□

これまでの位相空間の内容を用いて，$(\mathbb{Z},\mathcal{O}_F)$ の性質をいくつか調べてみよう．

例題 6.3 $(\mathbb{Z},\mathcal{O}_F)$ について次が成り立つことを示せ．
(1) 零次元かつ完全不連結な正則空間である．
(2) 完全な距離位相空間である[*4)]．

（解答） (1) まず，注 6.2 より $\mathcal{B}_F$ は開かつ閉集合からなる開基であるので零次元である．次に完全不連結かつ正則であることを示す．相異なる $n,m\in\mathbb{Z}$ をとり $r=|n-m|$ とおく．このとき $n\not\equiv m \bmod 2r$ であるから $n\in[n]_{2r},m\in[m]_{2r}$ かつ $[n]_{2r}\cap[m]_{2r}=\emptyset$ を満たすので $(\mathbb{Z},\mathcal{O}_F)$ はハウスドルフ空間となる．よって，例題 3.5 と例 3.9 から $(\mathbb{Z},\mathcal{O}_F)$ は完全不連結かつ正則である．
(2) $\mathcal{B}_F$ は可算集合であるから第 2 可算公理を満たす．また (1) とウリゾーンの距離化定理（例題 3.35, 3.37）から $(\mathbb{Z},\mathcal{O}_F)$ は距離化可能である．さらに注 6.2 より空ではない任意の開集合は無限集合であるから任意の点は孤立点ではない．□

有理数空間の特徴づけとして次のシェルピンスキーの定理が知られている．

*4） 完全な位相空間とは孤立点をもたない位相空間のことをいう．例題 2.68 の直前をみよ．

定理 6.1 可算無限集合上の完全な距離位相空間は $(\mathbb{Q}, \mathcal{O}_{d_1})$ と同相である．

注 6.3 例題6.3とこの定理により $(\mathbb{Z}, \mathcal{O}_F)$ は $\mathbb{Q}$ 上の通常の距離位相空間と同相であるのだがどのような同相写像を取れば良いかはすぐにはわからない．

また，シェルピンスキーの定理から，例えば，有限集合 $R \subset \mathbb{Q}$ としたとき $(\mathbb{Q} \setminus R, \mathcal{O}_{d_1}), (\mathbb{Q} \setminus \mathbb{Z}, \mathcal{O}_{d_1}), (\mathbb{Q}^n, \mathcal{O}_{d_n})$ などはすべて $(\mathbb{Q}, \mathcal{O}_{d_1})$ と同相である．

6.1.2 ゴロム位相と算術級数定理

さて，位相空間を用いて素数の無限性の証明はできたが次のディリクレの算術級数定理はどうだろうか？[*5]

定理 6.2（ディリクレの算術級数定理（1837）） a, b を互いに素な任意の自然数とする．このとき，等差数列の集合 $\{an + b | n \in \mathbb{N}\}$ 中に素数は無限個存在する[*6]．

a, b を整数として $U_a(b) = [b]_a \cap \mathbb{N}$ とおこう．ゴロム[*7]（S.W. Golomb）は $\mathbb{N}$ 上に $\mathcal{B}_G = \{U_a(b) | a \in \mathbb{N}, b \in \mathbb{Z}, \gcd(a, b) = 1\}$ を開基とする位相 $\mathcal{O}_G$ を与えた[*8]．$\mathcal{O}_F$ と同様に，任意の空ではない開集合は無限集合である．任意の $\mathcal{B}_G$ の元は閉集合にならないが，$\forall p \in P$ に対して $U_p(0)$ は閉集合となる．例題6.2と同様にして素数の無限性を証明することもできる．ここでは $\mathcal{O}_G$ のある性質とディリクレの定理を関係付けておく．

例題 6.4 定理6.2は，素数の集合 $P \subset \mathbb{N}$ が $(\mathbb{N}, \mathcal{O}_G)$ において稠密であることと同値であることを示せ．

（解答） 定理6.2を仮定する．$\forall n \in \mathbb{N}$ に対して $n \in U_a(n)$ なる任意の $U_a(n) \in \mathcal{B}_G$ をとる．$\gcd(a, n) = 1$ であるから定理6.2より $P \cap U_a(b)$ は空ではない．よって P は稠密である[*9]．逆に $P \subset \mathbb{N}$ が稠密であるとする．$\gcd(a, b) = 1$ を満たす $a \in \mathbb{N}_{>1}, b \in \mathbb{N}$ をとる[*10]．P の稠密性から $U_a(b) \cap P \neq \emptyset$ である．$U_a(b) \cap P$ が有限集合だと仮定してその最大の素数を $p = an + b$ とする．$p + a < a^m$ となる自然数 m をとる．$\gcd(p, a) = 1$ より，

---

*5) この定理は，素数の無限性定理より遥かに難しく，ディリクレの L 関数の数論への応用という離れ業でもって証明された解析数論における記念碑的業績である．この定理が位相空間論を用いて証明できるかどうかは分からないが，もし素晴らしい位相空間論の応用があるとするならまだ見ぬ“位相空間論的数論”の幕開けかもしれない．

*6) $a = 1$ のときは素数の無限性により証明済みであるから $a > 1$ として構わない．

*7) 最初にこの定義をし，考察をしたのはブラウン（M. Brown）であるようだが，通例ゴロムの結果として**ゴロム位相**という．ゴロムはゴロム定規の考案者でもある．

*8) $\mathcal{B}_G$ は例題6.1と同様の議論をすることにより $\mathbb{N}$ 上のある位相の開基となる．

*9) $A \subset X$ が稠密であるためには $\forall x \in X$ に対して x を含む任意の開基の元が A と交わることを示せばよい．

*10) 脚注6より $a = 1$ の場合は素数の無限性と同値であるから $a \neq 1$ を仮定する．

$\gcd(p+a, a^m) = 1$ が成り立つ．P の稠密性から $q \in U_{a^m}(p+a) \cap P \subset U_a(b) \cap P$ が存在する．$p + a < a^m$ であるから $q > p$ である．これは p が $U_a(b)$ の最大の素数であることに矛盾する．よって $U_a(b) \cap P$ は無限集合であり，ディリクレの定理が成り立つ． □

次に以下を解いてこの話題を締めくくる．

例題 6.5 $(\mathbb{N}, \mathcal{O}_G)$ は連結ハウスドルフだが正則ではないことを示せ．

（解答） まず，ハウスドルフを示す．n, m を相異なる自然数とする．p を，$n, m, n-m$ を割り切らない素数とすると n, m の開近傍 $U_p(n)$ と $U_p(m)$ は $U_p(n) \cap U_p(m) = \emptyset$ を満たすので $(\mathbb{N}, \mathcal{O}_G)$ はハウスドルフ空間となる．

次に連結性を示す．U を空でも全体でもない開かつ閉集合とする．$n \in U$ と $m \in U^c$ をとると $n \in U_b(n) \subset U$ かつ $m \in U_c(m) \subset U^c$ を満たす $U_b(n), U_c(m) \in \mathcal{B}_G$ が存在する．$\gcd(bc, d) = 1$ を満たす任意の $d \in \mathbb{N}$ に対して，$U_b(n) \cap U_d(bc) \neq \emptyset$ と $U_c(m) \cap U_d(bc) \neq \emptyset$ が成り立つ*11)．したがって $bc \in \partial U \neq \emptyset$ となるが，これは U が開かつ閉であることに反する．よって $(\mathbb{N}, \mathcal{O}_G)$ は連結である．

最後に $(\mathbb{N}, \mathcal{O}_G)$ が正則ではないことを示す．開集合 $U_2(1)$ に対して，$1 \in U \subset U_2(1)$ となる任意の開集合 U はある $U_{2q}(1)$ を包む．$2q \in U_2(1)^c$ であるが，$2q$ の任意の開近傍は $\gcd(r, 2q) = 1$ となる自然数 r が存在し，$U_r(2q)$ を包む．$U_r(2q) \cap U_{2q}(1) \neq \emptyset$ であるから $2q \in \overline{U_{2q}(1)}$ である．これは，$1 \in U \subset \overline{U} \subset U_2(1)$ となる開集合 U が存在しないことを意味する．例題 3.23 より $(\mathbb{N}, \mathcal{O}_G)$ は正則ではない． □

6.2 カントール集合再訪

2.5.2 節でカントール集合について紹介し詳しく見たが，この節では，カントール集合を逆極限列の枠組で考察し，その特徴づけを与えよう．

6.2.1 逆極限空間

まずは，逆極限空間について学ぼう．

6.2.1.1 逆極限列と逆極限

次を定義する．

定義 6.1 位相空間列 $(X_n)_{n<\omega}$ と下のような連続写像の列 $(f_n)_{0<n<\omega}$

$$X_0 \xleftarrow{f_1} X_1 \xleftarrow{f_2} X_2 \xleftarrow{f_3} \cdots \xleftarrow{f_n} X_n \xleftarrow{f_{n+1}} X_{n+1} \xleftarrow{f_{n+2}} \cdots$$

*11) $\gcd(p, q) = 1$ なら，$U_p(r) \cap U_q(s)$ は無限個の元を含む．

が定まったとする．この空間と写像のペアの列 (X_n, f_n) を**逆極限列**という．逆極限列 (X_n, f_n) に対して次の空間

$$\left\{(x_n) \in \prod_{n<\omega} X_n | 0 < \forall n < \omega(f_n(x_n) = x_{n-1})\right\}$$

に $\prod_{n<\omega} X_n$ 上の直積位相の相対位相を与えた位相空間を（逆極限列 (X_n, f_n) の）**逆極限**空間といい，$\varprojlim(X_n, f_n)$ と表す．f_n が前後関係からわかる場合など，簡単に X_∞ と略す場合もある．

逆極限列による極限の構成は単純な空間の無限回の繰り返し操作を用いてより複雑な位相空間を作る方法である．

例 6.1 連続写像列がすべて恒等写像であるような逆極限列

$$X \xleftarrow{\mathrm{id}_X} X \xleftarrow{\mathrm{id}_X} X \xleftarrow{\mathrm{id}_X} \cdots \xleftarrow{\mathrm{id}_X} X \xleftarrow{\mathrm{id}_X} X \xleftarrow{\mathrm{id}_X} \cdots$$

を**恒等列**という．この場合，極限 X_∞ は対角集合 $\Delta = \{(x_n) \in X^\omega | x \in X \wedge \forall n < \omega(x_n = x)\}$ であり Δ は X と同相である*12)．

X_n を開区間 $(0, \frac{1}{n+1})$ とし，$i_n : X_n \to X_{n-1}$ を包含写像としたとき，この逆極限 $\varprojlim((0, \frac{1}{n+1}), i_n)$ は空集合になる．このように，X_n は空集合ではなくても，逆極限が空集合になってしまう場合があるので注意が必要である．

空集合とはならない条件を示しておこう．

例題 6.6 (X_n, f_n) を X_n がコンパクトハウスドルフ空間となる逆極限列とする．このとき，逆極限 $\varprojlim(X_n, f_n)$ は空ではないコンパクト空間であることを示せ．

（解答） $Y_m = \{(p_n) \in \prod_{n<\omega} X_n | 1 < \forall j \le m(f_j(p_j) = p_{j-1})\}$ と定義すると，Y_m の m 以下の成分は写像の合成を $(f_1 \circ \cdots \circ f_m(x), f_2 \circ \cdots \circ f_m(x), \cdots, x)$ のように並べたものであり，とくに Y_m は空ではない．Y_m が $\prod_{n<\omega} X_n$ において閉集合であることを示す．$q = (q_n) \notin Y_n$ をとると，$\exists j < m(f_{j+1}(q_{j+1}) \neq q_j)$ となる．X_j はハウスドルフであるから，X_j の互いに交わらない開集合 U, V が存在して，$f_{j+1}(q_{j+1}) \in U$ かつ $q_j \in V$ を満たす．さらに，$Z = \mathrm{pr}_j^{-1}(V) \cap \mathrm{pr}_{j+1}^{-1}(f_{j+1}^{-1}(U))$ とおく．このとき，Z は $\prod_{n<\omega} X_n$ における q の開近傍であるが，$\mathrm{pr}_j \times \mathrm{pr}_{j+1} : \prod_{n<\omega} X_n \to X_j \times X_{j+1}$ における Y_m の像は $Y' := \{(x, y) | y \in X_{j+1}, x = f_{j+1}(y)\}$ に包まれ，Z の像 Z' は $V \times f_{j+1}^{-1}(U)$ である．U, V が互いに交わらないことから，この Y' と Z' も互いに交わらない．よって $(Y_m)^c$ の任意の点 q はその内点であることがわかり Y_m は閉集合である．

---

*12) 全単射 $\varphi : X \to \Delta$ を $x \mapsto (x, x, \cdots)$ とすると，X の開集合 U に対して $\varphi(U) = \Delta \cap \mathrm{pr}_n^{-1}(U)$ となる．

$\forall n < \omega(Y_n \supset Y_{n+1})$ であるから，$\mathcal{Y} = \{Y_n | n < \omega\}$ は有限交差性を持つ．$\mathcal{Y}$ は，コンパクト空間 $\prod_{n<\omega} X_n$ の閉集合族であるから，例題 3.54 により $\cap\mathcal{Y} \neq \emptyset$ である．さらに，$\cap\mathcal{Y} = X_\infty$ であり X_∞ は空集合ではない．また，X_∞ はコンパクト空間の閉集合であるから例題 3.41 よりコンパクト空間になる． □

6.2.1.2 逆極限列の間の射

次に，逆極限の間の連続写像を構成しよう．

定義 6.2 (X_n, f_n) と (Y_n, g_n) を 2 つの逆極限列とする．連続写像列 $\varphi_n : X_n \to Y_n$ を用いて $\varphi((x_n)) = (\varphi_n(x_n))$ とすることで連続写像 $\varphi : \prod_{n<\omega} X_n \to \prod_{n<\omega} Y_n$ が定義できる．さらに，$\forall n < \omega$ に対して $g_n \circ \varphi_n = \varphi_{n-1} \circ f_n$ を満たすとき，そのような連続写像列を**逆極限列の射**といい，$(\varphi_n) : (X_n, f_n) \to (Y_n, g_n)$ と表す．このとき，φ の始域を X_∞，終域を Y_∞ に制限した写像 $X_\infty \to Y_\infty$ もまた連続になり*13)，それを (φ_n) の**極限**といい φ_∞ と書く．

逆極限列の射は，下の可換図式*14) を考えることを意味する．また，任意の n に対して φ_n が同相写像列であるなら，φ_∞ も同相写像となる．

$$
\begin{array}{ccccccccccccc}
X_0 & \xleftarrow{f_1} & X_1 & \xleftarrow{f_2} & X_2 & \xleftarrow{f_3} & \cdots & \xleftarrow{f_n} & X_n & \xleftarrow{f_{n+1}} & X_{n+1} & \xleftarrow{f_{n+2}} & \cdots \\
\downarrow{\scriptstyle \varphi_0} & & \downarrow{\scriptstyle \varphi_1} & & \downarrow{\scriptstyle \varphi_2} & & & & \downarrow{\scriptstyle \varphi_n} & & \downarrow{\scriptstyle \varphi_{n+1}} & & \\
Y_0 & \xleftarrow{g_1} & Y_1 & \xleftarrow{g_2} & Y_2 & \xleftarrow{g_3} & \cdots & \xleftarrow{g_n} & Y_n & \xleftarrow{g_{n+1}} & Y_{n+1} & \xleftarrow{g_{n+2}} & \cdots
\end{array}
$$

位相空間 Z を恒等列 (Z, id_Z) とみなすことで逆極限列の射 $(\varphi_n) : (X_n, f_n) \to (Z, \mathrm{id}_Z)$ や $(\psi_n) : (Z, \mathrm{id}_Z) \to (X_n, f_n)$ が存在するとき，$\varprojlim(X_n, f_n)$ と Z の間に連続写像が構成できる*15)．これは，φ_n や ψ_n が可換性条件 $\varphi_n = \varphi_{n-1} \circ f_n$ や $f_n \circ \psi_n = \psi_{n-1}$ と同値である．

例 6.2 2.5.2 節で登場したカントール集合 C*16) は逆極限を用いて次のように言い換えることができる．$i_n : C_n \to C_{n-1}$ を包含写像として逆極限列 (C_n, i_n) を得る．このとき，任意の $(x_n) \in C_\infty$ は，$\forall n < \omega(x_n \in C_n \land x_n = x_{n-1})$ となるものを表している．つまり $\exists x \in C \forall n < \omega(x_n = x)$ となる．逆に，例題

---

*13) φ_∞ の連続性は例題 2.60 と同様の考察，部分位相空間における制限写像が連続であるから容易にわかる．

*14) これらの写像の合成によって得られる，この図式における空間から空間へたどる道が，その通り方によらないこと．

*15) (Z, id_Z) を単に Z と書き，$(\varphi_n) : (X_n, f_n) \to Z$ のように書く．

*16) $C_0 = [0, 1]$ とおく．C_i は C_{i-1} の任意の連結成分を 3 等分し，その中央（の開区間）を除いた 2 つの閉区間をすべて集めた集合としていた．ここでも C_n と $C_n^{m_n}$ は例 2.22 と同じものを用いる．また $C = \bigcap_{n=0}^{\infty} C_n$ と定義する．

2.65 により $\forall x \in \bigcap_{n=0}^{\infty} C_n$ は，$\bigcap_{n=0}^{\infty} C_n^{e_1 e_2 \cdots e_n}$ なる閉区間の縮小列の共通集合として一意的に書けるので，$\forall n < \omega (x_n = x)$ とすることで，$i_n(x_n) = x_{n-1}$ をみたし，$(x) = (x_n) \in C_\infty$ となる．これにより，埋め込み写像 $\mathrm{pr}_0 : C_\infty \to C_0$ が得られて C_∞ はその像 C と同相になる．終域を C に縮めた写像を同じ記号 pr_0 で表し，同相写像 $\mathrm{pr}_0 : C_\infty \to C$ を得る．

$\{0,1\}^{\mathbb{N}}$ は C と同相であった（例題 2.66 参照）が，これは次の逆極限列の極限と解釈できる．

$$\{0\} \xleftarrow{t_1} \{0,1\} \xleftarrow{t_2} \cdots \xleftarrow{t_n} \{0,1\}^n \xleftarrow{t_{n+1}} \{0,1\}^{n+1} \xleftarrow{t_{n+2}} \cdots$$

ただし，$t_n(e_1, e_2, \cdots, e_n) = (e_1, e_2, \cdots, e_{n-1})$ かつ $t_1(e_1) = 0$ と定義する．逆極限列の射を $(F_n) : \{0,1\}^{\mathbb{N}} \to (\{0,1\}^n, t_n)$ を $F_n((e_n)) = (e_1, \cdots, e_n)$ として定めることができる．F_n の定義により可換性条件 $t_n \circ F_n = F_{n-1}$ が成り立つことが確かめられる．F_n の連続性は $\{0,1\}^{\mathbb{N}}$ の直積位相の定義から直ちに導かれる．また，極限 $F_\infty : \{0,1\}^{\mathbb{N}} \to X_\infty$ は $F_\infty((e_n)) = ((e_1, \cdots, e_n))$ と書かれるが，この写像が全単射になることもそれほど難しくない．読者の演習とする．よって注 3.21 から X_∞ は $\{0,1\}^{\mathbb{N}}$ と同相となることがわかる．

このようにカントール集合は 2 つの逆極限列 (C_n, i_n) と $(\{0,1\}^n, t_n)$ によって表されたが，その間に次のような逆極限列の射が構成できる．

$$\begin{array}{ccccccc}
C_0 & \xleftarrow{i_1} & C_1 & \xleftarrow{i_2} & C_2 & \xleftarrow{i_3} & \cdots \\
\downarrow c_0 & & \downarrow c_1 & & \downarrow c_2 & & \\
\{0\} & \xleftarrow{t_1} & \{0,1\} & \xleftarrow{t_2} & \{0,1\}^2 & \xleftarrow{t_3} & \cdots
\end{array}$$

ここで，$c_n : C_n \to \{0,1\}^n$ は連結成分の同値類を分類する写像であり，もし $x \in C_n^{e_1 \cdots e_n}$ であれば，$c_n(x) = (e_1, \cdots, e_n)$ とする．また，$x \in C_n^{e_1 \cdots e_n}$ であるとすると，$x \in C_{n-1}^{e_1 \cdots e_{n-1}}$ であるので $t_n(c_n(x)) = t_n(e_1, \cdots e_n) = (e_1, \cdots, e_{n-1}) = c_{n-1}(i_n(x))$ であるので (c_n) が逆写像列の射であることが確かめられた．これによって，極限 $c_\infty : C_\infty \to \{0,1\}^{\mathbb{N}}$ が得られた．

例題 2.66 の写像 φ を用いて $\varphi \circ \mathrm{pr}_0 = c_\infty$ となることも直ちにわかる．$x = \bigcap_{n=1}^{\infty} C_n^{e_1 \cdots e_n}$ とすれば $\varphi(\mathrm{pr}_0((x))) = \varphi(x) = (e_n) = c_\infty((x))$ である．

例 6.3　$(\{0,1\}^n, t_n)$ は 2 進数列の逆極限列であった．同様に，素数 p に対して p 進数列の逆極限列は次のようになる．

$$\{0\} \xleftarrow{\pi_1} \mathbb{Z}/p\mathbb{Z} \xleftarrow{\pi_2} \mathbb{Z}/p^2\mathbb{Z} \xleftarrow{\pi_3} \cdots \xleftarrow{\pi_n} \mathbb{Z}/p^n\mathbb{Z} \xleftarrow{\pi_{n+1}} \cdots$$

π_n を自然な射影 $\pi_n(\sum_{i=0}^{n-1} r_i p^i) = \sum_{i=0}^{n-2} r_i p^i$ とし射影 $\phi_n : \mathbb{Z}_p \to \mathbb{Z}/p^n\mathbb{Z}$ を $\phi_n(\sum_{i=0}^{\infty} r_i p^i) = \sum_{i=0}^{n-1} r_i p^i$ とすると，逆極限列の射 $(\phi_n) : \mathbb{Z}_p \to (\mathbb{Z}/p^n\mathbb{Z}, \pi_n)$

が得られるが，その極限 $\phi_\infty : \mathbb{Z}_p \to \varprojlim(\mathbb{Z}/p^n\mathbb{Z}, \pi_n)$ は同相写像となる．

6.2.2 カントール集合の位相的特徴づけ

定理 6.1 において通常の距離をもつ有理数空間の特徴づけを紹介したが，カントール集合にもブラウウェルによる類似の位相的特徴づけ定理がある．

定理 6.3（ブラウウェル） 完全不連結かつ完全なコンパクト距離空間はカントール集合と同相である．

完全不連結かつ完全かつコンパクトかつ距離化可能を満たす性質を**性質 C** ということにする．カントール集合が性質 C を満たすことはこれまで見てきた通りである．これらの性質についてこれ以降見ていこう．

注 6.4 4.1.1 節の最初に書いた同値性から性質 C は，完全不連結，完全，コンパクト，ハウスドルフ，第 2 可算公理の成立と同値である．

まずは，零次元と完全不連結の関係について整理するため次の定義をする．

定義 6.3 位相空間 X の部分集合 $E, F \subset X$ に対して，ある開かつ閉集合 G が存在して，$E \subset G$ かつ $F \subset G^c$ を満たすとき，E と F は**離れている**という．x と離れていない点全体の集合を $QC(x)$ とかき，x の**準成分**という．

注 6.5 定義から，E と F が離れているなら E, F は開集合で分離できる．

準成分は連結成分と同様，同値関係を与える．もし $y \in QC(x) \wedge z \in QC(y) \wedge z \notin QC(x)$ と仮定するなら，$x \in G$ かつ $z \in G^c$ となる開かつ閉集合 G が存在するが，$y \in G$ としても $y \in G^c$ としても仮定に反する．

例題 6.7 $QC(x)$ は x を含む開かつ閉集合の共通集合であり $C(x) \subset QC(x)$ であることを示せ．

(解答) まずは，前半を示す．G を x を含む開かつ閉集合とすると，G^c の任意の元は x と離れているので，$QC(x) \subset G$ である．また，$\forall y \notin QC(x)$ とすると，x と y は離れているので x を含む開かつ閉集合 H が存在して $QC(x) \subset H$ かつ $y \in H^c$ となる．よって $QC(x)$ は x を含む開かつ閉集合の共通部分でなければならない．

次に後半を示す．$y \in (QC(x))^c$ とすると x と y を分離する開かつ閉集合が存在し，$y \notin C(x)$ である．よって $C(x) \subset QC(x)$ である． □

この例題から任意の準成分は閉集合である．また，$C(x) \neq QC(x)$ である例を与える．

例 6.4 $(\mathbb{R}^2, \mathcal{O}_{d_2})$ において $X = [-1,1] \times (\{\frac{1}{n} | n \in \mathbb{N}\} \cup \{0\}) \setminus \{(0,0)\}$ とすると，$QC((-1,0)) = C((1,0)) \sqcup C((-1,0))$ となる．

例題 6.8 コンパクトハウスドルフ空間 X において連結成分と準連結成分は一致すること，つまり $\forall x \in X(C(x) = QC(x))$ を示せ[*17]．

（解答） X をコンパクトハウスドルフ空間とし，ある $x \in X$ に対して $QC(x)$ が不連結であると仮定すると $QC(x)$ は空ではない $QC(x)$ の開かつ閉集合 G_1, G_2 を用いて $QC(x) = G_1 \sqcup G_2$ と書ける．$QC(x)$ は X において閉集合であるから，G_1, G_2 は X においても閉集合である．コンパクトハウスドルフ空間は正規空間であるから $\exists U \in \mathcal{O}_X(G_1 \subset U \subset \bar{U} \subset G_2^c)$ を満たす．$\forall p \in \partial U$ は x と離れているから，開かつ閉集合 G_p が存在して，$p \in G_p$ かつ $x \in G_p^c$ となる．例題 6.7 から $QC(x) \cap G_p = \emptyset$ より $\partial U \subset \bigcup_{p \in \partial U} G_p$ は ∂U の開被覆であり ∂U は閉集合であるからコンパクトであり，有限部分被覆が存在する．その和集合を G とする．G は開かつ閉集合であり $\partial U \subset G$ を満たす．$H = U \cup G$ とすると，H は開集合であり，$G_i \cap G \subset QC(x) \cap \bigcup_{p \in \partial U} G_p = \emptyset$ であるから $\overline{H} = \overline{U} \cup \overline{G} = (U \cup \partial U) \cup G = U \cup (\partial U \cup G) = U \cup G = H$ であり H は開かつ閉集合である．$G_1 \subset U \subset H$ かつ $G_2 \cap H = G_2 \cap U = \emptyset$ である．これは，$G_1 \sqcup G_2$ が準成分であることに反する．よって $QC(x)$ は連結であり $QC(x) = C(x)$ であることがわかる． □

次に零次元と完全不連結性の同値性が成り立つある十分条件を与える．

例題 6.9 X をコンパクトハウスドルフ空間とする．このとき，X が完全不連結であることと零次元であることは同値であることを示せ．

（解答） X をコンパクトハウスドルフかつ完全不連結とする．$\forall x \in X$ と x の任意の開近傍 U をとる．このとき，x と任意の $y \in U^c$ は例題 6.8 より離れているので，ある開かつ閉集合 G_y が存在して，$y \in G_y$ かつ $x \in G_y^c$ となる．また，U^c は閉集合でありコンパクト．さらに，U^c の開被覆 $\{G_y | y \in U^c\}$ は有限部分被覆 $\mathcal{G}$ をもち $G = \cup\mathcal{G}$ とおく．G は $U^c \subset G$ を満たす開かつ閉集合である．$x \in G^c \subset U$ であるから開かつ閉集合全体は X の開基となる．よって X は零次元である．逆は例題 3.5 より成り立つ． □

証明は容易だが次の例題を示しておく．

例題 6.10 X を完全不連結かつ，完全な位相空間とする．このとき X の空ではない任意の開集合は，任意の有限個の空ではない互いに交わらない開集合の和集合であることを示せ．

（解答） U をそのような位相空間 X の空ではない開集合とする．完全性から

*17） 仮定を局所コンパクトハウスドルフ空間に弱めることはできない．実際，例 6.4 の空間は局所コンパクトハウスドルフである．

U は 2 点以上含み，完全不連結性から U は不連結集合である．U は開集合であるので U の開集合と X の開集合は一致する．ゆえに，X の空ではない開集合 U_1 と U_2 を用いて $U = U_1 \sqcup U_2$ のように表せる．この操作を繰り返すことで，U は任意の有限個の空ではない開集合の和集合で表せる． □

最後に完全不連結なコンパクト距離空間の被覆に対するある開細分列[*18]を構成しよう．

例題 6.11 X を完全不連結なコンパクト距離空間とする．このとき，次の条件を満たす X の有限開被覆に対する開細分列 $\{X\} = \mathcal{U}_0 \geq \mathcal{U}_1 \geq \mathcal{U}_2 \geq \cdots$ が存在することを示せ．

- 任意の $\mathcal{U}_n$ の任意の 2 元は互いに交わらない．つまり $\mathcal{U}_n$ は開かつ閉集合からなる被覆である．
- 任意の $0 < n < \omega$ に対して $\forall U \in \mathcal{U}_n(\mathrm{diam}(U) < \frac{1}{n})$ である．

（解答） 例題 6.9 から X は零次元であるから，$0 < \forall n < \omega$ と $\forall x \in X$ に対して $x \in V_x \subset B(x, \frac{1}{2n})$ を満たす開かつ閉集合 V_x が存在する．X はコンパクトであるから $\{V_x | x \in X\}$ に対する有限部分被覆 $\{V_1, \cdots, V_m\}$ が存在する．$\mathcal{U}'_n = \{V_i \setminus (\bigcup_{j<i} V_j) | i \leq m\}$ とおくと，$\mathcal{U}'_n$ は開かつ閉集合からなる X の有限被覆であり，互いに交わらず直径は $\frac{1}{n}$ より小さい．$\mathcal{U}_0 = \{X\}, \mathcal{U}_1 = \mathcal{U}'_1$ かつ $\mathcal{U}_n = \mathcal{U}_{n-1} \wedge \mathcal{U}'_n$ として帰納的に $\mathcal{U}_n$ を定めると[*19]，$\mathcal{U}_n$ は条件を満たす開細分列となる． □

6.2.3 ブラウウェルの定理の証明

前小節までの準備の元，ブラウウェルの定理「性質 C をもつ位相空間はカントール集合に同相である」を証明する．次の定義をする．

定義 6.4 $\mathcal{C}$ を位相空間 X の閉集合系とする．$\mathcal{D} \subset \mathcal{C} \setminus \{\emptyset\}$ が以下の性質を満たすとき，$\mathcal{D}$ は X の**分割**であるという．

(1) $\cup \mathcal{D} = X$

(2) $\forall F_1, F_2 \in \mathcal{D}(F_1 \neq F_2 \to F_1 \cap F_2 = \emptyset)$

また，X の分割 $\mathcal{D}$ が有限集合であるとき，$\mathcal{D}$ は X の**有限分割**という．

つまり，有限分割とは，開かつ閉集合からなる互いに交わらない有限被覆のことである．前小節の最後に示した例題 6.11 では，性質 C をもつ位相空間は，直径が 0 に収束する有限分割の細分列の存在を示したことになる．次を示そう．

---

*18) $\forall n < \omega(\mathcal{U}_n \geq \mathcal{U}_{n+1})$ を満たす開被覆列のこと．

*19) 被覆 $\mathcal{U}$ と $\mathcal{V}$ に対して被覆 $\mathcal{U} \wedge \mathcal{V}$ を $\{U \cap V | U \in \mathcal{U}, V \in \mathcal{V}, U \cap V \neq \emptyset\}$ と定義する．このとき $\mathcal{U} \wedge \mathcal{V} \leq \mathcal{U}$ かつ $\mathcal{U} \wedge \mathcal{V} \leq \mathcal{V}$ をみたす．また，$\mathcal{U}, \mathcal{V}$ が開被覆であれば，$\mathcal{U} \wedge \mathcal{V}$ も開被覆であり，閉被覆である場合も同じである．

例題 6.12 完全不連結なコンパクト距離位相空間はある有限離散空間の逆極限と同相であることを示せ.

(解答) $(X,\mathcal{O}_d)$ を完全不連結なコンパクト距離位相空間とする．例題 6.11 の条件を満たす有限分割の細分列を $\mathcal{U}_n$ とし，有限集合 $\mathcal{U}_n$ に離散位相を入れておく．$f_n:\mathcal{U}_n\to\mathcal{U}_{n-1}$ を $U\in\mathcal{U}_n$ に対して $U\subset V$ なる $V\in\mathcal{U}_{n-1}$ を対応させる連続写像とする[*20]．これにより逆極限列 $(\mathcal{U}_n,f_n)$ が定義でき，例題 6.6 から空ではない逆極限 $\mathcal{U}_\infty$ を得る．また，$x\in X$ と $\forall n<\omega$ に対して $x\in U_n\in\mathcal{U}_n$ なる U_n が一意に定まり $u_n(x)=U_n$ として写像 $u_n:X\to\mathcal{U}_n$ が定義できる．u_n は連続写像であり，$f_n\circ u_n=u_{n-1}$ であることは $\mathcal{U}_n$ が細分列であることからわかる．この逆極限列の射 $(u_n):X\to(\mathcal{U}_n,f_n)$ の極限として連続写像 $u_\infty:X\to\mathcal{U}_\infty$ を得る．このとき，u_∞ が同相写像であることを次の (I), (II) を確かめることで示そう．

(I) u_∞ の全単射性を示す．まず，u_∞ の単射性を示す．$x,y\in X$ が $u_\infty(x)=u_\infty(y)=(U_n)$ を満たすとする．任意の $0<n<\omega$ に対して $x\in U_n\wedge y\in U_n$ が成り立ち，$\mathrm{diam}(U_n)<\frac{1}{n}$ であったから $d(x,y)<\frac{1}{n}$ を満たす．ゆえに $x=y$ でなければならない．次に u_∞ の全射性を示す．$\forall(U_n)\in\mathcal{U}_\infty$ をとると，コンパクト空間において，有限交差性をもつ閉集合族 $\{U_n|n<\omega\}$ は $\bigcap_{n<\omega}U_n\neq\emptyset$ を満たす．その元を x とすると，$u_\infty(x)=(U_n)$ が成り立つ．

(II) $\mathcal{U}_\infty$ がハウスドルフであることを示す．異なる元 (U_n) と $(V_n)\in\mathcal{U}_\infty$ をとる．このとき，$\exists m<\omega$ に対して $U_m,V_m\in\mathcal{U}_m$ が $U_m\neq V_m$ となる．U_m と V_m は互いに交わらず，$U=\mathrm{pr}_m^{-1}(U_m)\cap\mathcal{U}_\infty, V=\mathrm{pr}_m^{-1}(V_m)\cap\mathcal{U}_\infty$ とおけば U,V は $\mathcal{U}_\infty$ の互いに交わらない開集合であり，$(U_n)\in U$ かつ $(V_n)\in V$ を満たすので $\mathcal{U}_\infty$ はハウスドルフである．

以上，(I), (II) より，u_∞ はコンパクト空間からハウスドルフ空間への連続な全単射であるから，注 3.21 より u_∞ は同相写像となり，題意が満たされる．□

注 6.6 離散空間からなる逆極限列は完全不連結であることもわかる．なぜなら，異なる $(x_n),(y_n)\in\varprojlim(X_n,f_n)$ に対して，ある $n<\omega$ に対して $x_n\neq y_n$ であり，$\mathrm{pr}_n^{-1}(x_n)$ は (y_n) を含まない開かつ閉集合であるからである．

この例題は例 6.2 で行ったカントール集合の逆極限による記述の一般化である．性質 C をもつ空間が逆極限によって記述できることを用いるとブラウウェルの定理を証明することができる．

例題 6.13（ブラウウェルの定理（定理 6.3）） 性質 C をもつ位相空間はカントール集合と同相であることを証明せよ．

*20) f_n は被覆どうしの写像であって，X の上の連続写像ではないことに注意しておく．

（解答） X, Y を，性質 C をもつ空間とする．例題 6.11 から，X, Y に対する直径が 0 に収束する有限分割の細分列をそれぞれ $(\mathcal{U}_n)$, $(\mathcal{V}_n)$ とする．ここで，$\mathcal{U}_n$ と $\mathcal{V}_n$ を有限離散空間とし，例題 6.12 で構成した連続写像を $f_n : \mathcal{U}_n \to \mathcal{U}_{n-1}$ と $g_n : \mathcal{V}_n \to \mathcal{V}_{n-1}$ とし，逆極限列 $(\mathcal{U}_n, f_n)$, $(\mathcal{V}_n, g_n)$ をとっておく．ただし $\mathcal{U}_0 = \{X\}, \mathcal{V}_0 = \{Y\}$ とする．

$|\mathcal{U}_0| = |\mathcal{V}_0| = 1$ より，恒等写像 $\varphi_0 : \mathcal{U}_0 \to \mathcal{V}_0$ をとっておく．$|\mathcal{U}_1| \neq |\mathcal{V}_1|$ とする．例えば $|\mathcal{U}_1| < |\mathcal{V}_1|$ と仮定すると，例題 6.10 を用いて，ある $U \in \mathcal{U}_1$ を $|\mathcal{V}_1| - |\mathcal{U}_1| + 1$ 個の有限分割したものを $\mathcal{U}'_1$ とすることで $|\mathcal{U}'_1| = |\mathcal{V}_1|$ とできる．このとき，$\mathcal{U}'_1, \mathcal{U}_2, \cdots$ は一般には細分列ではないので，$i \geq 1$ に対して $\mathcal{U}'_{i+1} = \mathcal{U}'_i \wedge \mathcal{U}_{i+1}$ と取り直すことで細分列 $\mathcal{U}'_1 \geq \mathcal{U}'_2 \geq \cdots$ を得る．$|\mathcal{U}_1| > |\mathcal{V}_1|$ であるときも同様である．よって，$|\mathcal{U}_1| = |\mathcal{V}_1|$ であることを仮定してよい．新しく取り替えた細分列も直径が 0 に収束する有限分割列である．また，f_n, g_n も例題 6.12 で構成したものに取り替えておく．

ある全単射（同相写像）$\varphi_1 : \mathcal{U}_1 \to \mathcal{V}_1$ をとる．帰納的に射 $(\varphi_n) : (\mathcal{U}_n, f_n) \to (\mathcal{V}_n, g_n)$ を定める．$n \in \mathbb{N}$ と $\forall i \leq n$ に対して，$\varphi_{i-1} \circ f_i = g_i \circ \varphi_i$ が成り立つような全単射 $\varphi_i : \mathcal{U}_i \to \mathcal{V}_i$ が定義されたとする．$\forall U_n \in \mathcal{U}_n$ と $V_n = \varphi_n(U_n) \in \mathcal{V}_n$ に対して $f_{n+1}^{-1}(U_n) = \{U_{n+1}^{(1)}, \cdots, U_{n+1}^{(p)}\} =: L$ と $g_{n+1}^{-1}(V_n) = \{V_{n+1}^{(1)}, \cdots, V_{n+1}^{(q)}\} =: R$ とする．もし $p = q$ であれば，L と R の間に全単射をとることができる．$p < q$ であれば，例題 6.10 を用いて $U_{n+1}^{(1)}$ を $q - p + 1$ 個の元をもつ有限分割に入れ替えたものを L' とすることで全単射 $L' \to R$ を与えることができる．この操作を任意の $\mathcal{U}_n$ に対して行うことで，$\mathcal{U}_{n+1}$ と $\mathcal{V}_{n+1}$ をいくつか分割したものとを $\mathcal{U}'_{n+1}$ と $\mathcal{V}'_{n+1}$ とすることで全体として同相写像 $\varphi_{n+1} : \mathcal{U}'_{n+1} \to \mathcal{V}'_{n+1}$ を与えることができ，構成の仕方から，$\varphi_n \circ f_{n+1} = g_{n+1} \circ \varphi_{n+1}$ が成り立つ．ここで，$\mathcal{U}'_{n+1}, \mathcal{U}_{n+2}, \cdots$ および $\mathcal{V}'_{n+1}, \mathcal{V}_{n+2}, \cdots$ の細分列を上と同様の議論により改変することで，再び有限分割の細分列 $\mathcal{U}'_{n+1} \geq \mathcal{U}'_{n+2} \geq \cdots$ と $\mathcal{V}'_{n+1} \geq \mathcal{V}'_{n+2} \geq \cdots$ を得る．この手法を帰納的に当てはめることで，有限分割の細分列 $(\mathcal{U}_n)$ と $(\mathcal{V}_n)$ で逆極限列の射 $(\varphi_n) : (\mathcal{U}_n) \to (\mathcal{V}_n)$ を持つものが存在することがわかる．各 φ_n は同相写像であるから，この逆極限列の射の極限 $\varphi_\infty : \mathcal{U}_\infty \to \mathcal{V}_\infty$ は同相写像である．例題 6.12 を用いることで，X と Y はそれぞれ $\mathcal{U}_\infty$ と $\mathcal{V}_\infty$ と同相であり，これらの同相写像を下のように繋げることにより，X は Y と同相であることがわかる．

$$X \to \mathcal{U}_\infty \to \mathcal{V}_\infty \to Y$$

特に，X をカントール集合にとることにより，任意の性質 C をもつ位相空間はカントール集合と同相であることがわかる． □

例 6.5 例 6.3 から p 進整数 $\mathbb{Z}_p$ は，離散空間からなる逆極限列の極限であったから完全不連結な空間である．また，$\forall x = \sum_{n \geq 0} r_n p^n \in \mathbb{Z}_p$ に対して，十分大

きい n による r_n を取り替えれば x にいくらでも近い $\mathbb{Z}_p$ の元を持ち，$\mathbb{Z}_p$ は完全である．つまり $\mathbb{Z}_p$ は性質 C をもち，$\mathbb{Z}_p$ はカントール集合と同相である．

6.3 連続像・上半連続写像

6.3.1 連続像としてのコンパクト距離空間

逆極限列を一般のコンパクト距離空間にも応用しよう．前節では，性質 C をもつ空間 X の有限分割の細分列の情報を有限離散空間の逆極限列 $(\mathcal{U}_n, f_n)$ として捉え，その極限として同相写像 $X \to \mathcal{U}_\infty$ を得た．この手法をコンパクト距離空間に一般化させるためにまず有限分割の細分列を有限閉被覆の細分列に取り換える．まずは，次の例題を解こう．距離空間の被覆 $\mathcal{U}$ が，$\forall U \in \mathcal{U}$ に対して，$\mathrm{diam}(U) < \epsilon$ のとき $\mathcal{U}$ を **ϵ-被覆**という．また，ϵ-被覆 $\mathcal{U}$ が例えば有限閉被覆であれば，ϵ-有限閉被覆という．

例題 6.14 (X,d) をコンパクト距離空間とする．このとき，次の条件を満たす X の有限閉被覆の細分列 $\{X\} = \mathcal{U}_0 \geq \mathcal{U}_1 \geq \mathcal{U}_2 \geq \cdots$ が存在することを示せ．

- 任意の $0 < n < \omega$ に対して $\mathcal{U}_n$ は $\frac{1}{n}$-被覆である．
- $\forall U \in \mathcal{U}_n$ に対して，$\exists V_1, \cdots, V_k \in \mathcal{U}_{n+1}$ であって，$\displaystyle\bigcup_{i=1}^{k} V_i = U$ となる．

解答にうつる前に $n \in \mathbb{N}$ に対して，$\langle n \rangle = \{1, 2, \cdots, n\}$ を思い出しておく．

(解答) $\mathcal{U}_0 = \{X\}$ とおく．X の全有界性から，有限個の点 $x_1, \cdots, x_{r_1} \in X$ が存在して $i \in \langle r_1 \rangle$ に対して $U_i^1 = \overline{B_d(x_i, \frac{1}{3})}$ として $\mathcal{U}_1 = \{U_1^1, \cdots, U_{r_1}^1\}$ とおくと，$\mathcal{U}_1$ は X の 1-被覆である．任意の U_i^1 は X においてコンパクトであるから，有限集合 $y_1, \cdots, y_s \in U_i^1$ が存在し，$\{U_i^1 \cap \overline{B_d(y_j, \frac{1}{6})} | j \in \langle s \rangle\}$ は U_i^1 の閉被覆である．この閉被覆をその他の U_k^1 に対しても同様に構成し，集めたものを $\mathcal{U}_2 = \{U_1^2, \cdots, U_{r_2}^2\}$ とすると，$\mathcal{U}_2$ は X の $\frac{1}{2}$-被覆である．$n > 2$ のとき $\frac{1}{n}$-被覆 $\mathcal{U}_n = \{U_1^n, \cdots, U_{r_n}^n\}$ が上の操作を繰り返して構成できたとき，$U_i^n \in \mathcal{U}_n$ はコンパクトであるから，$z_1, \cdots, z_t \in U_i^n$ が存在して，$\{U_i^n \cap \overline{B_d(z_j, \frac{1}{3(n+1)})} | j \in \langle t \rangle\}$ が U_i^n を被覆する．他の U_k^n に対しても同様に構成し，集めたものを $\mathcal{U}_{n+1} = \{U_1^{n+1}, \cdots, U_v^{n+1}\}$ とする．$\forall U_l^{n+1} \in \mathcal{U}_{n+1}$ に対して $\mathrm{diam}(U_l^{n+1}) \leq \frac{2}{3(n+1)} < \frac{1}{n+1}$ を満たす．このようにして，条件を満たす有限閉被覆の細分列 $\mathcal{U}_0 \geq \mathcal{U}_1 \geq \mathcal{U}_2 \geq \cdots$ が帰納的に構成できる．□

このような閉被覆からなる細分列からも有限離散空間の逆極限列が得られる．被覆どうしは一般に重なり合っているのだから，この列と元の空間とを関係づけるためには，逆極限列から空間への射を考えることが自然である．つまり閉集合に対して空間の点を与える必要がある．しかし，閉集合のどの点を与えればよいか分からない．そのため，次の概念を導入する．

定義 6.5 $(Z,\mathcal{O}_Z),(X,\mathcal{O}_X)$ を位相空間とし，$\mathcal{C}_X$ を X の閉集合系とする．写像 $F : Z \to \mathcal{C}_X \setminus \{\emptyset\}$ が $z \in Z$ において**上半連続**であるとは，$F(z) \subset \forall U \in \mathcal{O}_X$ に対して，$V \in \mathcal{N}(z)$ が存在して $F(V) \subset U$ を満たす[*21)] ときをいう．また，F が $\forall z \in Z$ に対して上半連続であるとき F は**上半連続**であるという．

注 6.7 上半連続写像 $F : Z \to \mathcal{C}_X \setminus \{\emptyset\}$ が $\forall z \in Z$ において $F(z)$ が 1 元集合である場合，F は連続写像 $Z \to X$ を与えることを注意しておく．つまり上半連続写像とは，1 点の行き先が 1 点に定まらない，曖昧な状況での対応する "連続性" と考えることができる．

ここで次の例題を解こう．

例題 6.15 $(Z,\mathcal{O}_Z),(X,\mathcal{O}_X)$ をコンパクト T_1 空間とする．$\forall n < \omega$ に対して $F_n : Z \to \mathcal{C}_X \setminus \{\emptyset\}$ が上半連続であり，$\forall z \in Z \forall n < \omega(F_n(z) \supset F_{n+1}(z))$ を満たすとする．このとき，$F(z) := \bigcap_{n<\omega} F_n(z)$ とおいて得られる写像 $F : Z \to \mathcal{C}_X \setminus \{\emptyset\}$ は上半連続であり[*22)]，さらに $\forall n < \omega(F_n(Z) = X)$ であるなら $F(Z) = X$ であることを示せ．

さらに X が距離位相空間で $\mathrm{diam}(F_n(z)) \to 0 \quad (n \to \infty)$ を満たすとき $F(z)$ は連続な全射 $F : Z \to X$ を与えることを示せ．

(解答) まずは主張の前半を示す．条件を満たす F_n をとる．はじめに F が上半連続であることを示す．$\forall z \in Z$ に対して $F(z) \subset U$ となる $U \in \mathcal{O}_X$ をとる．このとき，$\exists n < \omega(F_n(z) \subset U)$ であり[*23)]，F_n が上半連続であることから z の開近傍 V が存在して，$F_n(V) \subset U$ を満たす．$F(V) = \bigcup_{v \in V} F(v) \subset \bigcup_{v \in V} F_n(v) = F_n(V)$ であることから，特に $F(V) \subset U$ である．よって F は上半連続であることが示された．

さらに $\forall n < \omega(F_n(Z) = X)$ が成り立つとする．このとき，$\forall x \in X$ に対して，$x \in F_n(z_n)$ となる点列 (z_n) が存在する．Z はコンパクトであるから，$\{z_n | n < \omega\}$ の集積点 $z \in Z$ が存在する．$x \notin F(z)$ であると仮定すると，$F(z) \subset \{x\}^c$ であり，$\{x\}^c$ は開集合であるから，脚注 23 より，$F(z) \subset F_N(z) \subset \{x\}^c$ となる $N < \omega$ が存在する．F_N は上半連続であるから，$V \in \mathcal{N}(z)$ が存在して

*21) $S \subset Z$ に対して $\bigcup_{s \in S} F(s)$ を $F(S)$ と定義する．$z \in X$ のある近傍 V_z で，$F(V_z) = F(z)$ が成り立つとき，F は z で上半連続である．

*22) X はコンパクトであるから，$\{F_n(z) | n < \omega\}$ は有限交差性をもつ閉集合族であるから例題 3.54 から $\forall z \in Z$ に対して $F(z)$ は空ではない閉集合である．

*23) $\{U\} \cup \{F_n(z)^c | n < \omega\}$ は X の開被覆であり，X のコンパクト性からその有限部分被覆が存在し，$\exists n < \omega(U \cup F_n(z)^c = X)$ となる．

$F_N(V) \subset \{x\}^c$ である．z は $\{z_n|n < \omega\}$ の集積点であるから，$\exists n > N$ に対して，$z_n \in V$ である．$\{x\}^c \supset F_N(V) \supset F_N(z_n) \supset F_n(z_n) \ni x$ であり，矛盾する．よって，$x \in F(z)$ であり，$F(Z) = X$ がわかる．

主張の後半を示そう．X をコンパクト距離空間とする．$\{F_n(z)|n < \omega\}$ は有限交差性をもつ閉集合族であり，例題3.54から $F(z) \neq \emptyset$ である．$F_n(z)$ の直径の収束性から $F(z)$ が2点以上存在し得ない．よって $F(z)$ は1点であり，写像 $F : Z \to X$ が定義できる．注6.7より F は連続な全射である．□

例題6.14で与えた有限閉被覆の細分列を用いて次を示そう．

例題 6.16 任意のコンパクト距離空間 X はカントール集合の連続像[*24]であることを示せ．

（解答） 例題6.14で構成したような X の有限閉被覆の細分列 $\{X\} = \mathcal{U}_0 \geq \mathcal{U}_1 \geq \cdots$ をとる．$\mathcal{U}_n = \{U_1^n, \cdots, U_{r_n}^n\}$ とする．$Z_n = \{(U_{j_0}^0, \cdots, U_{j_n}^n) \in \prod_{i=0}^{n} \mathcal{U}_i | U_{j_0}^0 \supset \cdots \supset U_{j_n}^n\}$ とおき，$f_n : Z_n \to Z_{n-1}$ を $f_n(U_{j_0}^0, \cdots, U_{j_n}^n) = (U_{j_0}^0, \cdots, U_{j_{n-1}}^{n-1})$ と定義する．このとき，有限集合 Z_n に対して離散位相を入れることで逆極限列 (Z_n, f_n) が得られる．さらに，その極限 $Z_\infty = \{(U_{j_n}^n) \in \prod_{n<\omega} \mathcal{U}_n | \forall n < \omega(U_{j_n}^n \supset U_{j_{n+1}}^{n+1})\}$ は空ではないコンパクトハウスドルフ空間である[*25]．

$\mathcal{C}_X$ を X の閉集合系とし，写像 $F_m : Z_\infty \to \mathcal{C}_X \setminus \{\emptyset\}$ を $(U_{j_n}^n) \in Z_\infty$ に対して $F_m((U_{j_n}^n)) = U_{j_m}^m$ と定義する．F_m が上半連続であることを示す．$\forall z = (U_{j_n}^n) \in Z_\infty$ に対して U を $F_m(z) \subset U$ となる X の任意の開集合とする．$V_m = \{(U_{k_n}^n) \in Z_\infty | k_m = j_m\} = \mathrm{pr}_m^{-1}(U_{j_m}^m) \cap Z_\infty$ とおくと，V_m は z を含む開集合である[*26]．$\forall v \in V_m$ に対して $F_m(v) = U_{j_m}^m \subset U$ であるから F_m は上半連続である．

$\forall z \in Z_\infty \forall n < \omega(F_n(z) \supset F_{n+1}(z))$ であることは $(\mathcal{U}_n)$ が細分列であることからわかる．$\forall n < \omega(F_n(Z_\infty) = X)$ を示す．$\forall x \in X$ に対して例題6.14の2つ目の条件を繰り返し使うことで，$U_{\ell_0}^0 \supset U_{\ell_1}^1 \supset \cdots$ かつ $\forall n < \omega(x \in U_{\ell_n}^n)$ となる $(U_{\ell_n}^n)$ が存在する．$(U_{\ell_n}^n) \in Z_\infty$ であり，$F_m((U_{\ell_n}^n)) = U_{\ell_m}^m \ni x$ であるから，$F_m(Z_\infty) = X$ であることがわかる．また，例題6.14の1つ目の条件から $z = (U_{j_n}^n) \in Z_\infty$ のとき，$\mathrm{diam}(F_n(z)) = \mathrm{diam}(U_{j_n}^n) \to 0\ (n \to \infty)$ である．よって例題6.15から $Z_\infty \ni z \mapsto \bigcap_{n<\omega} F_n(z) \in X$ として全射連続写像

---

*24) X が位相空間 A の**連続像**であるとは，全射な連続写像 $A \to X$ が存在することを意味する．

*25) $\{((U_{j_0}^0, \cdots, U_{j_n}^n)) \in \prod_{n<\omega} Z_n | \forall n < \omega(U_{j_n}^n \supset U_{j_{n+1}}^{n+1})\}$ と $\{(U_{j_n}^n) \in \prod_{n<\omega} \mathcal{U}_n | \forall n < \omega(U_{j_n}^n \supset U_{j_{n+1}}^{n+1})\}$ は同相であることでこの等式が成り立つが，その証明は読者の演習とする．

*26) ここで pr_m は標準射影 $\prod_{n<\omega} \mathcal{U}_n \to \mathcal{U}_m$ とする．

$F : Z_\infty \to X$ が得られる．注 6.6 から Z_∞ は完全不連結である．Z_∞ が完全であればブラウウェルの定理により同相写像 $g : C \to Z_\infty$ が存在する．Z_∞ が完全でないとしても，カントール集合との直積 $Z_\infty \times C$ は性質 C をもち[*27]，同相写像 $h : C \to Z_\infty \times C$ と第 1 標準射影 $p_1 : Z_\infty \times C \to Z_\infty$ の合成は連続な全射 $p_1 \circ h : C \to Z_\infty$ を与える．g もしくは $p_1 \circ h$ を F と合成することで連続な全射 $C \to X$ が得られる． □

注 6.8 この例題で得られた全射連続写像 $C \to X$ は閉写像であるから例題 2.54 の解答の直後の記述により商写像である．つまり任意のコンパクト距離空間はカントール集合の商空間である．

また，コンパクト距離空間の濃度は高々連続体濃度であることもわかる．

実は，例題 6.16 は逆も成り立つ．

例題 6.17 ハウスドルフ空間 X がカントール集合 C の連続像であるとき，X はコンパクト距離空間であることを示せ．

（解答） $f : C \to X$ を全射連続写像とする．例題 3.42 より X はコンパクトハウスドルフであるから例題 3.45 により X は正規空間である．X が第 2 可算公理を満たせばウリゾーンの距離化定理（例題 3.35）により X は距離化可能である．

$\mathcal{B}$ を C の可算開基とする[*28]．V を $\mathcal{B}$ の有限個の和集合とする．f は閉写像であるから $f(V^c)^c$ は X の開集合である．$\mathcal{B}_X := \{f(V^c)^c | \exists \mathcal{B}' \subset \mathcal{B}(|\mathcal{B}'| < \aleph_0 \wedge V = \cup \mathcal{B}')\}$ とおくと $\mathcal{B}_X$ は可算集合である[*29]．

$\mathcal{B}_X$ が X の開基であることを示そう．U を X の任意の開集合とし $\forall x \in U$ をとる．このとき，$f^{-1}(x)$ は閉集合であるからコンパクトである．$\forall y \in f^{-1}(x)$ に対して $y \in V_y \in \mathcal{B}$ が存在して，$y \in V_y \subset f^{-1}(U)$ となる．$\{V_y \in \mathcal{B} | y \in f^{-1}(x)\}$ は $f^{-1}(x)$ を被覆するが，コンパクト性から，その有限部分集合が存在し $f^{-1}(x)$ を被覆する．その和集合を W とすると，$f(W^c)^c \in \mathcal{B}_X$ であり，$f^{-1}(x) \subset W \subset f^{-1}(U)$ を満たす．この関係に補集合をとり，f による像をとり，もう一度補集合をとると，$x \in f(W^c)^c \subset U$ を得る．よって，$\mathcal{B}_X$ は X の開基となる．ゆえに X は第 2 可算公理を満たす． □

この例題を示すのにハウスドルフ性の仮定は必要である．例えば，カントール集合から密着位相空間への全射を考えれば，非ハウスドルフ空間への連続全

*27) X_1, X_2 がどちらも完全不連結なら $X_1 \times X_2$ も完全不連結である．なぜなら (x_1, y_1) と (x_2, y_2) を両方含む連結集合が存在するなら，それを各成分に射影しても連結となるが，完全不連結性から $x_1 = x_2$ かつ $y_1 = y_2$ が成り立つ．また，X_1, X_2 のどちらかが完全であれば，$X_1 \times X_2$ も完全である．このことは対偶をとれば容易に示すことができる．

*28) カントール集合は $\mathbb{R}$ の部分位相空間なので第 2 可算公理を満たす．

*29) 例題 2.37 の解答の最初の濃度計算と同じようにすればよい．

射を直ちに作ることができる．

4.1 節においてコンパクト距離空間は全有界かつ完備という距離空間的特徴づけを証明したが，例題 6.16 と 6.17 によりカントール集合の連続像という，位相的特徴付けも得ることができた．

注 6.9 $f : Z \to X$ が連続な全射閉写像であり，$\forall x \in X$ に対して $f^{-1}(x)$ が Z のコンパクト集合であるとき f を**完全写像**であるという．例えば，コンパクト空間からハウスドルフ空間への連続な全射は完全写像である．また，例題 6.17 の証明の後の議論は一般化され「$f : Z \to X$ が完全写像であれば，Z が第 2 可算公理を満たすなら X も第 2 可算公理を満たす」を直ちに証明できる．

例 6.6 閉区間 $I = [0,1]$ に対して，I^n を $(\mathbb{R}^n, \mathcal{O}_{d_n})$ の部分位相空間とする．このとき，例題 6.16 より I^n はカントール集合からの全射連続写像 $f : C \to I^n$ をもつ．I^n は T_4 空間であり，$C \subset I$ は閉集合であるから，ティーチェの拡張定理（例題 3.32）より，f は $f^* : I \to I^n$ に連続的に拡張する*30)．つまり I^n は閉区間 I の連続像である*31)．I^n のコンパクト化や商空間をとれば，n 次元球面 S^n やトーラス，n 次元射影空間 $\mathbb{R}P^n$ なども I の連続像である．

6.3.2 ハーン–マズルキエビッチの定理

連結なコンパクト距離空間を**連続体**という．前節の最後で，I からハウスドルフ空間への連続像の例を与えた．そのような I からの連続像は連続体である．では逆に，連続体は I からの連続像になるだろうか？ まず，次を示そう．

例題 6.18 S を局所連結な空間とする．全射な閉写像 $f : S \to X$ が存在するとするとき，X も局所連結であることを示せ．

(解答) U を X の開集合とし，U_0 を U の任意の連結成分とする．このとき，$f^{-1}(U_0)$ は $f^{-1}(U)$ の連結成分の和集合である．というのは，$B \subset f^{-1}(U)$ を $f^{-1}(U)$ の連結成分とする．$f^{-1}(U_0) \cap B \neq \emptyset$ なら $f(B)$ は連結であり，$f(B) \cap U_0 \neq \emptyset$ より，$f(B) \subset U_0$ であり $B \subset f^{-1}(U_0)$ であるからである．f の連続性から $f^{-1}(U)$ は開集合であり，例題 3.15 から，$f^{-1}(U_0)$ は $f^{-1}(U)$ の開集合である．$U_0 = f(f^{-1}(U_0))$ であり f の条件から $U_0^c = f((f^{-1}(U_0))^c)$ は閉集合であるから U_0 は開集合である．再び例題 3.15 を用いることで X は局所連結となる． □

I は連結かつ局所連結であるから，そのハウスドルフな連続像 X も局所連結

*30) $f(x) = (f_1(x), \cdots, f_n(x))$ として，ティーチェの拡張定理を $f_i : C \to I$ に用いることで連続的な拡張 $f_i^* : I \to I$ を得る．よって $f^*(x) = (f_1^*(x), \cdots, f_n^*(x))$ は f の連続な拡張となる．

*31) ペアノは閉区間 I から I^2 への全射な連続写像の存在を，ある連続な埋め込み $I \hookrightarrow I^2$ の列の一様収束極限として構成してみせた．

でなければならない．局所連結な連続体のことを**ペアノ連続体**ということにする．I からのハウスドルフな連続像はペアノ連続体であるが，逆にペアノ連続体は I からのハウスドルフな連続像であろうか？ 実は次が成り立つ．

定理 6.4（ハーン–マズルキエビッチの定理） ペアノ連続体 X は閉区間 I からのハウスドルフな連続像である．

定理 6.4 を例題 6.15 で用いた上半連続な写像族 F_n を応用して示そう．まずは，そのような F_n を構成するため，次の補題を証明することを目標にする．

補題 6.1 $(X, \mathcal{O}_d)$ を任意のペアノ連続体とする．このとき $\forall\epsilon > 0$ に対してペアノ連続体からなる ϵ-有限鎖被覆が存在する[*32]．

連結空間において連結な ϵ-有限鎖被覆が存在することを示すためには，連結な ϵ-有限閉被覆（もしくは連結な ϵ-有限開被覆）が存在すればよい．というのも，$X_1, \cdots, X_n$ を連結な ϵ-有限閉被覆とすると，X の連結性から，それらを並び替えることで，任意の $i = 1, \cdots, n-1$ に対して，$X_1 \cup \cdots \cup X_i$ は連結で，$(X_1 \cup \cdots \cup X_i) \cap X_{i+1} \neq \emptyset$ とすることができる．さらに，例題 6.24 の証明と同様に，この集合列を重複を許しながら X_i を取り直すことで，連結な ϵ-有限鎖被覆が構成できる．

補題 6.1 を証明する前にいくつか例題を解いておこう．

例題 6.19 コンパクトな局所連結空間の連結成分は有限個であることを示せ．

（解答） X をコンパクト局所連結空間とする．任意の点 $x \in X$ に対して連結な近傍が存在するから，x の連結成分 $C_X(x)$ において x は内点である．よって X は連結成分からなる開被覆を得る．X のコンパクト性からこの開被覆は有限被覆となり X の連結成分は有限個となる． □

ここで，局所連結性に関わる次の定義をし，例題を解こう．

定義 6.6 距離空間 X が，$\forall\epsilon > 0$ に対して連結な ϵ-有限被覆が存在する[*33]とき，X は**性質 S** を持つという．

例題 6.20 距離空間 (X, d) に対して以下を示せ．
(1) X がコンパクトかつ局所連結なら性質 S を持つ．
(2) X が性質 S を持つなら局所連結である．

---

*32) $1, 2, \cdots, n$ によって順序づけられた X の有限個の部分集合列 $\{X_1, \cdots, X_n\}$ が $X_i \cap X_{i+1} \neq \emptyset$ を満たすとき，その部分集合列を**有限鎖**といい，さらにそれが X の被覆である場合，**有限鎖被覆**という．また，さらに $\epsilon > 0$ に対して，それが ϵ-被覆になるとき，**ϵ-有限鎖被覆**という．

*33) 距離空間 X の**連結な ϵ-有限（開，閉，鎖）被覆**とは ϵ-有限（開，閉，鎖）被覆 $\{X_1, \cdots, X_n\}$ で，$\forall i = 1, \cdots, n$ に対して X_i が連結であるものをいう．

(解答)　(1) (X,d) を局所連結なコンパクト距離空間とする．このとき，$\forall x \in X$ と $\forall \epsilon > 0$ に対して $U(x) \subset B_d(x, \frac{\epsilon}{3})$ となるある連結な開集合 $U(x)$ が存在する．コンパクト性から $x_1, \cdots, x_n \in X$ が存在して，開被覆 $\{U(x) | x \in X\}$ の部分被覆 $\{U(x_i) | i = 1, \cdots, n\}$ を得る．ここで，$X_i = U(x_i)$ とすると，$\mathrm{diam}(X_i) \leq \frac{2\epsilon}{3} < \epsilon$ となる．よって，X は性質 S を持つ．

(2) X が性質 S をもつとする．$\forall U \in \mathcal{O}_d$ に対して，$\forall p \in U$ をとる．ある $\epsilon > 0$ が存在して，$B_d(p, \epsilon) \subset U$ を満たす．条件から，連結な集合 $X_1, \cdots, X_n$ が存在して，$\mathrm{diam}(X_i) < \epsilon$ かつ $X = \bigcup_{i=1}^{n} X_i$ を満たす．$\mathcal{I} = \{i \in \langle n \rangle | p \in \mathrm{Cl}(X_i)\}$ とすると，$\forall i \in \mathcal{I}$ に対して $\mathrm{Cl}(X_i) \subset B_d(p, \epsilon)$ となる[*34]．例題 3.4 から $\mathrm{Cl}(X_i)$ は連結であり，$i \in \mathcal{I}$ に対して $p \in \mathrm{Cl}(X_i)$ であり，注 3.4 から $\bigcup_{i \in \mathcal{I}} \mathrm{Cl}(X_i)$ は連結である．このとき，$\delta > 0$ が存在して，$\forall j \in \langle n \rangle \setminus \mathcal{I}$ に対して，$B_d(p, \delta) \cap \mathrm{Cl}(X_j) = \emptyset$ となる．$X = \bigcup_{i \in \mathcal{I}} X_i \cup (\bigcup_{j \notin \mathcal{I}} \mathrm{Cl}(X_j))$ であるから，$B_d(p, \delta) \subset \bigcup_{i \in \mathcal{I}} X_i$ である．ゆえに，$B_d(p, \delta) \subset \bigcup_{i \in \mathcal{I}} X_i \subset \bigcup_{i \in \mathcal{I}} \mathrm{Cl}(X_i) \subset B_d(p, \epsilon) \subset U$ である．連結成分 $C_U(p)$ において p は内点である．例題 3.15 より X は局所連結である．　□

注 6.10　(1) と (2) から，コンパクト距離空間において局所連結性と性質 S を持つことは同値である．

注 6.11　(1) の証明から，(X,d) がコンパクト局所連結なら，$\forall \epsilon > 0$ に対して連結な ϵ-有限開被覆が存在し，それらは局所連結である[*35]．この有限開被覆の閉包を取れば，補題 6.1 が証明できそうだが，局所連結集合の閉包は再び局所連結とは限らない．例えば，例題 3.13 と例題 3.16 を見よ[*36]．そのため局所連結性より条件の強い，性質 S を用いる．

次の例題が必要となるが証明は易しい．

例題 6.21　距離空間 X に対して，$Y \subset X$ が，性質 S を持つとする．$Y \subset Z \subset \mathrm{Cl}(Y)$ となる任意の集合 Z も，性質 S を持つことを示せ．

(解答)　$Y \subset Z \subset \mathrm{Cl}(Y)$ となる任意の集合 Z をとる．$\forall \epsilon > 0$ に対して，$Y_1, \cdots, Y_n$ を Y の連結な ϵ-有限被覆とする．$A_i = Z \cap \mathrm{Cl}(Y_i)$ とすると，$Y_i = Z \cap Y_i \subset A_i$ かつ $A_i \subset \mathrm{Cl}(Y_i)$ であり，例題 3.13 から A_i は連結である．$\bigcup_{i=1}^{n} A_i = Z \cap (\bigcup_{i=1}^{n} \mathrm{Cl}(Y_i)) = Z \cap \mathrm{Cl}(Y) = Z$ であり，

*34)　なぜなら $\mathrm{diam}(\mathrm{Cl}(X_i)) < \epsilon$ であり，$\forall q \in \mathrm{Cl}(X_i)$ に対して，$d(p,q) < \epsilon$ であるから，$q \in B_d(p, \epsilon)$ となる．

*35)　$(X, \mathcal{O}_X)$ を局所連結空間とし，$\forall U \in \mathcal{O}_X$ をとる．$V \subset U$ なる $V \in \mathcal{O}_U$ は X の開集合でもあるから，X の局所連結性より $\forall x \in V$ のある連結な開近傍 N が存在して $N \subset V$ を満たす．連結成分 $C_V(x)$ に対して $N \subset C_V(x)$ となる．N は V においても開集合であるから，$C_V(x) \in \mathcal{O}_V$ である．例題 3.15 から U は局所連結である．

*36)　開集合の閉包としても局所連結とは限らない．$A = \{(x,y) \in \mathbb{R}^2 | y < \sin \frac{1}{x}, x > 0, y > -1\}$ は局所連結だが，その閉包は局所連結ではない．

$\mathrm{diam}(A_i) \leq \mathrm{diam}(\mathrm{Cl}(Y)) = \mathrm{diam}(Y) < \epsilon$ を満たす．よって，A_i は Z の連結な ϵ-有限被覆である． □

次に，性質 S を持つ有限被覆を得るために次の概念を導入する．X を距離空間とする．$A \subset X$ と $x \in X$ をとる．$\forall\epsilon > 0$ に対して，X の連結部分集合列 $\mathcal{Q} = (Q_1, \cdots, Q_n)$ が $A \cap Q_1 \neq \emptyset$ かつ $x \in Q_n$ を満たす有限鎖であり，$\forall i \in \langle n \rangle (\mathrm{diam}(Q_i) < 2^{-i}\epsilon)$ を満たすとき，$\mathcal{Q}$ は A と x **を結ぶ連結な** $\hat{\epsilon}$**-有限鎖**であるといい，$A \overset{\mathcal{Q}}{\sim} x$ と書く．$l(\mathcal{Q})$ を集合列の長さ n と定義する．$\mathcal{Z}_\epsilon$ を連結な $\hat{\epsilon}$-有限鎖全体の集合とする．$A \subset X$ に対して，$b(A, \epsilon) = \{x \in X | \exists \mathcal{Q} \in \mathcal{Z}_\epsilon (A \overset{\mathcal{Q}}{\sim} x)\}$ と定義する．$b(A, \epsilon) \subset B(A, \epsilon)$ である．次の例題が補題 6.1 を示すのに重要である．

例題 6.22　X を性質 S を持つ距離空間とする．$\forall A \subset X$ と $\forall\epsilon > 0$ に対して，$b(A, \epsilon)$ は性質 S を持つことを示せ．

（解答）　$\forall\delta > 0$ に対して，$\sum_{i=k}^{\infty} \frac{\epsilon}{2^i} < \frac{\delta}{3}$ となるような k をとる．$E = \{x \in b(A, \epsilon) | \exists \mathcal{Q} \in \mathcal{Z}_\epsilon ((A \overset{\mathcal{Q}}{\sim} x) \wedge (l(\mathcal{Q}) \leq k))\}$ とすると $E \subset b(A, \epsilon)$ が成り立つ．ここで，条件から，X の連結な $\frac{\epsilon}{2^{k+1}}$-有限被覆をとり，そのような被覆の元で E と共通部分を持つものを $D_1, \cdots, D_n$ とすると，$E \subset \bigcup_{i=1}^{n} D_i$ である．$\forall D_i$ と $\forall a \in E \cap D_i$ に対して，A と a を結ぶ連結な $\hat{\epsilon}$-有限鎖 $(Q_1, \cdots, Q_k, D_i)$ が存在するので，$D_i \subset b(A, \epsilon)$ が成り立つ．D_i に対して，以下を定義する．

$$B_i = \left\{ x \in b(A, \epsilon) \,\middle|\, \exists \mathcal{Q} \in \mathcal{Z}_{\frac{2\delta}{3}} ((D_i \overset{\mathcal{Q}}{\sim} x) \wedge (l(\mathcal{Q}) = 1)) \right\}$$

$D_i \subset B_i$ を満たし，$E \subset \bigcup_{i=1}^{n} D_i \subset \bigcup_{i=1}^{n} B_i \subset b(A, \epsilon)$ となる．D_i は連結であり，B_i は共通部分をもつ連結集合の和集合であるから連結である．よって，$\mathrm{diam}(B_i) \leq \mathrm{diam}(D_i) + \frac{2\delta}{3} < \frac{\epsilon}{2^{k+1}} + \frac{2\delta}{3} < \delta$ である．また，$\forall x \in b(A, \epsilon)$ とすると，$\exists \mathcal{L} = (L_1, \cdots, L_m) \in \mathcal{Z}_\epsilon$ に対して $A \overset{\mathcal{L}}{\sim} x$ となる．$m \leq k$ ならば $x \in E$ であり，$x \in \bigcup_{i=1}^{n} B_i$ が成り立つ．$k < m$ とする．$L = \bigcup_{i=k}^{m} L_i$ とすると，L は連結かつ $\mathrm{diam}(L) \leq \sum_{i=k}^{m} \frac{\epsilon}{2^i} < \frac{\delta}{3}$ であり，$x \in L \subset B_i$ である．ゆえに $\bigcup_{i=1}^{n} B_i = b(A, \epsilon)$ である．$b(A, \epsilon)$ は連結な δ-有限被覆を持つから，$b(A, \epsilon)$ は性質 S を持つ． □

このとき補題 6.1 を示すことができる．

例題 6.23　$(X, \mathcal{O}_d)$ を任意のペアノ連続体とする．このとき，$\forall\epsilon > 0$ に対して，ペアノ連続体からなる ϵ-有限鎖被覆が存在することを示せ．

（解答）　$(X, \mathcal{O}_d)$ をペアノ連続体とする．例題 6.20(1) から，X の連結な $\frac{\epsilon}{3}$-有限

被覆 $\{A_1, \cdots, A_n\}$ が存在する．例題 6.22 から $b(A_i, \frac{\epsilon}{3})$ は性質 S を持つ．ここで $X_i = \overline{b(A_i, \frac{\epsilon}{3})}$ とおくと，例題 6.21 から X_i は性質 S を持ち，例題 6.20(2) から局所連結である．また，A_i は連結であるから $b(A_i, \frac{\epsilon}{3})$ も連結であり，例題 3.13 から X_i も連結である．X_i は閉集合であるからコンパクト集合である．よって，X_i はペアノ連続体であり，$\mathrm{diam}(X_i) = \mathrm{diam}(b(A_i, \frac{\epsilon}{3})) \leq \mathrm{diam}(A_i) + \frac{2\epsilon}{3} < \epsilon$ である．よって，$\{X_1, \cdots, X_n\}$ は連結な ϵ-有限閉被覆であるから補題 6.1 の提示直後に述べたことより $\{X_1, \cdots, X_n\}$ を重複を許して並び替えることによりペアノ連続体からなる ϵ-有限鎖被覆を得る． □

この補題 6.1 を用いて，例題 6.14 と類似の次の例題を示し，定理 6.4 を示そう．

例題 6.24 $(X, \mathcal{O}_d)$ をペアノ連続体とすると，次の条件を満たすペアノ連続体からなる X の有限鎖被覆の細分列 $\{X\} = \mathcal{P}_0 \geq \mathcal{P}_1 \geq \mathcal{P}_2 \geq \cdots$ が存在することを示せ．

- $\mathcal{P}_n$ は $\frac{1}{n}$-有限鎖被覆である．
- 任意の $0 < n < \omega$ に対して $\{P_1^n, \cdots, P_k^n\}$ を順序づけられた有限鎖被覆 $\mathcal{P}_n$ とするとき，順序づけられた有限鎖被覆 $\mathcal{P}_{n+1}$ は $\{P_{1,1}^{n+1}, P_{1,2}^{n+1}, \cdots, P_{1,s_1}^{n+1}, P_{2,1}^{n+1}, \cdots, P_{2,s_2}^{n+1}, \cdots, P_{k,s_k}^{n+1}\}$ となり，$\bigcup_{j=1}^{s_i} P_{i,j}^{n+1} = P_i^n$ となる．

(解答) $\mathcal{P}_0 = \{X\}$ とおく．補題 6.1 から，ペアノ連続体からなる X の 1-有限鎖被覆 $\mathcal{P}_1 := \{P_1^1, \cdots, P_n^1\}$ が存在する．P_1^1 に対して，補題 6.1 を用いて，$\frac{1}{2}$-有限鎖被覆 $\{P_{1,j}^2 | j \in \langle r_1 \rangle\}$ を構成する．P_{i-1}^1 にペアノ連続体からなる $\frac{1}{2}$-有限鎖被覆 $\{P_{i-1,j}^2 | j \in \langle r_{i-1} \rangle\}$ を構成したとする．補題 6.1 を用いて P_i^1 に対しても $\frac{1}{2}$-有限鎖被覆 $\{P_{i,j}^2 | j \in \langle r_i' \rangle\}$ が存在する．$P_{i-1,r_{i-1}}^2 \cap P_{i,j_0}^2 \neq \emptyset$ とすると，$P_{i,j_0}^2, P_{i,j_0-1}^2, \cdots, P_{i,1}^2, P_{i,0}^2, P_{i,1}^2, P_{i,2}^2, \cdots, P_{i,r_i'}^2$ の番号を付け替えることで，$\frac{1}{2}$-有限鎖被覆 $P_{i,1}^2, \cdots, P_{i,r_i}^2$ で $P_{i-1,r_{i-1}}^2 \cap P_{i,1}^2 \neq \emptyset$ を満たすものを構成できる．この構成を順に P_n^1 まで行うことで，X の $\frac{1}{2}$-有限鎖被覆 $\mathcal{P}_2 = \{P_{1,1}^2, \cdots, P_{n,r_n}^2\}$ が得られる．$\mathcal{P}_2$ は上の 2 条件を満たす．このようにして，有限鎖被覆の細分列 $\mathcal{P}_0 \geq \mathcal{P}_1 \geq \cdots$ で 2 条件を満たすものが得られた． □

例題 6.25 これまでのことを用いてハーン–マズルキエビッチの定理を証明せよ．

(解答) $I = [0,1]$ とし，X をペアノ連続体とする．$\mathcal{C}_X$ を X の閉集合系とする．ペアノ連続体からなる X の有限鎖被覆の細分列 $\{X\} = \mathcal{P}_0 \geq \mathcal{P}_1 \geq \mathcal{P}_2 \geq \cdots$ で，例題 6.24 の 2 条件を満たすものをとる．$F_0 : I \to \mathcal{C}_X \setminus \{\emptyset\}$ を $\forall t \in I(F_0(t) = X)$ とする．$\mathcal{P}_1$ の順序づけられた有限鎖被覆を $\{P_1^1, \cdots, P_n^1\}$ とする．$0 = t_0 < t_1 < \cdots < t_n = 1$ となる $n+1$ 個の

点 $t_0, t_1, \cdots, t_n$ をとる[*37]．$F_1(t) = \begin{cases} P_i^1, & t \in (t_{i-1}, t_i), \\ P_i^1 \cup P_{i+1}^1, & t = t_i \end{cases}$ と定義することで写像 $F_1 : I \to \mathcal{C}_X \setminus \{\emptyset\}$ を得る[*38]．F_1 が上半連続であることを示す．$\forall t \in (t_{i-1}, t_i)$ に対して $F_1((t_{i-1}, t_i)) = F_1(t) = P_i^1$ であるから F_1 は t で上半連続[*39]である．また，$t = t_i$ のときも同様に上半連続となる．順序づけられた $\mathcal{P}_2$ の有限鎖被覆を $\{P_{1,1}^2, \cdots, P_{1,r_1}^2, P_{2,1}^2, \cdots, P_{n,r_n}^2\}$ とし，そのうち P_i^1 に対する有限鎖被覆を $\{P_{i,1}^2, \cdots, P_{i,r_i}^2\}$ とする．任意の (t_{i-1}, t_i) 上に $r_i - 1$ 個の点 $t_{i-1} < s_1 < \cdots < s_{r_i-1} < t_i$ をとって，上半連続写像 $F_{2,i} : [t_{i-1}, t_i] \to \mathcal{C}_{P_i^1} \setminus \{\emptyset\}$ を F_1 のときと同じように定義する．上半連続写像 $F_2 : I \to \mathcal{C}_X \setminus \{\emptyset\}$ を $F_2|_{[t_{i-1}, t_i]} = F_{2,i}$ となるように定義することができる．このようにして，帰納的に上半連続写像 $F_n : I \to \mathcal{C}_X \setminus \{\emptyset\}$ を得ることができる．ここで，$\mathcal{P}_n$ は X の被覆であることから $F_n(I) = X$ であり，$\forall z \in I \forall n < \omega(F_n(z) \supset F_{n+1}(z))$ かつ $\mathrm{diam}(F_n(z)) < \frac{2}{n} \to 0 \ \ (n \to \infty)$ であることから，例題 6.15 から $F(z) = \bigcap_{n<\omega} F_n(z)$ は連続な全射 $F : I \to X$ を与えている． □

この解答は文献 [4] を参考にした．

6.4 分解空間

6.4.1 分解空間

$\mathcal{C}$ を位相空間 X の閉集合系としたとき，分割 $\mathcal{D}$ とは互いに交わらない閉集合族 $\mathcal{D} \subset \mathcal{C} \setminus \{\emptyset\}$ で，X の被覆となるものであった．$\mathcal{D}$ から X の同値関係が得られる[*40]．その商集合 $X/\mathcal{D}$ 上の商位相空間を**分解空間**という．

X の分割 $\mathcal{D}$ に対して分解空間 $X/\mathcal{D}$ が X に比べてどのような性質が引き継がれるかということは自然な問題であるが下に示すように微妙な例が多く一般には扱いが面倒である．$\mathcal{D}$ の元の中で，2 点以上もつ部分集合を**非退化集合**といい，$\mathcal{H}_\mathcal{D}$ と書く．分解空間 $X/\mathcal{D}$ は，$\mathcal{H}_\mathcal{D}$ のそれぞれを 1 点に潰してできる空間である．

例 6.7 $\mathbb{R}^2$ における分割 $\mathcal{D}$ を $\mathcal{D} = \{\{x\} \times \mathbb{R} | x \in \mathbb{R}\}$ とする．例題 2.58 より第 1 標準射影 $\mathrm{pr}_1 : \mathbb{R}^2 \to \mathbb{R}$ を自然な射影とみなして得られる分解空間は $\mathbb{R}$ と同相である．

注 6.12 自然な射影 $\pi : X \to X/\mathcal{D}$ は $s \mapsto [s]$ において $[s]$ は s を含む同値

*37) 等分点でもそうでなくても良い．

*38) $P_0^1 = P_{n+1}^1 = \emptyset$ と定義しておく．

*39) 脚注 21 を見よ．

*40) 互いに交わらない部分集合族からなる被覆 $\mathcal{U} \subset \mathcal{P}(X)$ から同値関係 $\sim$ を，$x, y \in X$ に対して，$x \sim y \Leftrightarrow \exists E \in \mathcal{U}(x, y \in E)$ と定義できる．その商集合を $X/\mathcal{U}$ と書く．

類を表すが，s を通る $\mathcal{D}$ の元を $\mathcal{D}_s$ と書くことにすれば，$[s]$ は $\mathcal{D}_s$ と同一視できる[*41]ので今後それらはたびたび混同させる．$S \subset X$ に対して $\mathcal{D}_S = \bigcup_{x \in S} \mathcal{D}_s$ は $\pi^{-1}(\pi(S))$ とも一致する．このような X の部分集合 $\mathcal{D}_S$ を（S を包む）**$\mathcal{D}$-飽和集合**もしくは単に**飽和集合**という．任意の飽和集合の補集合も飽和集合であり，$T \subset X$ に対して，$T \subset \mathcal{D}_S \to \mathcal{D}_T \subset \mathcal{D}_S$ である．

ここで分解空間の満たす分離公理を示しておく．

例題 6.26　分解空間 $X/\mathcal{D}$ は T_1 空間であることを示せ．

（解答）　例題 3.17 から任意の 1 点が閉集合であることを示せばよい．$\pi : X \to X/\mathcal{D}$ を自然な射影とする．$\forall [p] \in X/\mathcal{D}$ に対して，$\pi^{-1}([p]) = \mathcal{D}_p$ である．$\mathcal{D}_p$ は閉集合であり，π は商写像であることから $[p]$ は $X/\mathcal{D}$ において閉集合である．ゆえに，$X/\mathcal{D}$ は T_1 空間である．　□

逆に，任意の互いに交わらない集合族からなる被覆が T_1 公理を満たす商位相空間を与えたとき，それは分割である．では，分解空間がハウスドルフ空間になるにはどのような条件を課せばよいだろうか？

例 6.8　I を閉区間 $[-1,1]$ とし，ユークリッド空間の部分位相として $I^2 \subset \mathbb{R}^2$ を考える．$\mathcal{H}_{\mathcal{D}} = \{x \times I \subset I^2 | x \neq 0\}$ とすると，I^2 の分割が得られ，分解空間が得られるがハウスドルフではない．実際，点列 $(\mathcal{D}_{(\frac{1}{n},0)})$ は，$X/\mathcal{D}$ 上で $(0,0)$ と $(0,1)$ の両方に収束する点列である．$\bigcup_{s \in I} \mathcal{D}_{(s,0)}$ は閉部分集合 $I \times \{0\}$ の像であるが，商空間の定義より分解空間の閉部分集合ではなく自然な射影は閉写像ではない．

6.4.2　上半連続分割

自然な射影が閉写像となる分割の定義をしよう．

定義 6.7　位相空間 $(X, \mathcal{O})$ の分割 $\mathcal{D}$ が，$\forall F \in \mathcal{D}$ に対して，$F \subset U$ となる任意の開集合 $U \in \mathcal{O}$ に対して $F \subset V$ となる $V \in \mathcal{O}$ が存在して，$\forall E \in \mathcal{D}(V \cap E \neq \emptyset \to E \subset U)$ が成り立つとき，$\mathcal{D}$ は**上半連続**であるという．

例題 6.27　$\mathcal{D}$ を位相空間 $(X, \mathcal{O})$ の分割とする．次は同値であることを示せ．

(1)　$\mathcal{D}$ は上半連続な分割である．

(2)　写像 $\Phi : X \to \mathcal{D}$ $(x \mapsto \mathcal{D}_x)$ は上半連続である[*42]．

---

*41)　従って，自然な射影 π を X から $\mathcal{D}$ への写像とみなすことができる．その写像を $\Phi : X \to \mathcal{D}$ とすると，$\Phi(s) = \mathcal{D}_s$ であり，$S \subset X$ に対して $\Phi(S) = \mathcal{D}_S$ となる．

*42)　$\Phi : X \to \mathcal{D}$ が上半連続写像であることを言い換えると $U \in \mathcal{O}$ に対して，$\Phi^{-1}(U) \in \mathcal{O}$ であることと言い換えることができる．ただし，$\Phi^{-1}(U) = \{x \in X | \Phi(x) \subset U\}$ と定義する．

(3) 自然な射影 $\pi : X \to X/\mathcal{D}$ は閉写像である．

(4) $\forall U \in \mathcal{O}$ に対して，$U^* = \cup\{D \in \mathcal{D} | D \subset U\}$ は X の開集合である．

（解答） （(1)⇔(2)）$\mathcal{D}$ を X の上半連続分割とする．$\forall x \in X$ に対して，$x \in F \in \mathcal{D}$ と $F \subset \forall U \in \mathcal{O}$ に対してある $F \subset V \in \mathcal{O}$ をとり，$\forall E \in \mathcal{D}(V \cap E \neq \emptyset \to E \subset U)$ を満たす．この条件は，

$$\forall E \in \mathcal{D} \forall s \in V(s \in E \to E \subset U) \equiv \forall s \in V \forall E \in \mathcal{D}(s \in E \to E \subset U)$$
$$\equiv \forall s \in V(\Phi(s) \subset U) \Leftrightarrow \Phi(V) \subset U$$

と同値であるので Φ は上半連続であることがわかる*43)．逆に Φ が上半連続写像であるとする．$\forall F \in \mathcal{D}$ と $F \subset \forall U \in \mathcal{O}$ をとる．$\forall x \in F$ に対して，開近傍 $V_x \in \mathcal{N}(x)$ が存在して，$\Phi(V_x) \subset U$ となる．$V = \bigcup_{x \in F} V_x$ とすると，$F \subset V \in \mathcal{O}$ であり，$\Phi(V) = \bigcup_{x \in V} \Phi(x) = \bigcup_{x \in F} \Phi(V_x) \subset U$ となる．再び上の同値関係を用いることで，$\mathcal{D}$ が上半連続分割であることがわかる．

（(1)⇔(4)）$U^* = \Phi^{-1}(U)$ であることと脚注 42 よりわかる．

（(1)⇒(3)）$F \subset X$ を任意の閉集合とする．仮定から $\Phi : X \to \mathcal{D}$ は上半連続であり，脚注 42 で書いたように，$\Phi^{-1}(F^c)$ は開集合であり，$(F^c)^* = \cup\{E \in \mathcal{D} | E \subset F^c\} = \cup\{E \in \mathcal{D} | E \cap F = \emptyset\} = \mathcal{D}_F^c$ となる．したがって，$\mathcal{D}_F = \pi^{-1}(\pi(F))$ は閉集合であり，π は商写像であるから $\pi(F)$ も閉集合である．よって，π は閉写像である．

（(3)⇒(4)）$\forall U \in \mathcal{O}$ に対して $\pi(U^c)$ は $X/\mathcal{D}$ の閉集合であり $\pi^{-1}(\pi(U^c)) = \mathcal{D}_{U^c}$ は閉集合である．$\mathcal{D}_{U^c}$ は $\cup\{D \in \mathcal{D} | U^c \cap D \neq \emptyset\}$ でありその補集合は，$\cup\{D \in \mathcal{D} | D \subset U\} = U^*$ であるから U^* は開集合となる． □

例 6.9 例題 6.11 などで得られた完全不連結な空間の有限分割の分解空間は，有限離散空間であるので，そのような分割は，上半連続な分割でもある．

$\mathcal{D} = \{\{\boldsymbol{x}, -\boldsymbol{x}\} | \boldsymbol{x} \in \mathbb{S}^n\}$ とするとき，$\mathbb{S}^n/\mathcal{D} = \mathbb{R}P^n$ であり，商写像 $\pi : \mathbb{S}^n \to \mathbb{R}P^n$ をコンパクト集合からハウスドルフ空間への連続写像であるから，閉写像であり，$\mathcal{D}$ は上半連続分割である．

例 6.10 コンパクト空間からハウスドルフ空間への全射連続写像は閉写像であるから，例題 6.16 および定理 6.4 にあるように，コンパクト距離空間やペアノ連続体はそれぞれカントール集合や閉区間の上半連続な分割による分解空間である．

分割 $\mathcal{D}$ の要素がコンパクトでなければ X が距離化可能かつ $\mathcal{D}$ が上半連続で

*43) $\Phi(V)$ は $\mathcal{D}_V = \bigcup_{v \in V} \mathcal{D}_v = \cup\{E \in \mathcal{D} | V \cap E \neq \emptyset\}$ のことであることに注意せよ．脚注 21 を参照せよ．

も $X/\mathcal{D}$ が距離化可能とは限らない．

> **例題 6.28** $X = \mathbb{R}^2$ とし，$\mathcal{H}_{\mathcal{D}} = \{\{0\} \times \mathbb{R}\}$ となる分割 $\mathcal{D}$ は上半連続であるが，$X/\mathcal{D}$ は距離化可能ではないことを示せ．

(解答) $\mathcal{D}$ が上半連続であるためには，$\forall U \in \mathcal{O}_{d_2}$ において U^* が開集合であることを示せばよい．Y を y 軸 $\{0\} \times \mathbb{R}$ とする．$Y \subset U$ であるなら，$U = U^*$ である．$Y \not\subset U$ なら $U^* = U \setminus Y = U \cap Y^c$ でありこれも開集合である．

$X/\mathcal{D}$ は第 1 可算空間ではないことを示そう．$O \in \mathbb{R}^2$ を原点とする $\mathcal{D}_O$ に可算個の基本近傍系を持たないことを示せばよい．$\{U_n | n \in \mathbb{N}\}$ が $\mathcal{N}(\mathcal{D}_O)$ の基本近傍系であると仮定する．$x_n = (0, n)$ とすると，$\pi^{-1}(U_n)$ は，X において x_n の近傍でもあるから，ある $\epsilon_n > 0$ が存在して，$B_{d_2}(x_n, 2\epsilon_n) \subset U_n$ となる．また，任意の $n \in \mathbb{N}$ に対して，$\eta_n = \min\{\epsilon_n, \epsilon_{n+1}\}$ とし，$A_n = (-\eta_n, \eta_n) \times (n, n+1)$ とし，

$$V = \left[\bigcup_{n=1}^{\infty} B_{d_2}(x_n, \epsilon_n)\right] \cup \left[\bigcup_{n=1}^{\infty} A_n\right] \cup [(-\epsilon_1, \epsilon_1) \times \mathbb{R}_{<1}]$$

とおくと，V は Y を含む X の開集合であるから，$\pi(V) \in \mathcal{N}(\mathcal{D}_O)$ である．しかし，$\forall n \in \mathbb{N}$ に対して $(\epsilon_n, n) \subset U_n \setminus \pi(V)$ であり，$\pi(V)$ は，どの U_n も包まず矛盾する．ゆえに，$X/\mathcal{D}$ は第 1 可算公理を満たさない．　□

$\mathcal{D}$ がコンパクト集合からなる分割であるとき $\mathcal{D}$ を**コンパクト分割**という．上半連続なコンパクト分割の自然な射影 $\pi : X \to X/\mathcal{D}$ は完全写像となる．そのとき，X の成り立つ分離公理は $X/\mathcal{D}$ においても成り立つ．

> **例題 6.29** $(X, \mathcal{O})$ を正規空間とし，$\mathcal{D}$ を X の上半連続なコンパクト分割とする．このとき分解空間 $X/\mathcal{D}$ も正規空間である*44)．

(解答) F, G を $X/\mathcal{D}$ の互いに交わらない閉集合とする．$\pi^{-1}(F)$ と $\pi^{-1}(G)$ は閉集合であり，X が正規であることから，それらを分離する開集合 $U, V \in \mathcal{O}$ がそれぞれ存在し，U^* と V^* は開集合となり，$\pi^{-1}(F)$ と $\pi^{-1}(G)$ を包む．商空間の定義から $\pi(U^*)$ と $\pi(V^*)$ は開集合であり F, G を分離する．よって $X/\mathcal{D}$ は正規空間である．　□

分解空間の正規性やハウスドルフ性のために $\mathcal{D}$ のコンパクト性や $\mathcal{D}$ の上半連続性は必要ではない．実際，例 6.7 の分割は例題 2.48 より上半連続でもコンパクトでもないが分解空間はハウスドルフ空間である．

コンパクト性は連続全射によりその像にも維持されるが，局所コンパクト性については完全写像により維持される．

---

*44) この例題の正規性をハウスドルフ性や正則性に変えて得られる主張も同様の証明により得られる．また，例題 6.28 の例の分解空間は正規空間にはなっている．

例題 6.30 局所コンパクト空間[*45)]の完全写像による像は局所コンパクトであることを示せ.

(解答) X を局所コンパクトとし，$f : X \to Y$ を完全写像とする．$\forall p \in Y$ と $\forall q \in f^{-1}(p)$ に対してコンパクトな近傍 $V_q \in \mathcal{N}(q)$ が存在する．このとき，$\{V_q^\circ | q \in f^{-1}(p)\}$ は $f^{-1}(p)$ の開被覆であるが，$f^{-1}(p)$ のコンパクト性から，$q_1, \cdots, q_n$ が存在して，$\{V_{q_i}^\circ | i \in \langle n \rangle\}$ は $f^{-1}(p)$ の開被覆である．$U = \cup\{V_{q_i}^\circ | i \in \langle n \rangle\}$ とし，$V = \cup\{V_{q_i} | i \in \langle n \rangle\}$ とすると，$p \in f(U) \subset f(V)$ となる．今，$f(U^c)^c \subset f(V^c)^c \subset f(V)$ が成り立つ．また，$f^{-1}(p) \subset U$ であるから，$p \notin f(U^c)$ であり，特に，$p \in f(U^c)^c \subset f(V)$ である．f が閉写像であることから $f(U^c)^c$ は開集合であり，$f(V)$ はコンパクトであるから $f(V)$ は p のコンパクトな近傍である．ゆえに，Y は局所コンパクトである． □

注 6.13 上半連続でコンパクトな分割 $\mathcal{D}$ により X のいくつかの性質が $X/\mathcal{D}$ にも引き継がれることができることがわかった．まとめると以下のようになる．「X を局所コンパクトな可分距離空間とし，$\mathcal{D}$ を上半連続なコンパクト分割とする．このとき分解空間 $X/\mathcal{D}$ もまた局所コンパクトな可分距離空間である．」X がコンパクトかつ $X/\mathcal{D}$ がハウスドルフなら $\mathcal{D}$ の上半連続性やコンパクト性は自動的に成り立つ.

6.4.3 ビングの収縮判定定理

分解空間の問題の 1 つとして，X がいつ $X/\mathcal{D}$ と同相になるかという問題が考えられる．このような問題に対して，下の有名な定理が知られている．証明は紙面の都合上割愛する.

X を距離空間とし $\mathcal{D}$ を分割とする．自然な射影 $\pi : X \to X/\mathcal{D}$ が**同相写像で近似できる**とは，ある同相写像の列 $p_n : X \to X/\mathcal{D}$ が存在して，p_n が写像空間の sup 距離において π に収束するときをいう．つまり d を $X/\mathcal{D}$ の距離として $\sup\{d(p_n(x), \pi(x)) | x \in X\} \to 0\ (n \to \infty)$ であるということである．特に $\pi : X \to X/\mathcal{D}$ が同相写像で近似できるなら，X と $X/\mathcal{D}$ は同相である.

定理 6.5（ビングの収縮判定定理） X をコンパクト距離空間，$\mathcal{D}$ を X の分割とする．このとき，分解空間 $X/\mathcal{D}$ も距離空間であり，さらにその距離関数を d とする．$\pi : X \to X/\mathcal{D}$ が同相写像で近似できるための必要十分条件は，$\forall \epsilon > 0$ に対して X の自己同相写像 $h : X \to X$ が存在して，以下を満たすことである.

(1) $\sup\{d(\pi(h(x)), \pi(x)) | x \in X\} < \epsilon$.

*45) 局所コンパクトの定義は文献によって,「各点においてコンパクトな近傍が存在すること」,「各点において相対コンパクトな近傍が存在すること」の大体 2 種類が存在し，両者は一般には一致しない．ここでは前者の定義を採用している.

(2) $\{h(E)|E \in \mathcal{D}\}$ は X の ϵ-被覆である.

$\forall \epsilon > 0$ に対して X の自己同相写像 $h : X \to X$ が存在して (1) かつ (2) を満たすという条件は**ビングの収縮判定条件**と言われる. 感覚的に言えば, $X/\mathcal{D}$ の観点からいくらでも近い同相写像 $h : X \to X$ が存在し, 同時に h により $\mathcal{H}_{\mathcal{D}}$ の各々をその中でいくらでも小さくすることができるということである.

6.5 多様体

最後に多様体を定義して本書を締めくくろう.

定義 6.8 $(X, \mathcal{O})$ を連結なハウスドルフ空間とする. X のある開被覆 $\{V_\alpha|\alpha \in A\}$ が存在して, $\forall \alpha \in A$ に対して V_α が, ユークリッド空間 $(\mathbb{R}^n, d_n)$ のある開集合 U_α と同相であるとき, X を**位相多様体**という. コンパクトな位相多様体を閉位相多様体という. また, 同相写像を $\varphi_\alpha : U_\alpha \to V_\alpha$ としたとき, $\{(V_\alpha, \varphi_\alpha)|\alpha \in A\}$ を**座標近傍系**といい, V_α を**座標近傍**という. このような n は座標近傍によらず一定であり, n を多様体 X の**次元**という.

定義 6.9 位相多様体 X の座標近傍系を $\{(V_\alpha, \varphi_\alpha)|\alpha \in A\}$ とし, $\varphi_\alpha : U_\alpha \to V_\alpha$ とする. $V_\alpha \cap V_\beta \neq \emptyset$ となる任意の $\alpha, \beta \in A$ に対して $\varphi_\alpha^{-1} \circ \varphi_\beta : \varphi_\beta^{-1}(V_\alpha \cap V_\beta) \to \varphi_\alpha^{-1}(V_\alpha \cap V_\beta)$ が C^∞ 級写像であるとき, X を**微分可能多様体**という*46).

注 6.14 多様体は第 1 可算公理を満たし局所コンパクトや局所連結が成り立つ. また, 局所距離化可能であることもあり, 距離化可能であることとパラコンパクトであることは同値である*47).

パラコンパクトな微分可能多様体は, C^∞ 級の 1 の分割の存在を仮定できることからその上の微積分が展開できる. また, パラコンパクト多様体はある (有限次元) ユークリッド空間への埋め込みが可能となる.

多様体を主に扱う分野を多様体論 (および幾何的トポロジー) といい, 主に位相空間とその周辺を扱う分野を位相空間論 (および一般トポロジー) という.

例 6.11 $\mathbb{R}^n$ や $\mathbb{S}^n$ などは位相多様体の例であるが有理数空間 $\mathbb{Q}$ やカントール集合は局所連結ではないので多様体ではない. 1 点集合は 0 次元多様体である.

多様体の位相的分類だけここに書き記す. 1 次元多様体は, 単位円 $\mathbb{S}^1$ か $\mathbb{R}$ か長い直線 $\mathbb{L}$ と同相であることが知られている. パラコンパクト性を課せば $\mathbb{S}^1$

---

*46) 場合によっては, 多様体というと微分可能多様体のことを指すことがあるので注意する.

*47) スミルノフの距離化定理 (例題 5.10) とストーンの定理 (定理 5.2) を参照せよ.

か $\mathbb{R}$ と同相となる．閉 2 次元多様体は，そのオイラー数と向き付けによって分類される．（向きづけられた）閉 3 次元多様体は，今世紀に入って，ペレルマンによる幾何化予想の解決によって最終的に分類された．任意のそのような 3 次元多様体はサーストンによる特徴的な 8 種類の幾何構造とそれらを組み合わせることで得られる．それ以上の次元の位相多様体の分類はさらに困難になる．4 次元位相多様体についてのみ書き記す．1980 年代，フリードマンの目覚ましい成果によって単連結な*48) 位相多様体の分類が，ビングの収縮判定定理（定理 6.5）の手法を用いてなされた．それにより，単連結な閉 4 次元位相多様体は，交差形式と，カービー–ジーベンマン不変量により完全に分類されることを示し，それまで長らく懸案であった 4 次元ポアンカレ予想*49) が解決された．これらの内容についてはこの連載から大きく逸脱するので，詳しくは参考文献 [5] や原論文 [6] に譲る．

このフリードマンの輝かしい成果は，その当時の多様体論者の誰しもの目を疑うものであった．位相空間の知識が多様体の研究にこれほど鮮やかに応用される例がこれまであったであろうか．確かに，幾何トポロジーと一般トポロジーがこのような基本的なコンテキストで互いに交錯し合うことはめったには存在しないが，その分，ひとたび出会えば両者は途轍もないエネルギーを与え合う可能性を秘めているのである．我々は，そのような状況に出くわしたとき，それを正確に理解し，乗り越えるため，日々研鑽を積む必要があることには，論を俟たない．

*48) 空間の基本群（起点付き S^1 の空間への連続写像のホモトピー同値類のなす群）が自明群であること．

*49) n 次元ポアンカレ予想とは n 次元球面 S^n とホモトピー同値な閉 n 次元位相多様体は S^n と同相であるという命題．$n \leq 2$ のときは古典的な結果，$n \geq 5$ のときはスメールにより，$n = 4$ のときはフリードマン，$n = 3$ のときはペレルマンによってそれぞれ証明された．

付録 A
ある論理の小命題

2.1 節で触れた論理の同値性を示そう．

例題 A.1 A, B を任意の論理式とする．このとき，次の論理の同値性を証明せよ．$(A \to B) \equiv (\neg A \vee B)$.

注 A.1 記号 $\equiv$ はその両側の命題が A, B に当てはまる論理式の如何に関わらず恒等的に真偽が一致することを表す．

(解答) A, B の真偽ごとに $A \to B$ と $\neg A \vee B$ の真理値表を作ると，両者とも以下のように一致する．ゆえにこれら 2 つの命題は等しくなる．

$B \backslash A$	真	偽
真	真	真
偽	偽	真

□

この論理式の恒等式を用いることで，以下のように対偶の命題が得られる．

$$(A \to B) \equiv (\neg A \vee B) \equiv (B \vee \neg A) \equiv (\neg\, B \to \neg A).$$

参考文献

[1] Kunen Kenneth, *The Foundations of Mathematics*, Studies in Logic (London), 19, Mathematical Logic and Foundations. College Publications, London, 2009, viii+251 pp.

[2] 森田紀一，『位相空間論』（岩波全書，331），岩波書店，1981 年.

[3] J. Munkres, *Topology*. Second edition. Prentice Hall, Inc., Upper Saddle River, NJ, 2000. xvi+537 pp.

[4] 北田韶彦，『位相空間とその応用』（現代基礎数学 12），朝倉書店，2007 年.

[5] 上正明，久我健一，Freedman による 4 次元 Poincaré 予想の解決について，「数学」，1983 年 **35** 巻 1 号 p.1–17.

[6] M.H. Freedman, The topology of four-dimensional manifolds, *J. Differential Geom.* Vol.**17**, no.3 (1982), 357–453.

索　引

欧字

ア

カ

サ

タ

ナ

ハ

マ

ラ

ワ

著者略歴

丹下 基生
たんげ もとお

2001年 京都大学理学部理学科卒
2006年 京都大学大学院理学研究科数学・数理解析専攻
数学系修了 博士（理学）
2012年 筑波大学数理物質系数学域助教
2019年 筑波大学数理物質系数学域准教授
専門・研究分野 低次元トポロジー

SGCライブラリ-163
例題形式で探求する **集合・位相**
連続写像の織りなすトポロジーの世界

2020年11月25日 © 初 版 発 行

著 者 丹下 基生 発行者 森 平 敏 孝
印刷者 馬 場 信 幸

発行所 **株式会社 サ イ エ ン ス 社**

〒151-0051 東京都渋谷区千駄ヶ谷1丁目3番25号
営業 ☎（03）5474-8500（代） 振替 00170-7-2387
編集 ☎（03）5474-8600（代）
FAX ☎（03）5474-8900 表紙デザイン：長谷部貴志

印刷・製本 三美印刷株式会社

ISBN978-4-7819-1492-3

PRINTED IN JAPAN

サイエンス社のホームページのご案内
https://www.saiensu.co.jp
ご意見・ご要望は
sk@saiensu.co.jp まで．

SGC ライブラリ-156：for Senior & Graduate Courses

数理流体力学への招待

ミレニアム懸賞問題から乱流へ

米田　剛　著

定価 2310 円

Clay 財団が 2000 年に挙げた 7 つの数学の未解決問題の 1 つに「3 次元 Navier–Stokes 方程式の滑らかな解は時間大域的に存在するのか，または解の爆発が起こるのか」がある．この未解決問題に関わる研究は Leray（1934）から始まり，2019 年現在，最終的な解決には至っていない．本書では，非圧縮 Navier–Stokes 方程式，及び非圧縮 Euler 方程式の数学解析について解説する．

サイエンス社

SGC ライブラリ-155：for Senior & Graduate Courses

圏と表現論

2-圏論的被覆理論を中心に

浅芝　秀人　著

定価 2860 円

圏論は，多元環の表現論においても実に多様な用いられ方をしている．多くの圏，関手，自然変換が登場し，圏論の一般論も用いられる．本書では 2-圏および随伴系が多用される 2-圏論的被覆理論に焦点をあてて解説する．

サイエンス社

SGC ライブラリ-152：for Senior & Graduate Courses

粗幾何学入門

「粗い構造」で捉える非正曲率空間の幾何学と離散群

深谷 友宏 著

定価 2552 円

近年，多様体の範疇を超えた空間の幾何学が活発に研究されている．その一つである粗幾何学（coarse geometry）は，空間を遠くから眺めたときに見えて来る，粗い構造に着目した研究である．本書は，距離空間の基本的な知識をベースに，非正曲率空間の粗幾何学と粗バウム・コンヌ予想を主題とした解説書である．

サイエンス社